普通高等教育"十四五"规划教材

生态文明教育

高红贵　编著

中国环境出版集团·北京

图书在版编目（CIP）数据

生态文明教育/高红贵编著. —北京：中国环境出版
集团，2022.9（2024.1 重印）
（普通高等教育"十四五"规划教材）
ISBN 978-7-5111-5171-1

Ⅰ. ①生… Ⅱ. ①高… Ⅲ. ①生态文明—中国—
高等学校—教材 Ⅳ. ①X321.2

中国版本图书馆 CIP 数据核字（2022）第 100132 号

出 版 人	武德凯	
责任编辑	宾银平	
责任校对	薄军霞	
封面设计	宋 瑞	

出版发行　中国环境出版集团
　　　　　（100062　北京市东城区广渠门内大街 16 号）
　　　　　网　　　址：http://www.cesp.com.cn
　　　　　电子邮箱：bjgl@cesp.com.cn
　　　　　联系电话：010-67112765（编辑管理部）
　　　　　　　　　　010-67113412（第二分社）
　　　　　发行热线：010-67125803，010-67113405（传真）
印　　刷　玖龙（天津）印刷有限公司
经　　销　各地新华书店
版　　次　2022 年 9 月第 1 版
印　　次　2024 年 1 月第 2 次印刷
开　　本　787×1092　1/16
印　　张　15.5
字　　数　377 千字
定　　价　58.00 元

坚定不移地全面推进社会主义生态文明建设深度绿色发展
（代序）

  加强社会主义生态文明教育，必须加强生态文明建设教育，提高全民族的绿色道德素质。全面生态化及绿色化道德意识是社会主义生态文明的精神依托和道德基础。只有大力提升全体人民的绿色道德，才能解决生态环境保护与建设尤其是生态文明建设的根本问题，才能为生态文明建设深入绿色发展奠定坚实的基础。因此，加强生态文明教育，必须把绿色道德关怀引入人与自然相互关系中，牢固树立起人对自然的道德义务感，养成良好的"生态德性"乃至"绿色德性"。为此，一是要培养起崇尚自然、崇尚生态、热爱绿色的道德情操；二是要唤起人人关爱生物、善待生命的道德良知和善待生命象征的绿色的道德良知；三是要树立尊重自然、顺应自然、保护自然的道德意识，坚持绿色发展观，促进经济社会全面绿色转型，推动构建人与自然生命共同体；四是要建立完善生态与绿色教育机制，将生态文明理念渗透到社会生产、发展各个方面及全过程和千家万户，极大增强全民的生态与绿色忧患意识、参与意识和责任意识，牢固树立全民的社会主义生态文明观、道德观、价值观，形成人与自然和谐共生的绿色生产方式和生活方式，在全社会增强全民爱护自然生态环境、保护自然生态环境的高度自觉的绿色风气。

  坚定不移地全面推进社会主义生态文明建设深入绿色发展，必须高度重视三个方面的问题。①新时代生态文明建设的新任务。在习近平生态优先、绿色发展的战略思想指引下，长江经济带要在一个相当长的历史时期，把修复长江生态环境摆在压倒性位置，共抓大保护，不搞大开发，走出一条生态优先绿色发展的新道路。从生态文明建设实践指向来说，应该着重强调：生态优先发展、产业绿色化和绿色产业化发展、绿色能源发展和绿色科技发展。②新时代生态文明建设的根本遵循与基本原则。我国马克思主义学者有一个共识：习近平生态文明思想是具有严密逻辑的完整的科学理论体系，是从整体上审视中国共产党对生态文明建设的理论思索，是中国特色社会主义进入新时代生态文明建设实践的理论表述。这就要求我们牢牢记住，坚持以习近平新时代中国特色社会主义思想为指导，是生态文明建设实践的根本遵循。习近平总书记提出的加强生态文明建设的原则，也是指导新时代生态文明建设实践的基本原则：坚持人与自然和谐共生，坚持绿水青山就是金山银山，良好的生态环境是最普惠的民生福祉，山水林田湖草是生命共同体，用最严格制度最严密法治保护生态环境，共谋全球生态文明建设。③新时代生态文明建设的体制机制创新。创新体制机制是全面推进生态文明建设最重要的制度保证。全面推进生态文明建设除了要有一个正确的、有效的战略保障，还要进行体制机制创新，形成绿色创新驱动的有效运行体制机制尤为重要。

高红贵教授编著的《生态文明教育》历经三年时间，我审读并修改了她构建的教材提纲。该教材有其独特的创新。综观全书，具有以下几个特点：①该教材以习近平新时代中国特色社会主义思想和习近平生态文明思想为宗旨，贯彻党的十九大和十九届四中、五中、六中全会精神，使得全书各章节有全新体系；②该教材通俗易懂、思路清晰，其理论阐释包括最新的内容和最新的思想观点，并与实践案例相结合，能够较好地阐释社会主义生态文明建设的实践探索和主要成就；③该教材牢固树立党的十九大报告提出的社会主义生态文明观，系统、规范、科学地推进社会主义生态文明教育，建设绿色机关、绿色学校、绿色社区、绿色家庭；④该教材语言准确流畅，深入浅出，指导性强。

20多年来，我见证了高红贵同志从副教授到教授、从硕士生导师到博士生导师的成长过程。在交叉学科经济学领域发表了多篇相关研究论文，研究主题由过去重点集聚于生态经济发展转向重点集聚于生态文明、绿色经济发展、绿色发展的马克思主义研究。除此之外，高红贵同志还出版了《中国环境质量管制的制度经济学分析》（中国财政经济出版社，2006）、《绿色经济的制度创新》（副主编）（中国财政经济出版社，2011）、《绿色经济发展模式论》（中国环境出版社，2015）、《社会主义生态文明建设与绿色经济发展论》（经济科学出版社，2020）、《生态文明建设与经济建设融合发展研究》（经济科学出版社，2020）等著作。因此，特向广大读者推荐高红贵教授编著的《生态文明教育》。同时，衷心希望广大青年大学生勤奋学习，不断提高社会主义生态文明意识，为全面推进社会主义生态文明建设可持续性绿色发展做出应有的贡献。

刘思华
二〇二二年四月十八日

（刘思华系杰出的马克思主义生态经济学家、思想家、理论家、绿色教育家，"绿色发展理论之父"，新兴交叉经济学科群巨匠，国家绿色发展战略研究组组长，资深研究员。）

前　言

2018 年 10 月 29 日，笔者参加了中国高校生态文明教育联盟[①]在南开大学召开的"生态文明教育教材研讨会"。该研讨会针对生态文明教育体系、教材使用、教学方法和知行途径等进行了交流和研讨。之后，笔者向学校（中南财经政法大学）申请面向全校本科生开设"生态文明教育"公选课并获批，2019—2020 学年第一学期正式开课，至今已经完成了五个学期的教学任务。随着平时教学积累的资料和自己思考的增多，笔者便萌发了编写一本《生态文明教育》教材的念头。经过一段时间的缜密设计，笔者终于拿出了一份具有章节的提纲。提纲形成后，笔者约请了同行、同事反复讨论修改，还特别邀请杰出生态经济学家刘思华资深研究员审读并修改提纲。提纲确定以后，笔者就制订写作计划。该教材历经三年时间，其基本内容结构可以概括如下：

第一章　生态文明思想历史演进。包括中国古代生态文明思想、西方生态文明思想、马克思恩格斯生态文明思想等内容。

第二章　生态文明与生态文明建设。包括生态文明的内涵及特征、生态文明与其他文明的内在关系、我国生态文明建设的重大意义等。

第三章　中国特色社会主义生态文明建设。本章的内容主要是突出生态文明建设的中国特色，突出生态文明建设的社会主义制度属性。包括中国特色社会主义生态文明建设的思想和实践基础，中国特色社会主义生态文明制度建设。

第四章　我国生态文明建设的实践探索和主要成就。包括生态文明建设的实践探索、生态文明建设的主要成就、生态文明建设的中国经验。

第五章　"五位一体"推进新时代生态文明建设。包括发展绿色经济推进绿色发展、推进形成生态保护新体制和机制、推进培育社会主义生态文明观、推进形成生态治理新格局。

第六章　新时代推进生态文明建设的原则。习近平总书记在 2018 年全国生态

[①] 中国高校生态文明教育联盟是北京大学、清华大学、南开大学于 2018 年 5 月联合发起的，指导单位为教育部与中国科学技术协会。

环境保护大会上提出新时代推进生态文明建设必须坚持的六个重要原则。本章围绕这六个原则构成了六节内容，即坚持人与自然和谐共生，绿水青山就是金山银山，良好的生态环境是最普惠的民生福祉，山水林田湖草是生命共同体，用最严格制度最严密法治保护生态环境，共谋全球生态文明建设。

第七章　推进生态文明建设实现美丽中国梦。包括美丽中国的提出与发展，美丽中国的内涵与特征，美丽中国建设的天蓝地绿水净战略。

第八章　推进社会主义生态文明教育。生态文明建设要靠人去执行，因此，必须加强对公众的生态文明宣传和教育。本章包括两节内容：普及生态文明教育和推进绿色教育。

本教材具有较强的理论性和实践性，可作为高等院校经济专业及其他专业的本科生教学或参考用书。其特点是在贯彻习近平新时代中国特色社会主义思想和党的十九大及十九届四中、五中、六中全会精神基础上来撰写的，体现了生态文明的基本理论和实践基础，包括最新的内容、最新的思想观点，以反映最新的研究成果。

在本教材付梓之际，感谢所有对我提供帮助的人。特别感谢刘思华老师，不顾眼睛病情审稿和写序。感谢中南财经政法大学经济学院在学科发展上给予的支持，感谢中南财经政法大学教材建设项目给予的资助，感谢中南财经政法大学学科建设统筹项目（XKHJ202117）的支持，感谢湖北师范大学资源枯竭城市转型与发展研究中心开放基金项目（KF2022Y09）的支持。感谢中国环境出版集团的出版支持。对陈浩教授、杨晓军副教授、柯萍老师给予的支持和帮助，许莹莹和阿如娜两位博士生所做的查阅资料和校对工作，在此一并表示感谢！

鉴于编著者水平，书中不足之处祈请读者批评指教。

高红贵

2022 年 3 月 28 日

目　录

第一章　生态文明思想历史演进

学习目标
➤ 了解生态文明思想的历史发展
➤ 了解不同生态文明思想的差异
➤ 掌握生态文明思想的深刻内涵

第一节　中国古代生态文明思想

我国古代先贤对"天人关系""人地关系"不仅有深刻的认识，提出过极为丰富的生态文明思想，而且以其指导实践，为后人留下了宝贵的精神遗产。

一、"天人合一"的自然观

中国的"天人关系"历经了"天性相通"（孟子）、"天人相分"（荀子）、"天人相类"（董仲舒）、"天人合一"（张载）等观点的相继出现，有漫长的发展历程，而且无论哪一种观点，都是既强调"天人合一"，又同时认识到"天人有别"。

"天人合一"的含义。天人之道是中国传统文化中一个非常重要的命题。著名历史学家钱穆先生认为"这个人是把'天'与'人'合起来看"，并将人们对"天人关系"的研究称为"中国文化过去最伟大的贡献"。[①]对于天与人的关系，古人有不同的观点，或认为天人相分，或认为天人相合，即"天人合一"。纵观中国几千年的历史，我们不难发现"天人合一"是"天人关系"的主流观点。钱穆先生甚至认为："中国文化的特质，可以'一天人，合内外'六字尽之。"[②]在中国古代学术思想中，多数人所主张的"天"主要指自然，它是宇宙的最高实体。"天人合一"指自然与人之间是和谐统一、不可分割的关系。"天人关系"问题是中国古代哲学的基本问题。"天人合一"强调顺应自然，因地制宜，与自然协调一致，和谐共处。这种思想历史悠久，中国古代著名的思想家、哲学家均对其做过论述。

中国古代著名的思想家孔子具有浓厚的自然生态情怀。孔子关于天命的论述有很多。例如，他说："吾十有五而志于学，三十而立，四十而不惑，五十而知天命，六十而耳顺，七十而从心所欲，不逾矩。"（《论语·为政》）"君子有三畏：畏天命，畏大人，畏圣人之言。"（《论语·季氏》）孔子认为，人的生死寿夭和富贵贫贱都由天命决定，天命决定一切。

---

① 钱穆. 中国文化对人类未来可有的贡献[M]//陈明，朱汉民. 原道（第十二辑）. 北京：北京大学出版社，2005：270.
② 钱穆. 中国文化特质[M]. 北京：生活·读书·新知三联书店，1988：29.

孔子所说的天命到底是什么呢？《论语·阳货》有言：“子曰：'予欲无言。'子贡曰：'子如不言，则小子何述焉？'子曰：'天何言哉？四时行焉，百物生焉，天何言哉？'"在孔子看来，天是一种客观、自然的存在，天用四季的变化、万物的存在来显示自己的运行和存在。基于这样的认知，孔子认为应"知天命"，天与人是相互依存的。但他并不认为天可以直接对人发号施令，人要通过观察和行事去体会天意。

中国古代另一位著名的思想家孟子继承了孔子的天命思想，认为自然万物是纷繁复杂的，人类源于自然，依赖自然而生存。《孟子·万章下》有言："天之生斯民也矣。"但同时，孟子认为人类也可以通过改变自然、治理自然来为自己服务。孟子把"天"与"人性"相联系，提出"尽其心者，知其性也，知其性则知天矣"[①]，认为天性与人性是一致的，从人性中即可知晓天性。孟子在一定程度上认识到了万物之间是一个互相依赖、互相制约、和谐共生的有机体。

战国末期著名的思想家荀子则不同意"天人合一"的观点，反对天人感应说。荀子在《天论》当中宣称："明于天人之分，则可谓至人矣。""至人"即最高的人格，最高的人格是懂得天人之分的。荀子指出："天行有常，不为尧存，不为桀亡。"他认为自然界有其客观的规律，与人间的治乱祸福并无联系。他又说："天有其时，地有其财，人有其治。""天"与"人"各有自己的功能和作用，阴阳变化，四时交替，这是天的职分，人不应也无法干预；相反，修身治国则是人的职分。"人"不能依赖于"天"，不能与"天"争职，去干预不以人的意志为转移的客观规律。但是，人应该充分发挥自己的能动作用，完成自己应有的职责。荀子提出"制天命而用之"改造自然的主张，在中国哲学史上呈现出独特的光彩。

以老子、庄子为代表的道家也强调人与自然的统一。《老子》说："故道大，天大，地大，人亦大。域中有四大，而人居其一焉。人法地，地法天，天法道，道法自然。"[②]"道"是指宇宙万物的内在机理；"天"是指日、月、星辰等天体及大气与天空；"地"是指地理环境；"人"是指人类及其社会；"自然"是指自然规律。其间的关系是，人类社会要适应地理环境，同时又独立于地理环境。老子所说的"道法自然"是指不干涉万物的本性，让其自我生长，表达的是一种尊重和顺应自然的态度。老子把"道、天、地、人"视为"四大"，他认为在"道、天、地、人"的梯级结构中，人处在底层，自然法则不可违，人道必须顺应天道，人只能将天之法则转化为人之准则。

庄子继承和发展了老子的思想，主张"物我同一"的和谐状态。他提出"爱人利物之谓仁"，把仁学思想扩大到自然，偏重人与自然的和谐。"道"最重要的是作为天地万物发生的根源和基础的本体意义。以"道"为基础，天、地、人构成一个统一的整体。庄子进一步认为，天与人均由气构成，人是自然的一部分，故天与人是统一的。"天地与我并生，而万物与我为一。"[③]庄子这一思想表达出一种人与自然万物平等的思想和对自然界其他物种基本的人文关怀精神与意识。庄子一生沉思默想，不求功名，但他著作颇丰，在中国哲学史、文学史及各艺术领域都有极大的影响。

---

① 孟子[M]. 北京：中国友谊出版公司，1993：70.

② 冯达甫. 老子译注[M]. 上海：上海古籍出版社，2006：60.

③ 张耿光. 庄子全译[M]. 贵阳：贵州人民出版社，1991：33.

汉代的董仲舒将天人关系概括为"以类合之,天人一也",[①]即以"类"来划分,天和人为一类。天、人是同类,根据同类相感的原理,天与人可以产生双向的精神感应。至宋代,"天人合一"思想已成为社会主流文化思潮,几乎为各派的思想家所接受。宋代儒家大师张载认为天地犹如父母,人与万物均由天地所生,由"气"构成,"气"的本性即为人与万物之本性,肯定人是自然界的一部分。他还认为,"性"和"天"是相通的,道德原则与自然规律相一致,故"天人合一"成为人类追求的最高理想。

从上述可以看出,"天人合一"思想认为人作为自然界的一部分同自然界是不可分割的整体,两者之间相互联系和相互依赖;主张人必须要遵循自然规律,人的行为需要与自然协调一致。这充分彰显了中国古代思想家在人与自然关系问题上所具有的智慧,是几千年来指导人们认识人与自然关系的世界观和方法论的基础。

二、厚德载物的生态伦理观

我国古代"尊重生命、仁爱万物"的生态价值思想,主要体现在儒家和道家的思想中。生态伦理是指人类处理自身及其与周围的动物、环境和大自然等生态环境关系的一系列道德规范。

儒家主张"仁者爱人",以仁爱思想对待自然,通过家庭和社会把伦理道德原则扩展至自然万物,把人们关爱生态环境的情怀上升到道德要求的最高层次。孔子提出了"泛爱众而亲仁"的思想,认为"伐一木,杀一兽,不以其时,非孝也"[②],表明了他对万物所持的善待态度。孟子对仁爱思想做了进一步论述,提出了"仁民爱物"之主张。他认为应该尊重除人类之外其他动物的生存权,反对随意杀生,认为随意杀生是一种残忍的行为。"仁爱"是中国传统文化的核心理念之一,是中国传统社会赖以维系运转的重要根基。将万物生命一视同仁,集中体现了中国传统文化生态伦理的价值取向。汉代大儒董仲舒旗帜鲜明地强调道德关怀不能只局限于人类社会,还应涵盖自然界,他指出,"仁"不只是爱人类,也是对鸟兽昆虫以及天地万物的爱。他在孔子"泛爱众"的基础上,第一次明确地提出了"博爱"说,认为圣人的教化,是先施行博爱,用"仁"来教化人民。博爱,是董仲舒对儒家仁学的新概括。

道家从"道"普遍流行的角度论证万物的平等性,认为万物与人类一样都是为"道"所化生,因而它们与人类具有相同的价值尊严,双方并无贵贱高下之分,所谓"以道观之,物无贵贱"[③],主张不能只尊重人类的生命,而忽视万物的生命,要承认万物具有存在的价值。"道法自然"是中国古代著名哲学家老子提出的命题。老子认为,道、天、地、人都是自然而然生成的,也应该自然而然地发展下去,"人为"的乱来、"天地主宰"等都是违反自然本性的。老子主张生态平等主义,认为在宇宙间,不仅人类珍贵,天地珍贵,天、地、人共同拥有的"道"也是珍贵的。它们参与宇宙大自然的衍生过程,都是宇宙中的一分子,都是大自然的一部分,因此天地万物和人类都要珍惜自己,敬畏生命。《庄子·知北游》有言:"天地有大美而不言,四时有明法而不议,万物有成理而不说。"庄子认为,

① 董仲舒. 春秋繁露[M]. 北京:团结出版社,1997:1180.

② 礼记[M]. 北京:中国友谊出版公司,1993:306.

③ 张耿光. 庄子全译[M]. 贵阳:贵州人民出版社,1991:33.

人类来自天地之间，本身就具有自然性，应当保持内心深处的自然天性，用一种无功利的审美态度去欣赏大自然。在欣赏之时，大自然的美会洗涤人类的心灵，提升人类的精神境界。在庄子看来，人类对自然的需求是对自然的亵渎，会破坏自然的纯洁性质，人类应忘掉一切功利性的想法，回归到自然的本性之中，以平和之心对待自然，做到"知足知止"。只有这样，才可以保护人类自己的生命、保全人类自己的天性。

《论语·雍也》有言："知者乐水，仁者乐山；知者动，仁者静；知者乐，仁者寿。"主要意思就是智者喜爱水，仁者喜爱山；智者好动，仁者好静；智者快乐，仁者长寿。儒家认为，自然之所以能够为人们欣赏，并不只在于自然本身的美，而主要是山水所蕴含的精神符合人的某种美德。在孔子看来，真正的仁者、智者、君子，不仅要有高尚的道德情操，还要具备一种乐山乐水的情怀，前者体现的是个人的道德修养，后者体现的是人对大自然的热爱。

中国古代思想家强调人与自然和谐统一的整体哲学思维，推崇万物与人具有平等性的道德理念，这种敬畏生命、尊重自然的思想要求人的活动应充分尊重自然规律，不能肆意破坏自然，不能无故剥夺其他生命的生存权利和空间，人类应当承担起爱护生命、维护自然生命的使命。

三、中国古代生态文明思想的基本内容

中国古代思想家立足于现实社会，对人类生活与自然环境的依赖关系给予了一定程度的关注，他们针对当时所存在的环境问题，提出了相应的保护措施，形成了诸多颇有价值的环境和谐观。

（一）对采伐林木、捕猎动物的"时禁"，重视自然资源的适时利用

古人反对乱砍滥伐，对采伐林木提出了严格的时间规定。春秋战国时期，管仲为齐国制定了"以时禁发"的制度，管仲认为"山林虽广，草木虽美，禁发必有时"，自然资源不能随意进行开采，应顺应时序，尊重自然规律。管仲已经认识到，国家在发展国力的同时，必须加强对自然资源的养护，只有这样才能实现国家长远的富庶强大。一旦过度采伐，自然生态遭到破坏，那么国家发展也就无以为继。管仲将"取之有节"这样的可持续发展的生态思想提升到国家治理的高度。荀子更明确地指出："草木荣华滋硕之时，则斧斤不入山林，不夭其生，不绝其长也。"在春夏两季林木生长阶段严禁入山伐木，只有这样，才能保证林木的顺利成长。

古人之所以要提倡保护山林资源，是因为他们已意识到了山林对于人类所具有的价值，如孟子在《寡人之于国也》指出："斧斤以时入山林，材木不可胜用也。"他们也意识到对山林资源的破坏可能会影响生态系统的平衡，并提出了物养互相长消的生态学法则。孟子在《孟子·告子上》中有很好的表述，他说："牛山之木尝美矣，以其郊于大国也，斧斤伐之，可以为美乎？是其日夜之所息，雨露之所润，非无萌蘖之生焉，牛羊又从而牧之。是以若彼濯濯也，人见其濯濯也，以为未尝有材焉，此岂山之性也哉？""故苟得其养，无物不长；苟失其养，无物不消。"这就是说对各种各样的植物，首先必须要充分认识其依季节生长变化的特点和规律，在这个基础上，才能加以砍伐利用，同时要适时地对

其进行栽种和养护，做到利用和养护结合。这实际上是主张维护生态平衡。

古人对捕猎动物也有一定的时间限制。《逸周书·文传》中说："川泽非时不入网罟，以成鱼鳖之长。"荀子说："污池渊沼川泽，谨其时禁，故鱼鳖优多而百姓有余用也。""鼋鼍、鱼鳖、鳅鳝孕别之时，网罟、毒药不入泽，不夭其生，不绝其长也。"[①]禁止捕猎动物的时间主要是在动物怀子与产卵期间。管子说："当春三月……毋杀畜生，毋拊卵。"[②]荀子认为，只有因时制宜才能使万物繁盛，只有"取之有时、用之有节"，才能保证资源永不匮乏。因此，国家统治者需要合理利用自然资源，要制定法规，让百姓按时节砍伐山林、捕捞鱼鳖。

（二）对采伐林木、捕猎动物的对象和方式予以限制，重视对自然资源的保护利用

古人对采伐对象加以严格的限制。《国语·鲁语》指出："山不槎蘖，泽不伐夭。"《逸周书·文传》强调："无伐不成材。"《大戴礼记·卫将军文子》说："方长不折。"这都是说对正在生长的幼树苗予以保护，禁止砍伐。古人还提出了不捕幼兽、不杀胎、不毁卵、不覆巢的要求。《国语·鲁语》有"鱼禁鲲（鱼子）鲕（小鱼）"的记载。《逸周书·文传》说："不麛不卵，以成鸟兽之长。"《礼记·王制》有"不麛，不卵，不杀胎，不夭夭，不覆巢"的记载。杀胎、斩幼会导致走兽物种灭绝，毁卵覆巢则会灭绝飞禽物种，故古人有如此之主张。

在捕猎动物的方式上，古人提出不能采用灭绝动物物种的工具。孔子主张"钓而不纲，弋不射宿"，也就是不用大网捕鱼，不射归巢之鸟。这里既尊重了生物的规律——不竭泽而渔，又包含了仁爱之心——保护老幼。孟子认为"数罟不入洿池，鱼鳖不可胜食也"，即细密的渔网不放入大塘捕捞，鱼鳖就吃不完。这就要求人们利用动物资源要有一定限制，在捕获过程中，禁止使用像"纲""数罟"等破坏力较强的工具，以便给动物留下一条生路，不能斩尽杀绝。这说明，古人已认识到只有使动物维持一定的数量，它们才能不断地得以繁衍生息，如此，人们才能够永续地利用这些动物资源。

（三）要采取切实的措施来保护生态资源

古人把生态资源的管理看作是国家政治体制的一个主要作用。《荀子·王制》强调："王者之法，等赋，政事，财万物，所以养万民也。田野什一，关市几而不征，山林泽梁以时禁发而不税。相地而衰政，理道之远近而致贡。通流财物粟米，无有滞留；使相归移也。"[③]古人认为生态资源的管理非常繁杂，必须设立专职的管理部门。早在周代时我国已建立了生态资源的管理部门，中央政府中设有冢宰和大司徒，制定森林管理的政策和法令即为他们的职责之一，其下设有虞、衡等官吏，具体负责森林的日常管理。

为了对生态资源实行有效的保护，古人主张制定相应的保护法规。西周时已有较为严厉的生态保护法令，如《伐崇令》即有这样的规定："毋坏室，毋填井，毋伐树木，毋动

① 安小兰译注. 荀子[M]. 北京：中华书局，2007：92.
② 赵守正译注. 管子译注[M]. 南宁：广西人民出版社，1987：1017.
③ 安小兰译注. 荀子[M]. 北京：中华书局，2007：86.

六畜。有不如令者，死无赦。"①即要求在军队作战中不准砍伐树木，禁止伤害六畜，如有违反者将处以死刑。管仲主张用立法的形式来保护生物资源，他说："修火宪，敬山泽，林薮积草。夫天财之所出，以时禁发焉。"②即要制定预防火灾的法令，切实地把山林草木管理起来，对其进行封禁与开发必须要有时间上的规定。他还认为，国家制定的法令应该严格执行，凡违法者要予以严惩。云梦秦简《田律》规定，春天二月时，禁止到山林中去砍伐木材，不允许堵塞河道；在夏季来临前，不准焚烧草来作为肥料，不准采取刚发芽的植物，或捕捉幼兽、鸟卵和幼鸟。禁止毒杀鱼鳖，不能设置捕捉鸟兽的陷阱和网罟。只有到了七月的时候，这些禁令才被解除。汉宣帝在元康三年（公元前 63 年）夏六月所下的诏书中有"令三辅毋得以春夏摘巢探卵，弹射飞鸟。具为令"。《宋会要辑稿·刑法二》载宋太祖建隆二年（公元 961 年）二月，诏曰："鸟兽虫鱼，俾各安于物性；置罘罗网，当不出国门。庶无胎卵之伤，用助阴阳之气。其禁民无得采捕虫鱼，弹射飞鸟，仍永为定式。"③即不准民众把捕捉鸟兽鱼虫的工具带出城外，不许伤害鸟卵兽胎，不能采捕虫鱼，射杀飞鸟。同书亦载宋太宗太平兴国三年（公元 978 年）四月，诏曰："方春阳和之时，鸟兽孳育，民或捕取以食，甚伤生理而逆时令。自宜禁民，二月至九月，无得捕猎，及持竿挟弹，探巢摘卵。州县长史严里胥，伺察擒捕，重致其罪。仍令州县于要害处粉壁揭诏书示之。"③也就是说在每年的二月至九月期间，禁止人们捕猎动物和拿取鸟卵，违者将给予重罪处理。这些改善保护自然生态系统的法令，对于依法保障经济社会协调发展，无疑具有重要的作用。除保护生态外，还要避免污染。商代即有不准在街道上随意倒垃圾的规定，违者要受到严惩。可见，当时人们为了保护环境，已严禁乱抛废物。战国时秦国也规定了"弃灰于道者被刑"的法律。在街上抛弃废物即处以断手等刑罚，虽然有些残酷，但也反映了当时政府在保护环境上的决心。

在中国五千多年漫长的文明延续中，人们对客观世界有了比较深刻的认识，在天文、立法、自然物候、节气时令、医药等方面积累了丰富的经验和知识，使人类活动更好地适应自然。由此看来，虽然中国古代没有完整的生态文明理论和思想体系，但对人与自然的关系已经有了深刻的认识，成为现代生态文明思想的萌芽，是一份宝贵的文化遗产。

第二节　西方生态文明思想

一、工业文明的反思

在传统的工业文明中，"人类中心主义""唯发展主义""科技至上"等观念，使人类以自然的主宰和统治者自居。

首先是"人类中心主义"，它视人为万物之尺度，从人的利益来判定一切事物的价值，不仅主张人类"征服自然""改造自然""控制自然"，还主张人类有权根据自身利益及好恶随意处置自然，宣称"人类文明和文化的每一次进步，都是建立在自然的屈服之上的"。

① 安小兰译注. 荀子[M]. 北京：中华书局，2007：378.
② 赵守正. 管子译注[M]. 南宁：广西人民出版社，1987：73.
③ 郝建平. 中国古代生态文明思想及其现代启示[J]. 前沿，2016（6）：101.

人类将自己视为地球上所有物质的主宰，认为地球上的一切——有生命的和无生命的，动物、植物和矿物——甚至就连地球本身都是专门为人类创造的。由于以人类为中心，人便可以粗暴地对待自然，人与自然处于极端对立的状态。基于此，人们开始反思和批判"人类中心主义"，并逐渐觉醒。人们认识到要真正克服所遭遇的生态环境危机，必须正确看待人与自然的关系，倡导人与自然"和谐"与"亲善"的生态文明，人类有责任以尊敬和谦卑的态度对待自然。

其次是"唯发展主义"，其核心是经济发展第一，物质至上，"为增长而增长"。早在1925年，美国环境保护的先驱奥尔多·利奥波德就对此进行了批判。他认为生产的目的是消费，现在却忘记了生产的目的是什么。他把这种"唯发展主义"比作在有限的空间上拼命盖房子，却忘记了盖房子是为了什么。他指出，这不仅不能算发展，而且简直就是"短视的愚蠢"。此外，美国作家和思想家艾比在20世纪50年代也曾言辞激烈地批判美国和整个西方的反生态文化，毫不留情地挖掘导致人类生态危机的思想文化根源。他认为，"唯发展主义"已经成为整个民族、整个国家的"激情"或"欲望"，却没有人看出这些"癌细胞的意识形态"。从根本上说，经济发展是为人服务的，而不是人为经济发展。经济发展的目的是使人更安全、更健康、更自由、更解放，精神更为充实，人格更为完善。

最后是"科技至上"，这种观点认为一切问题最终都可以通过科技进步来解决，当发生与自然资源和环境有关的问题时，人们可依赖其聪明才智、大量的发明创造和技术发展来解决，而自然界和环境则是人类社会之外的、可以为技术所替代的东西。然而，科学技术是一把"双刃剑"。法国当代著名的思想家埃德加·莫兰指出，科学技术有害的方面主要包括与自然对立、违背自然规律、干扰和扭曲自然进程，由此造成全球范围日趋严重的、难以根除的污染。此外，科学研究和技术开发还被金钱势力及政治势力所左右。他认为，科学家们被完全剥夺了对这些从他们的实验室里产生的力量的控制权；这些力量被集中在企业领导人和国家当权者的手中。今后，在研究和强权之间将有前所未有的互动关系。所以，当我们采用一项新的科学技术时，必须顾及其长远的生态后果，避免给后代人造成损害；当倡导科学的时候，应把科学技术看作协调人与自然关系、实现可持续发展的工具。在不触动人类的伦理价值观念和社会政治、经济制度的前提下，单纯依靠技术的方法即技术主义来解决生态环境危机是不可取的。

二、生态现代化

美国生物学家蕾切尔·卡逊的《寂静的春天》（1962）和罗马俱乐部的《增长的极限》（1972）引发人们对于人类生存环境的深度讨论。1972年在斯德哥尔摩召开的联合国人类环境会议更引起人们对于环境问题的深切忧虑，由此导致了声势浩大的环境政治运动。但是，这些努力并没有达到预期的效果。现实的情况是，自然枯竭、生态环境恶化持续加剧。在这个背景下，"生态现代化"理论应运而生。它最早由德国学者耶内克等在20世纪80年代提出，后由荷兰、英国学者发展起来，并迅速席卷芬兰、丹麦乃至美国、加拿大等国家。

该理论的核心内容是，环境保护不应该是社会经济活动的一种负担，而应被看作经济可持续增长的前提，强调经济增长和环境保护相互支持、相互促进，以发挥生态优势推进现代化进程；建设生态现代化，必须把经济增长和环境保护综合起来考虑，把生态建设看成是发展之义、发展之举，走可持续发展之路，加快推进发展模式由"先污染后治理"向"生态亲和型"转变，绝不能以牺牲环境为代价来换取一时的发展；政府作为市场的促进者和保护者，应更多地使用市场调节手段实现经济发展和环境保护的目标。

"生态现代化"理论主张将"生态化"的内涵融入现代化进程中，摒弃传统现代化理论片面追求工业化、城市化等不合理因素，主张对工业社会进行生态恢复和生态重建，实现经济社会体制、科学技术政策和思想意识形态等的生态化转型，使人类社会实现从传统现代化向"生态现代化"的结构性变革。

"生态现代化"理论一经提出，就得到许多西方国家和世界环境与发展委员会等的广泛接受。当前，"生态现代化"理论的分析模式与策略设计变得更为精致和定量化。

三、生态伦理学

1949 年，美国环境主义者奥尔多·利奥波德所著的《沙乡年鉴》一书第一次把人与自然的关系和生态学思想引入伦理学，从而拓展了伦理学的研究领域，标志着生态伦理学（或称为环境伦理学）的诞生。20 世纪 80 年代，美国学者罗尔斯顿等建构了以自然价值论为核心的生态伦理思想体系，并创造性地提出了"系统价值"概念，标志着生态伦理学逐渐走向成熟。

伦理关系本质上是同类之间的关系。生态伦理学把伦理关系从人类扩展到自然界，从而把人与自然看成同类，它以"生态伦理"（或"生态道德"）为核心，从生态破坏、人类生存危机的现状出发，把伦理学的关注对象从人与人之间的关系转向人与自然之间的关系，从关注生态环境单纯的工具价值转向关注生态环境的内在价值。在生态伦理学者看来，"不仅自然作为养育者的形象包含着道德的含义，而且有机框架本身作为一种概念系统，也蕴含着相关的价值体系。"[①]他们认为，以人类为中心的传统伦理学不能为解决生态问题提供合理的伦理基础，必须创新传统道德权利和道德义务理论，尊重动物、植物乃至整个自然界的内在价值和生存发展的权利，使人与自然能够和谐相处。

所谓"生态伦理"是指由一定社会经济条件所决定的，以善恶标准评价的，依靠人们的内心信念、社会舆论和传统习惯来维系的，调整人与自然之间关系的原则和规范。它要求人类将其道德关怀从社会延伸到自然存在物和自然环境，呼吁人类把人与自然的关系确立为一种道德关系。根据"生态伦理"的要求，人类应该放弃算计、盘剥和掠夺自然的传统价值观，转而追求与自然同生共荣、协同进步的可持续发展价值观。

四、生态政治学

生态政治学是 20 世纪 70 年代以来在全球生态环境问题空前凸显的大背景下，由绿色

---

① 卡洛琳·麦茜特. 自然之死[M]. 吴国盛，等译. 长春：吉林人民出版社，1995：5.

生态运动引发的一种社会思潮。1970 年 4 月 22 日，美国爆发了有 2 000 多万人参加的环境保护运动，这是人类历史上第一次大规模的群众自发的环境运动。此后，生态运动成为集环保、和平、女权、民主诸运动于一体的全球性群众政治运动。"绿党"应运而生，成为新的政治力量。"绿党"以生态环境问题为中心，倡导人与自然之间的和谐关系。"我们代表一种完整的理论，它与那种片面的、以要求更多生产为牌号的政治学是对立的。我们的政策以未来的长远观点为指导，以四个基本原则为基础：生态学、社会责任感、基层民主以及非暴力。"[①]由此可见，生态政治学一改政治学仅仅关注国家权力和政府组织等问题的传统，从环境与政治的关系这一视角出发，融生态理念于政治制度建设之中。

生态政治学认为，维护全球生态是一项重要的政治使命，"绿党"更是以实际行动实践自己的政治抱负，掀起一波又一波的社会环境运动，将目标直指那些破坏生态环境的企业和行业，不利于环保的政府行为以及法律上的漏洞。生态政治学提出要改变人与人之间的不平等关系，提倡人与自然之间自主的、对等的物质交流，反对利己主义和消费主义，维护集体的利益。生态政治学认为，"非暴力"是生态社会的一种基本组成成分，既反对个人暴力，也反对国家和社会制度的暴力。生态政治学倡导基层民主，反对建立等级结构，不允许权力集中在处于等级结构上层的少数人手中，提倡建立自治性的基层权力组织；主张实行直接民主，让公民直接参与决策和公共管理；实行政治轮换原则，主张公共管理分散化、管理单位分散化。生态政治学致力于建设一个人与人之间关系平等的生态社会，尤其是必须建立一种没有性别歧视、女权受到高度尊重的新制度。在国际层面上，生态政治学反对超级大国的霸权主义行径，提倡发达国家与发展中国家的人民之间建立伙伴关系，认为发达国家对发展中国家的剥削导致其严重的贫困化。这种状态最终将引起世界经济体系的崩溃和全球安全危机的出现，因而主张发达国家要无条件地增加对发展中国家的援助，只有后者真正获得了发展，才能实现世界和平。

生态政治学以生态学、社会责任感、基层民主、非暴力、女权主义等为理论和实践支撑，对当代西方国家的政治观念、政党结构以及国际关系准则等产生了深远影响。

五、生态学马克思主义思想

在西方生态文明思想萌芽与发展的过程中，也产生了一种非常有影响的思潮，这就是生态马克思主义（或生态学马克思主义）。它基于马克思主义的理论及分析方法和当前全球面临的生态危机，对资本主义进行了系统的批判，它通过重新解读自然的观念，力图赋予自然以历史和文化的内涵，并以这样理解的自然和文化概念来改造传统的生产力和生产关系理论，重新理解自然、文化、社会劳动之间的关系，以此重构历史唯物主义，试图寻找一种能够指导解决生态问题及人类自身发展问题的"双赢"理念，最后提出了生态学马克思主义的制度理想——生态社会主义，这是生态学马克思主义逻辑上的必然结论。生态学马克思主义一词是由美国得克萨斯州立大学教授本·阿格尔提出的，1979 年他在《西方马克思主义概论》中第一次运用了"生态学马克思主义"的概念。生态学马克思主义的主要代表人物有加拿大的威廉·莱斯、法国的安德烈·高兹、美国的詹姆斯·奥康纳等。

---

① 弗·卡普拉，查·斯普雷纳克. 绿色政治：全球的希望[M]. 石音，译. 北京：东方出版社，1988：58.

（一）"生态危机"理论

威廉·莱斯的著作《自然的控制》（1972）、《满足的极限》（1976）及本·阿格尔的著作《西方马克思主义概论》（1979）等，详细地介绍了生态学马克思主义的生态危机理论，指出生态危机的根源在于资本主义制度基于"控制自然"的科学技术和社会异化的消费观念，要解决生态危机就必须建立"易于生存的社会"。

何以导致生态危机？生态学马克思主义认为，追求剩余价值、资本积累当然是生态危机的最终原因，但无产阶级的消费观念和消费方式已推波助澜。因为无产阶级的消费不再是劳动力的再生产需要，而是"异化消费"演变成一种"病态"的对奢侈品的消费，维持了资本主义扩大再生产，使资本主义经济危机被生态危机所代替。在异化消费中，生态系统的有限性和资本主义生产能力的无限性发生了矛盾，资本主义社会的生态危机就转化为商品供应危机，引起无产阶级消费期望的破碎。因此，生态学马克思主义者认为，在重新审视消费预期和资本主义制度的过程中，无产阶级能够自发地调整自己的需求观念和价值观念，抵制对奢侈品的消费，建立革命性的需求理论，消除消费异化，并逐渐对资本主义的生产和管理模式进行改革，使之符合社会主义制度的要求。

（二）"双重危机"理论

詹姆斯·奥康纳在其著作《自然的理由》（1998）中，针对 20 世纪 90 年代以来各种绿色运动如火如荼但生态危机却越发严重的情形，运用马克思主义基本理论和观点，分析了资本主义生态危机产生的原因，重点提出了资本主义的"双重矛盾"和"双重危机"。

按照奥康纳的思想，资本主义的基本矛盾即生产的社会性与生产资料的资本主义私人占有属于"第一类矛盾"，它主要表现的是生产力和生产关系的矛盾；资本主义生产无限性与生产条件有限性之间的矛盾属于"第二类矛盾"，它是生产力、生产关系与资本主义生产条件之间的矛盾。"第一类矛盾"和"第二类矛盾"相互作用，共同存在于全球化资本主义体系当中，形成了资本主义的"双重危机"——经济危机和生态危机。

按照奥康纳的解释，"双重危机"的原因在于资本积累以及由此造成的全球经济发展不平衡。由于资本积累对自然资源和能源的开发，在不平衡发展的二元对立结构中，造成了发达国家和地区对欠发达国家和地区的资源和能源的剥削。后者为了获取高附加值的工业产品和提高本国的经济水平，不得不承受不平等的交易，出售廉价的生产资料和能源等自然资源，而这些降低了资本积累的成本，使资本积累加快，又进一步增加了对生产资料的需求和对能源等自然资源的开采速度，形成恶性循环，最终导致全球性的生态危机和生态环境灾难。因此，要重申马克思主义的生命力、挖掘马克思主义对解决资本主义生态危机的理论价值。

（三）"生态社会主义革命和建设"理论

按照马克思主义理论，当资本主义基本矛盾不可调和的时候，社会革命就到来了，结果将是建立社会主义和共产主义社会。生态学马克思主义者也循着这一理论体系和思路，提出解决生态环境危机的"生态社会主义革命和建设"理论。克沃尔在其著作《自然的敌人——资本主义的终结抑或世界的终结》（2002）中，对生态资本、生态社会主义的内容和实践方案进行了革命性的设计和规划，在批判资本的逐利本性对生态系统破坏的基础上，认为资本主义已经发展到了真正的顶峰阶段，任何企图改良资本主义的思想和方案都是在加速对生态系统的破坏。

克沃尔从马克思主义的劳动异化理论出发，认为生态社会主义要强调使用价值，而不是交换价值。要使使用价值从交换价值当中解放出来，必须使劳动从资本中解放出来。劳动与劳动产品的分离、劳动与生产资料的分离，使资本主义商品的交换价值得以实现。因此，要使人类所居住的地球生态系统实现其使用价值，就必须去推翻资本、消灭交换价值从而使劳动得到解放，最终通过联合劳动实现使用价值，在人类和地球生态系统之间建立全新的财产关系。生态社会主义的基本原则就是推翻垄断资本的统治，克服劳动与劳动者的分离。

秉承马克思主义的基本思想，克沃尔认为，真正的社会主义定义必须具备两个条件：一是生产资料的公共所有；二是劳动者的自由联合体。生态社会主义建设要坚持社会主义公有制，坚持计划与市场相结合的生产与分配制度。当然，生态社会主义没有统一的实现道路，但有共同的特征——民主。

克沃尔在其著作《自然的敌人——资本主义的终结抑或世界的终结》最后呼吁，生态学马克思主义者必须在生态系统没有崩溃之前采取行动，"建立新世界，时不我待"。

生态学马克思主义试图利用马克思主义的观点和方法，分析、探究当代世界的社会危机和生态危机，寻求解决问题的途径，并提出对策建议。这在许多领域给我们启示，尤其是生态马克思主义强调人与自然的和谐统一，倡导社会经济与生态环境的协调发展，具有重要的时代意义。但生态学马克思主义不是从资本主义的基本矛盾及生态的社会化与生产资料的资本主义私人占有之间的矛盾来分析生态危机的，而是用生态危机来替代经济危机，因而是不正确的。

第三节　马克思恩格斯生态文明思想

马克思恩格斯生态文明思想，是指马克思主义创始人——马克思和恩格斯的生态学思想与生态经济理论。马克思和恩格斯的生态学思想与生态经济理论是一个有机的统一整体，具有与时俱进的理论品质。

一、自然先在性

马克思多次声明自己的唯物主义立场，完全承认和坚持自然界对于人类的优先地位的不可动摇性。他在《1844年经济学哲学手稿》《德意志意识形态》等书中，明确提出了"外部自然界的优先地位"，这是马克思主义关于自然界对于人类及人类社会优先地位的科学论断，马克思、恩格斯把自然界的客观现实性和存在优先性看作我们认识自然的逻辑前提。

1. 自然界的客观实在性和存在先在性

马克思在《1844年经济学哲学手稿》中，就把自然看成是人的感觉、激情之类的东西的"真正本体论的本质"，在《政治经济学批判》导言中，马克思多次谈到自然是指"一切对象的东西，包括社会在内"，他还经常在相同的意义上使用自然、物质、"全部实在"等概念。很明显，这样的自然概念，与物质、存在、客观世界几乎是等价的概念。这种客观实在性和在本体论意义上的先在性，是强调自然对人及社会的本原性。马克思主义认为，作为社会产物的人，归根到底是自然界长期发展的产物，没有自然界就没有人本身。恩格斯在《反杜林论》中明确指出："人本身是自然界的产物，是在他们的环境中并且和这个环境一起发展起来的。"所以，马克思、恩格斯都在本体论意义上看到人类及人类社会都是自然界发展进化的结果，是从自然界当中逐渐派生出来的。我们完全可以说，从自然对人类及人类社会的本原性来说，人类和人类社会都是自然界不同形式的表现而已。

自然界是人类生存的基本条件，是人类社会存在的客观基础。马克思曾在其著作中明确指出："没有自然界，没有感性的外部世界，工人就什么也不能创造。它是工人用来实现自己劳动，在其中展开劳动活动，由其中生产出或借以生产自己的产品的材料。"这是因为，自然界一方面在"更狭隘的意义上提供生活资料，即提供工人本身的肉体生存所需要的资料"，另一方面，又在更广泛的意义上"给劳动提供生产资料，即没有劳动加工的对象，劳动就不存在"。

自然环境在不同社会发展阶段的社会生产和人类生活都具有决定性的基础作用。马克思在《资本论》当中分析人类劳动过程时就认为，自然界是人类劳动的现实基础，尤其是在揭示资本主义经济运动时，详细考察了社会生产力的发展变化，把包括自然资源和自然环境在内的自然生态条件视为劳动生产力的决定性基础。在分析人类劳动的外部自然生态条件时指出："生活资料的自然富源，例如土壤的肥力，渔产丰富的水等；劳动资料的自然富源，如奔腾瀑布、可以航行的河流、森林、金属、煤炭等。在文化初期，第一类自然富源具有决定性的意义；在较高的发展阶段，第二类自然富源具有决定性的意义。"[①]

2. 人类生存和经济社会发展对自然界本原的依赖性

按照马克思主义的观点，在人和自然的关系当中，一方面是自然对于人、对于人类社会而言，自然界对人类及人类社会的存在具有本原的制约性；另一方面是人对于自然、对于感性自然界而言，人类生存和社会存在与发展对自然界存在本原的依赖性。

人本身就是自然界的一部分，是一种自然存在物。马克思、恩格斯科学地论证了人是自然界发展到一定阶段的产物，是与自然环境一起发展起来的，从而确立了人的存在及其实践活动和人类社会的存在及其发展依赖物质自然界的唯物论基础。自然的发展创造了人，自然界生养哺育了人类，作为社会产物的人，归根到底是自然界的产物。自然界永远是人类生存和社会发展的基础与前提。人离不开自然界，离开了外部自然界，就不会有人的发生，不会有人的存在。这是因为，人不是外在于自然界的异物，而是自然界大家族中的一员，是一种直接的"自然存在物"。因此，马克思、恩格斯都赋予人类生存与发展的生物本性以巨大意义，即把人的生物本性看作人与自然关系中的一切问题的出发点和基础。

自然界是人的无机身体和精神的无机界，是人的自身自然与身外自然的统一体。马克思始终把作为人的"周围的世界"的自然界，当作人的生存或社会存在的外部环境。这就

---

① 马克思，恩格斯. 马克思恩格斯全集（第 23 卷）[M]. 北京：人民出版社，1972.

是说，马克思把作为人的生存环境的自然界看成既是人"赖以生活的无机界"，又是"人的精神的无机界"，是"人的无机的身体"。马克思指出："自然界，就它本身不是人的身体而言，是人的无机的身体。人靠自然界生活。这就是说，自然界是人为了不致死亡而必须与之不断交往的、人的身体。"① 马克思、恩格斯的一些重要著作中，深刻论证了人的全部血肉之躯以及由此产生的一切生存活动，都要依赖于自然、适应于自然，否则人就无法生存，更谈不上发展。

自然界的优先地位集中表现为自然及其内在规律对人类实践活动的制约性。自然对人的本原性和人对自然的依赖性，既体现为自然界与自然规律对人类一切实践活动尤其是经济活动的限制与约束，又体现为人对自然及其内在规律的服从与遵循，我们称为"自然的制约性"。马克思、恩格斯分析了自然与人的受动性和能动性的统一，马克思指出，"人作为自然的、肉体的、感性的、对象性的存在物，和动植物一样，是受动的、受制约和受限制的存在物"。由此可知，人作为自然存在物，其一切实践活动尤其是经济活动都要受到自然及其内在规律的限制和约束。因此，在任何时候、任何情况下，我们都必须坚持自然界对人的社会的优先地位，它客观地规定了人的实践活动。恩格斯指出，"我们改变和支配自然界，就在于我们比其他一切生物强，能够认识和正确运用自然规律"。正如马克思主义认为的，人不能脱离外部自然界及生态环境而生存，但是人绝对不是消极地适应自然，而是能够认识、掌握、遵循自然规律，从而利用、控制、调节、改变外部世界，实现人的生存与发展的目的。

3. 自然界对于人类的优先地位理论对于新时代的生态文明建设意义

"外部自然的优先地位""先于人的存在的自然界"，始终是马克思学说与他的经济学说的理论前提。在当今生态环境危机直至整个大自然危机日益加深的情况下，这一理论具有很强的现实性和时代感，给我们生态文明建设的启迪和导向是多方面的。

生态环境是人类及人类社会赖以存在的基础，必须把现代社会经济运行与发展建立在生态环境良性循环的稳固基础之上。马克思主义的自然环境理论认为，自然界是人类及人类社会赖以存在的自然基础与物质前提，尤其是作为人及人类社会存在的生态环境的外部自然界，它与人类社会经济相对应，也就必然成为人类生存与社会经济发展的自然基础和物质前提。这是我们承认自然界对于人类的优先地位，即承认自然对人类的本原性与物质根源性得出的必然结论。这里的"自然基础"与"物质前提"，就是生存环境是人类生存与社会经济发展的现实基础的本质内涵。

自然界对于人类的优先地位理论，为人类实践活动的生态优先原则提供了理论依据。承认和坚持自然界对人类及人类社会的优先地位，在人类一切实践活动中就必须遵循和坚持生态优先的原则。按照自然界在人类生存与经济社会发展中地位的优先性，生态应该也必须优先，这是生态在人类实践活动中享有优先权的一种内在的、本质的必然趋势和客观过程。当今人类社会正在进入生态文明时代，自然界对人类及人类社会的制约性和人类及人类社会对自然界的依存性更加明显和突出，因而，我们完全可以说，生态优先规律不仅是世界系统运动的基本规律，而且是人类群体与自然关系的最高法则。

---

① 马克思，恩格斯. 马克思恩格斯全集（第42卷）[M]. 北京：人民出版社，1979.

人类正确处理同自然的关系，首先必须尊重自然规律和社会规律。马克思的自然界对于人类的优先地位理论告诉我们，自然界（包括人化的自然）有其不以人的意志为转移的运动规律，人类实践活动必须遵循自然规律，才能能动利用、改变自然来使自然界为自己的目的服务；而人的实践活动的目的每次成功地实现，恰恰正是人的实践活动遵从了自然及其运动规律。然而长期以来，现代人类的实践活动不能正确认识和把握自然规律和社会规律的相互关系及两者统一的客观要求，突出表现在不遵循生态优先规律。

二、人与自然和谐统一

在科学发展史上，马克思、恩格斯在创立马克思主义学说时，第一次对自然、环境与人、社会相互关系做了全面考察和总结思考，并在人的关系上讨论自然、论证自然观念，因而马克思的自然环境理论，实际上就是人与自然关系理论。马克思人与自然相互关系学说的精华是人与自然和谐统一理论。它包括两层含义：一是人与自然的统一性，这就是人与自然的内在统一；二是人类自然的和谐性，用现在的术语来说，就是人与自然和谐发展。在人类思想史上，只有马克思、恩格斯比较系统地论述了人、社会和自然之间相互依赖、相互制约、相互作用的辩证关系，其中闪耀着人与自然和谐统一的生态智慧，有明显的生态文明理论取向。

1. 马克思、恩格斯的人与自然和谐统一学说

马克思、恩格斯的人与自然和谐统一学说与他们的生态思想是形影相随的。首先，从马克思的《1844年经济学哲学手稿》到《资本论》等著作，恩格斯的《英国工人阶级状况》到《自然辩证法》等著作，都深刻地阐述了人与自然的辩证关系，告诫人们要正视人在自然界中的地位和作用，指明人类的生产实践活动一定要考虑自然生态环境的承受能力，警示人们必须充分估计人类生产劳动活动可能导致的长期、更长期的自然生态后果，要求人们要正确处理生产劳动活动的"社会结果与自然结果""近期结果与长远结果"的关系。正如恩格斯所说："本世纪自然科学大踏步前进以来，我们越来越有可能学会认识并因而控制那些至少是由我们的最常见的生产行为所引起的较远的自然后果。"①这些生态思想都成为他们的人与自然和谐统一学说的科学依据。

其次，马克思在《1844年经济学哲学手稿》中首先就提出了"人是自然界的一部分""自然界是人的无机的身体"的科学论断。"人是自然界的一部分"就其生态意义而言，就意味着人是自然界中的一种生命物种，与自然界的其他生命物种是同一巨大的存在之链上的环节。所以，人作为具有自然生命力的自然物，他需要在他之外的自然环境，不参加自然界的活动他就不能存在。而马克思确立了"自然界是人的无机的身体"的新概念，就在于阐明人与自然的生态关系，把自然界看作与人类有内在联系的生态系统。也就是说，自然界包括其各种生态因子即植物、动物、空气、阳光等不仅是维持生命物种的环境，而且是人的生命的一部分。因此，自然是人生命的组成部分。它与"人是自然界的一部分"的内在统一，就是人与自然的和谐统一。

再次，在马克思、恩格斯的著作当中，还经常涉及并提到生物与其周围环境的关系及

---

① 马克思，恩格斯. 马克思恩格斯选集（第4卷）[M]. 北京：人民出版社，1995.

其相互作用，这就在实质上表达了他们的生态学思想。恩格斯指出："生命是蛋白质的存在方式，这个存在方式的基本因素在于和它周围的外部自然界的不断的新陈代谢，而且这种新陈代谢一旦停止，生命就随之停止，结果便是蛋白体的分解。"① 恩格斯在其著作中曾指出："我们不要过分陶醉于我们人类对自然界的胜利。对于每一次这样的胜利，自然界都对我们进行报复。每一次胜利，起初确实取得了我们预期的结果，但是往后和再往后却发生完全不同的、出乎意料的影响，常常把最初的结果又消除了。"可见，人类的实践活动的"反自然化"，就必然被自然的"反人化"把一个个结果抹消掉，这就是人与自然的一种不和谐、不协调的异化关系。由此我们看到，马克思、恩格斯对人与自然辩证关系的理论阐述是和生态学思想融合在一起的。

2. 马克思、恩格斯的人与自然和谐统一思想的生态文明理论取向

在马克思的理论体系中，自然、人、社会是一个统一的有机整体。在马克思看来，现实的自然界和现实的人都具有社会历史性，于是他就提出人类劳动是连接自然、人、社会之间内在联系的纽带。马克思、恩格斯在《德意志意识形态》中认为，自然、人、社会的统一是在历史中形成和发展的，是"人与自然以及人与人之间在历史上形成的关系"，并提出了自然史和人类史相统一的思想。他们提出："历史可以从两方面来考察，可以把它划分为自然史和人类史，但是这两个方面是不可分割的，只要有人存在，自然史和人类史就彼此相互制约。"其后恩格斯在《自然辩证法》中进一步阐明了人自身和自然界的一体性的唯物史观和自然观，因此在马克思、恩格斯的理论框架当中，自然观和历史观是不可分割的。自然观是历史观的基石。这种唯物史观的自然观又是辩证的。在马克思、恩格斯的唯物史观和自然观相统一的意义上，自然、人、社会辩证统一关系问题是马克思主义理论体系中的一个根本问题。

马克思强调人与自然和社会与自然的内在统一，就在于这种统一的基础是自然界。这是马克思人与自然相互关系学说的基石。前面已阐述过，马克思在《1844年经济学哲学手稿》中写道，"人只有凭借现实的、感性的对象才能表现自己的生命"，"一个存在物，如果在自身之外没有自己的自然界，就不是自然存在物，就不能参加自然界的生活"。因此，在马克思的自然、人、社会之间的辩证关系理论中，首先是承认自然界对于人及人类社会的优先地位。马克思、恩格斯的理论已经告诉我们，人本身是自然界长期发展的产物，连同我们的血肉和头脑都属于自然界，存在于自然界，没有自然界就没有人本身。也就是说，自然界是人存在和发展的前提条件，人不仅是自然的存在，而且是社会的存在，自然界必然是整个社会存在的基础和社会文明得以发展的前提条件。整个社会存在和文明发展的必要前提，还在于人对自然界的实践活动，而这种实践活动的基本内容，就是"环境的改变和人的活动的一致"。环境的改变首先是人的外部自然环境的改变，在此基础上的人类文明一切过程和产物，都是人类通过自己的劳动与自然之间进行物质变换的相互作用的结果，即人的物质生产实践活动改变自然界的结果。因此，离开了人的实践活动，离开了自然界这个生态基础，人类文明就不可能存在，就根本谈不上社会经济的发展。

---

① 马克思，恩格斯. 马克思恩格斯全集（第20卷）[M]. 北京：人民出版社，1971.

3．马克思、恩格斯在阐明自然、人、社会之间辩证关系时，提出了"人与自然和谐统一"的光辉思想

在马克思、恩格斯以前，人们对人类社会历史的解释大都不考虑自然生态环境对人类存在和人类社会历史发展的基础作用，把历史说成是某种处于客观物质世界之外和超乎世界之上的东西，"历史的发源地不在尘世的粗糙的物质生产中，而是在天上的云雾中"①。这种历史观是一种从社会历史运动中排除人对自然界的理论关系和实践关系的唯心史观。因此，马克思、恩格斯在《德意志意识形态》中认为，以往的历史观是"把人对自然界的关系从历史中排除出去了，因而造成了自然界和历史之间的对立"②。因而，他们把社会历史发展看成是自然与社会的统一运动，把人对自然界的关系放在社会历史发展的进程之中考察，认为自然界的发展过程和人类及人类社会的发展过程是统一的自然历史过程，所以，在马克思、恩格斯的理论框架中，唯物主义历史观和辩证自然观是统一的。因此，人与自然和谐统一思想是马克思主义人、社会、自然关系理论的精华。按照马克思、恩格斯的唯物主义历史观和自然观的统一理论，人类物质生产实践活动应当追求的一个基本目标与目的归属，就是人与自然和谐统一的生态文明。

三、人与自然的物质变换

马克思的人与自然生物关系学说最突出的理论贡献，就是科学地论证了人与自然之间的发展关系，它在本质上是物质变换关系。马克思指出："劳动首先是人和自然之间的过程，是人以自身的活动来引起、调整和控制人和自然之间的物质变换的过程。"③马克思这一科学论断的深刻性，就在于他把人及社会经济活动与外部自然界之间的关系，作为人类社会经济系统与自然生态环境系统之间的关系来看待，而且表明了它们之间进行物质变换，即物质代谢这个人类社会物质生产的本质特征。

1．马克思的物质变换理论的基本内涵

在马克思所处的时代，物质代谢的概念已经广泛流行于生理学、化学、农学等自然科学领域，人们对这个概念的基本含义的认识也是如此，即是指动植物为维持生命所进行的代谢行为和生命循环；就是在现代，这一概念也主要是指生命体内物质的分解与合成等化学变化，以及生物维持生命活动的代谢行为。马克思的物质变换概念，首先是一个生理学、生物学的概念。

马克思的物质变换理论的基本内涵。在人类思想发展史上，马克思第一次把劳动作为人与自然的中介，使劳动过程同人与外部自然之间的物质循环的过程实现了本质的统一，马克思把它称为人与自然之间的物质变换。这就把劳动过程置于物质变换理论的基础之上，从而确立了从劳动、生产过程的自然（生态）过程和社会（经济）过程有机结合上，认识人与自然物质变换的新思维，这是马克思对那个时代所广泛流行的物质代谢概念的创新与发展。第一，劳动是人与人类社会的起点，只有以人的劳动、人的物质生产为中介，才能实现人与自然之间的物质变换。离开了人的劳动和生产活动，在人与自然之间就没有

① 马克思，恩格斯. 马克思恩格斯全集（第2卷）[M]. 北京：人民出版社，1957.
② 马克思，恩格斯. 马克思恩格斯全集（第3卷）[M]. 北京：人民出版社，1960.
③ 马克思，恩格斯. 马克思恩格斯全集（第23卷）[M]. 北京：人民出版社，1972.

任何物质变换过程。第二，在马克思的著作中，对劳动过程中人与自然之间的物质变换的理解大致分为三个方面：一是生理学、生物学意义的物质变换，这是自然领域内的物质代谢，也就是现在人们所说的自然生态系统中的物质代谢；二是以人的经济行为作为中心的经济学意义的物质变换，这是社会的物质变换，也就是现在人们所说的社会经济系统中的物质变换；三是马克思谈到人的劳动活动、人类物质生产时，总是把外部自然界考虑进去，自然界、外部感性世界是劳动者"用来实现自己的劳动、在其中展开劳动活动、由其中生产出和借以生产出自己的产品的材料"①。因此，在人类社会的劳动生产过程中，自然生态系统中的物质变换和社会经济系统中的物质变换，总是相互依赖和相互制约的，显示出人与自然之间的相互联系与相互作用的图景。马克思关于劳动过程是人与自然之间的物质变换的根本内容，是自然界人化和人的自然化。作为劳动过程的生产过程，既是人的物质资料的生产过程，又是人的物质资料的消费过程，二者都是物质变换的过程。

2．劳动过程是人与自然之间物质变换的生态经济本质

首先，我们要充分认识人与自然之间物质变换的自然生态本质。按照现代生态学的理论，所谓生态，我们应该理解为人及其他生物有机体同周围环境的相互关系，这种关系从广义上说包括人及其他生物的一切生存条件。这就是生命系统和环境系统之间的相互关系。正是在这个意义上理解劳动过程是人与自然间的物质变换的生态实质。其次，在马克思的视野内，在人类社会的物质生产与再生产过程中的人与自然之间的物质变换表现为三个方面：自然的物质代谢、社会的物质交换及这二者之间的物质交换。因此，人类社会的物质资料生产与再生产的运动过程，是人类与自然之间进行物质变换的运动过程。这是人类不断改变自然物质的形态，同时又不断将废弃物和排泄物返回自然界的过程。人类就是这样不断往复循环地同自然界进行物质变换。最后，马克思在阐明人通过劳动实现人与自然的物质变换的目的时，曾在《1844年经济学哲学手稿》中指出，人是"通过自己的劳动使自然界受自己支配"的，是"通过劳动而占有自然界"的。在《经济学手稿》中提出："一切生产都是个人在一定社会形式中并借这种社会形式而进行的对自然的占有。"②其后，在《资本论》中又说，人的劳动是"通过自己的活动按照对自己有用的方式来改变自然物质的形态的"。③

在马克思的自然理论及整个理论体系中，他不仅全面地揭示了人与自然之间相互依存与相互作用的辩证关系，而且科学地阐明了人与自然之间的物质变换的双向变化的辩证关系。

上述马克思关于物质变换的理论告诉我们，正确处理和协调人与自然之间的物质变换关系，要求人类的劳动生产必须做到：一是人对自然的利用、占有、索取和补偿、爱护、恢复良性循环必须有机地结合起来；二是把改变自然、全面建设自然和创新自然、美化自然有机地结合起来，使"自然界真正复活"，达到人与自然和谐统一、生态与经济协调发展的理想境界。

---

① 马克思，恩格斯. 马克思恩格斯全集（第42卷）[M]. 北京：人民出版社，1979.
② 马克思，恩格斯. 马克思恩格斯全集（第46卷上）[M]. 北京：人民出版社，1979.
③ 马克思，恩格斯. 马克思恩格斯全集（第23卷）[M]. 北京：人民出版社，1972.

四、物质循环的生态利用

马克思在《资本论》中专门用一节来讨论"生产排泄物的利用"问题，这就提出了物质循环的生态利用原则，不言而喻地包含了生态经济循环的意义。按照物质循环与转化规律的要求，消除物质循环与转化过程中的污染物质，化废弃物为原料，实现废物资源化。马克思的物质循环思想的根本点，就是强调需要对废弃物进行"分解"和"再利用"，这就是马克思物质循环的生态利用原则。

（1）工农业生产的生态化。马克思认为消费排泄物来源于两个方面：一是人的自然的新陈代谢所产生的排泄物；二是消费品消费以后残留下来的东西，这两种消费排泄物如不加以处理，就会成为破坏经济循环和生态循环正常运转与转化的重要因素。如果人们进行废物利用，那么，"消费排泄物对农业来说最为重要"。在这里，马克思所说的"最为重要"是指消费排泄物的利用，为农业生产提供了更多有机肥，可以保持和改良土壤，提高土地肥力，并保护生态环境。工业生产排泄物的生态利用，最根本的是发展生态工业，实现工业生产的生态化，这是消灭生态经济恶性循环的基本途径。对此，马克思、恩格斯提出了初步设想。马克思、恩格斯认为，由于资本主义机器工业主要集中于城市，造成城市工业污染，破坏了生态经济的良性循环，"要消灭这种新的恶性循环，要消灭这个不断重新产生的现代工业的矛盾，又只有消灭现代工业的资本主义性质才有可能。只有按照一个统一的大的计划协调地配置自己的生产力的社会，才能使工业在全国分布得最适合于它自身的发展和其他生产要素的保持和发展"。①马克思、恩格斯的论述告诉我们，发展工业应当遵循人与自然的物质变换和物质循环与转化的客观规律。

（2）依靠科技进步，通过新的生产过程可以转化为新的生产要素。马克思根据物质循环和物质转化的规律，论证了物质循环转化利用的发展过程，即在物质资料再生产过程中，排泄物的废料，人类又通过新的生产过程，改变它的形态，从而以有用的形式再占有它。因此，依据马克思、恩格斯的物质循环与转化思想，真正的废物是不存在的，只有社会生产过程中才会产生所谓无用的、有害的而在自然生态系统中本来没有的物质形式。所以，马克思称生产和生活的排泄物只是"所谓的废料"，并指出"所谓的废料，几乎在每一种产业中都起着重要的作用"。这就十分明白地告诉我们，排泄物是一个可变的物质，通过人们的再利用，投入新的生产过程，可以"转化为同一个产业部门或另一个产业部门的新的生产要素""再回到生产从而消费的循环中"，原来的排泄物也就不称其为废料了，而成为既有使用价值又有价值的物质资源了。废物转化为新的生产要素，不仅可以利用该行业的废物，而且可以利用其他行业的废物。正如马克思所指出的："化学工业提供了废物利用的最显著的例子。它不仅发现新的方法来利用本工业的废料，而且还利用其他工业的各种各样的废料，例如，把以前几乎毫无用处的煤焦油变为苯胺染料，近年来甚至把它变成药品。"②马克思强调，这种物质生产过程中物质循环的生态利用，不仅对农业是最为重要的，他甚至还说，"几乎所有消费品本身都可以作为消费的废料重新加入生产过程"。

---

① 马克思，恩格斯. 马克思恩格斯全集（第3卷）[M]. 北京：人民出版社，1960.

② 马克思，恩格斯. 马克思恩格斯全集（第25卷）[M]. 北京：人民出版社，1974：118.

（3）科学技术进步，为生产和生活的排泄物的循环利用提供了新的形式和新的方法，开辟了新的途径。马克思指出："机器的改良，使那些在原有形式上本来不能利用的物质，获得一种在新的生产中可以利用的形式；科学的进步，特别是化学的进步，发现了那些废物的有用性质。"[①]可见，马克思在创立马克思主义经济学说时就明确指出了科学技术进步为积极重新利用生产和生活的排泄物开辟了广阔的途径。科学技术对这种再生产的循环利用过程的发展起着决定作用，不单能够有效地解决生态环境问题，也给合理利用资源、发展经济带来了新的前景。马克思还认为，废物的减少，主要"取决于所使用的机器和工具的质量""还取决于原料本身的质量。而原料的质量又部分地取决于生产原料的采掘工业和农业的发展，部分地取决于原料在进入制造厂以前所经历的过程的发达程度"。[②]从这里我们可以看出，马克思物质循环的生态利用思想在很大程度上已经超越了时代的局限，不管社会形态如何，社会生产要有效地减少总废物的产生，并能够保护生态环境，必须依靠科学技术进步，尤其是依靠人类文明进步，提高工业和农业生产的生态化的发展程度。

（4）综合利用生产和生活的排泄物，实现废物资源化，可以变废为宝，节约资本，创造新的物质产品。马克思在《资本论》第 1 卷中分析资本的积累过程时指出："化学的每一个进步不仅增加有用物质的数量和已知物质的用途，从而随着资本的增长扩大投资领域。同时，它还教人们把生产过程和消费过程中的废料投回到再生产过程的循环中去，从而无需预先支出资本，就能创造新的资本材料。"[③]其后，他在《资本论》第 3 卷中具体举出化学如何发现废物利用的例子。这就告诉我们，成为生态环境恶化的主要物质因素的排泄物，即使在资本主义制度下，依靠科学技术对这些所谓无用的物质进行物质循环的生态综合利用，也可以转化为有用的物质，这就从一般的排泄物变成新产品和副产品了。马克思的这些真知灼见，实际上已经触摸到对物质资源进行深度与广度开发和综合利用与循环再利用，并建立物质循环体系和废物资源化体系，及其所形成的各个企业的生产要素合理配置和综合发展问题了。用现在的话来说，就是涉及建设生态工业园区，发展循环经济问题。

专栏1-1　人工生态系统——桑基鱼塘

桑基鱼塘是我国东部和南部水网地区人们在水土资源利用方面创造的一种传统复合型农业生产模式，其始于公元前 770—前 403 年的春秋战国时期，距今有 2 600 多年历史。春秋战国时期，中原地区战乱不断，北方老百姓被迫通过长江水道多次、大批、集中向太湖沿岸迁移，从而使湖州人口大量增加。为了满足劳动人民对物质生活的需求和促进经济发展的需要，国家对太湖沿岸土地开始大规模开垦。然而，"浙江湖州桑基鱼塘系统"区域属于一个低洼地，每当雨季，该系统西面天目山山脉的大量山洪水通过东苕溪和西苕溪进入该低洼地区域，由于当时区域内河道不甚畅通，故经常发生洪涝灾害。

① 马克思，恩格斯. 马克思恩格斯全集（第25卷）[M]. 北京：人民出版社，1974：117.
② 马克思，恩格斯. 马克思恩格斯全集（第25卷）[M]. 北京：人民出版社，1974：119.
③ 马克思，恩格斯. 马克思恩格斯全集（第23卷）[M]. 北京：人民出版社，1972.

为了解决低洼地的洪涝灾害问题，区域内的劳动人民通过修筑"五里七里一纵浦，七里十里一横塘"的"纵浦横塘"水利排灌工程，并将地势低下、常年积水的洼地挖深变成鱼塘，挖出的塘泥则堆放在水塘的四周作为塘基，继而逐步演变成为"塘中养鱼、塘基种桑、桑叶喂蚕、蚕沙养鱼、鱼粪肥塘、塘泥壅桑"的循环农业模式，最终形成了种桑和养鱼相辅相成、桑地和池塘相连相倚的江南水乡典型桑基鱼塘生态农业景观，并衍生出了丰富多彩的蚕桑文化和鱼文化。

桑基鱼塘将水网洼地挖深成为池塘，挖出的泥在水塘的四周堆成高基，基上种桑，塘中养鱼，桑叶用来养蚕，蚕的排泄物用于喂鱼，而鱼塘中的淤泥又可用来肥桑，通过这样的循环利用，取得了"两利俱全，十倍禾稼"的经济效益。从种桑开始，通过养蚕而结束于养鱼的生产循环，构成了桑、蚕、鱼三者之间密切的关系，形成池埂种桑，桑叶养蚕，蚕茧缫丝，蚕沙、蚕蛹、缫丝废水养鱼，鱼粪等泥肥肥桑的比较完整的能量流系统。在这个系统里，蚕丝为中间产品，不再进入物质循环。鲜鱼才是终极产品，供人们食用。系统中任何一个生产环节的好坏，必将影响其他生产环节。有句渔谚说"桑茂、蚕壮、鱼肥大，塘肥、基好、蚕茧多"，这充分说明了桑基鱼塘循环生产过程中各个环节之间的联系。

桑基鱼塘的发展，既促进了种桑、养蚕及养鱼事业的发展，又带动了缫丝等加工工业的前进，已然发展成一个完整的、科学化的人工生态系统。

资料来源：胡保同，杨华祝. 种桑—养蚕—养鱼人工生态系统[J]. 农村生态环境，1985（2）。

复习思考题

1. 生态文明思想的历史演进脉络是怎样的？
2. 概述中国古代生态文明思想的基本内容。
3. 西方生态文明思想的核心内容是什么？
4. 马克思的物质变换理论的基本内涵是什么？

第二章　生态文明与生态文明建设

学习目标
➢ 掌握生态文明的深刻内涵
➢ 掌握我国生态文明建设的现实问题
➢ 理解生态文明与其他文明的联系
➢ 理解我国生态文明建设的意义

第一节　生态文明的内涵及特征

生态文明是人类社会发展的一个全新的阶段，它要求人与自然、人与人、人与社会和谐共生、良性循环。生态文明建设是中国特色社会主义事业的重要内容。

一、生态与文明

（一）生态是自然的而非文明的

英文中的生态（eco-）一词源于古希腊，意思是指家或者我们的环境。简单地说，生态就是指一切生物的生存状态，以及它们之间及其与环境之间环环相扣的关系。生态的产生最早也是从研究生物个体而开始的，"生态"一词涉及的范畴越来越广，人们常常用"生态"来定义许多美好的事物，比如美的、和谐的、健康的事物等均可冠以"生态"修饰。不同的学科门类和视域对生态的概念有不同的理解。

一是自然科学视域。"生态"的概念最早来自生物学，是描绘植物群落之间、动物群落之间、植物和动物各个群落之间相互关系的概念。从生物学内产生的生态概念不可避免地涉及生命体外部的环境因素，因而生态概念由生物学走向生命体与自然环境相互关系的领域，并产生了涵盖生物与环境相关关系的自然科学新门类——生态学。限于自然科学领域的生态概念，就是狭义的生态概念，狭义的生态是本身强烈影响社会经济的自然状态。

二是社会科学视域。因为自然科学领域的生态问题越来越密切地影响人类社会的经济、社会与政治问题，所以研究狭义生态学与经济、社会、政治相关性的社会科学新门类相继产生，出现了生态经济学、生态社会学与生态政治学等。社会科学一向有借用自然科学概念的习惯，生态概念也不例外。生态概念被借用到社会科学一些门类中，形成了经济生态、社会生态、政治生态、文化生态等概念。经济生态是指社会经济中不同所有制经济、不同经济结构、不同经济主体之间，在多数条件下都存在一种相互依赖、相互制约、相互影响的共生关系、主次关系。社会生态则是指属于社会群体与发展资源的人群、劳动力生产与再生产以及相关社会环境问题。政治生态是指社会的政治生活中，相关政治力量、政治实体与政治行为之间所存在的相互依赖、相互制约、相互影响的共生关系、主次关系。广义的文化生态是指人类在社会历史实践中所创造的物质财富和精神财富显露的美好的姿态或生动的意态，即人类在社会历史实践中所创造的物质财富和精神财富的状况和环境。狭义的文化生态是指社会的意识形态以及与之相适应的制度和组织机构。

生态研究是中国特色哲学社会科学体系不可或缺的重要组成部分。国内外的哲学社会科学体系中没有涵盖生态研究。西方的哲学社会科学体系中的生态要素散见于生态伦理、可持续发展、生态经济、绿色低碳等领域。我国的生态研究，以环境、资源和生态保护的自然科学范畴理解较多。在我国高等教育和科学研究的学科目录中，在自然科学体系中包括"生态学"，但在哲学社会科学体系中没有纳入人文社会科学领域的生态研究。

（二）文明是人文的而非自然的

1. 文明

什么是文明？古往今来，不同时代、不同国度的学者从不同的角度对人类文明及其发展做出了不同的解说。在我国，"文明"一词由来已久，经历几千年的变迁，才有了今天的含义。"文明"这个概念分别用于道德伦理与历史两大领域，学术界都有多种或含糊或清晰的界定。

英文中的"文明"一词源于拉丁文"civis"，意思是城市的居民，其本质为人民生活在城市和社会集团中的能力，后引申为一种先进的社会和文化发展状态，以及到达这一状态的过程。其涉及的领域广泛，包括民族意识、技术水准、礼仪规范、宗教思想、风俗习惯及科学知识的发展等。

在现代汉语中，文明是一种社会进步状态，与"野蛮"一词相对立，是人类文化发展的成果，是人类改造世界的物质成果和精神成果的总和，也是人类社会进步的象征。文明是使人类脱离野蛮状态、由所有社会行为和自然行为构成的集合，这些集合至少包括以下要素：家庭的观念、工具、语言、文字、信仰、宗教观念、法律、城邦和国家等。人类文明发展的历史就是逐步从不平等向平等、从野蛮向文明过渡的历史。

马克思、恩格斯认为，文明是整个社会进步的标志，是反映整个社会生活和社会面貌变化的正面状态。文明是随着人类社会分工的发展，随着私有制、阶级和国家的出现，能用文字记载自己历史的社会发展的过程。马克思、恩格斯还经常把"文明"用于阐述人类在物质文化和精神文化方面的一切成果，这时讲的"文明"同"文化"近似。

2. 文明分为不同类型

文明从来都是千姿百态的"地域文明"或"特色文明"，而没有过整齐划一的"世界文明"或"普世文明"。从文化角度，可以按具有典型意义的不同民族、不同宗教、不同地域、不同时代来划分，如"中华文明""西方文明""基督教文明""伊斯兰文明""古代文明""现代文明"；从所创造的文化成果、创造能力类别的角度，可分为"物质文明""精神文明""政治文明"；从社会发展阶段的角度，可分为"农业文明""工业文明"等。由于各种文明要素在时间和地域上的分布并不均衡，从而产生了具有显著特点的各种文明。

社会历史领域的"文明"与道德伦理领域的"文明"是不对称的。社会历史的文明进步并不等于道德伦理文明的提升。也就是说，创造财富能力的增强并不必然带来财富的公平、高效利用，协调社会冲突的方式精致并不等于社会矛盾的减少，工具理性和价值理性并非同步提升，相反，还可能是价值理性愈加虚伪的状态下片面提升工具理性。人类几千年来的文明就是"真善美"与"假丑恶"相互博弈的过程。

3．文明形态及其演进

文明的发展和演进是由生产力发展所决定的，生产力发展水平也是划分文明形态的标准。农业文明是人类文明发展的第一种形态，其生产主要依靠人力和畜力，其主导经济产业主要是以水利灌溉设施为基础的农业经济，农业文明时代产生了人类三次社会分工，即农业与牧业的分工，农业与手工业的分工，农业、手工业与商业的分工。任何文明形态都必须面临如何处理人与人、人与自然的关系问题。人类在农业文明时代主要处于奴隶社会和封建社会，人与人的关系处于不平等的剥削和被剥削的状态。人与自然的关系则由于人的主体性力量较为弱小，人们普遍存在对自然的敬畏，人类对自然的影响始终在自然所能承受的范围之内。伴随着近代工业革命的发展，人类开始逐步用机器代替了人力和畜力进行改造自然的活动，形成了以机器生产为基础的多种产业部门，这意味着人类征服和改造自然的能力提高，人类进入了工业文明时代。

工业文明极大地提升了生产力，使社会财富急剧增加，人们的生活水平得到了极大的提高。但随之而来是人与人、人与自然关系的冲突日益激烈，人的异化现象和生态危机日益严重，这种发展结果的根本原因是由工业文明秉承的哲学世界观和发展观所决定的。

回顾人类社会文明的演进历史，人类与自然界的关系在不同的历史时期有不同的表现形式。原始采猎文明时期，人类只具备低下的社会生产力，往往只能被动地从自然界获取维持生存的资源，通常在数量上无法获得保证，这个时期人类的活动对自然界的影响很小，远没有达到自然生态系统恢复的极限，相反，自然界恶劣的生存环境给人类族群的扩大带来不利的影响。人类只是自然界生物链中普通的一环，主要扮演消费者的角色。农业文明时期，人类的生产生活对土地的依赖程度空前提高，而且随着生产力的不断提高，人类已经逐步摆脱对自然界的被动依赖，脱离了采猎文明时期单纯依赖自然界现存资源生存的窘境。但是在对土地的充分利用中，人类的活动也逐渐改变了原本稳定的自然生态系统，给自然界打上了丰富的人类印记，进而一些过度的开发利用造成了一些自然灾难。人类渴望从自然界获得更多资源来使自身的生活更为丰裕，但是却造成了与自然生态系统平衡的矛盾。例如，过度砍伐造成的水土流失、洪涝灾害，过度垦荒造成的野生动物生存空间缩小、物种灭绝等问题。这些在农业文明时期都有所体现。工业文明时期，人类生产力取得了一次巨大的进步，不但诞生了很多新的产业和生产方式，而且对传统的生产方式也有质的提升。工业文明框架下的经济发展导致了"人的主体性"地位加强，人与自然的和谐关系逐渐被打破。"人类中心主义"就是在新的工业经济体系中逐渐形成的，在新的经济关系中，人类已经独立于自然界之外，对自然界有着绝对的支配权，人类可以随心所欲地对自然进行改造和利用，从中获取人类所需要的生产生活资源。传统经济学框架下的工业文明所取得的成绩，都是人类在征服自然、控制自然的观念下获取的。因此，人类对自然的征服与控制已经逐渐融入了现代人的基因之中，认为人类与生俱来就是自然的主宰者。自进入现代以来，"人类对各种好的和坏的超自然力量的信仰，不断衰落，而人对他自身的自然力量的自信则以同样的比例增长"。工业文明时代为什么导致了人与自然的矛盾激烈和尖锐化呢？人类自身的行为和实践活动给出了答案。历史唯物主义认为，"一切重要历史事件的终极原因和伟大动力是社会的经济发展，是生产方式和交换方式的改变，是由此产生的社会之划分为不同的阶级，是这些阶级彼此之间的斗争"。人类所有的社会活动都受制于生产方式和交换方式，因而随之而来的社会问题也是基于此产生的。人类当代面临的生态危机，追根溯源还是自身的生产方式不当和对自然资源的肆意索取。

生态文明是人类对传统文明形态特别是对工业文明的弊端进行反思，也是对发展的升华，是人类文明形态、发展理念、发展道路和发展模式的重大进步。生态文明发展观是一种划时代的全新的发展观，是对以人为中心的传统发展观的革命性变革。

二、生态文明

在现代，人类遇到了前所未有的生存与发展危机，而生态文明是人类对传统文明形态进行深刻反思的成果，是对传统文明观的理性批判，是对现在日趋严重的生态环境问题的实践反思和理论引导，是寻求解决工业文明困境所进行的一种文明建设活动。生态文明是人类文明发展的新形态。

（一）生态文明的成就与生态问题

1. 生态文明思想的萌芽

美国生物学家蕾切尔·卡逊出版的《寂静的春天》（1962），披露了农药的使用给美国环境造成了恶劣影响，唤起了人们的环境保护意识，开启了世界环境运动。罗马俱乐部发表的关于人类困境的研究报告——《增长的极限》（1972），挑战了当时人们的思维模式和行为模式。

20世纪七八十年代，随着各种全球性问题的加剧及能源危机的爆发，在世界范围内开始了关于"增长的极限"的讨论，各种环保运动逐渐兴起。1970年4月22日，首次"世界地球日"活动，美国各地约2 000万人参加。美国国会当天被迫休会，纽约市最繁华的曼哈顿第五大道不得行驶任何车辆，数十万群众集会、游行，呼吁创造一个简洁、简单、和平的生活环境。1972年6月，各国政府代表团及政府首脑、联合国机构和国际组织代表在瑞典首都斯德哥尔摩召开了联合国人类环境会议，发表了《人类环境宣言》，呼吁各国政府和人民为维护和改善人类环境、造福全体人民、造福后代而共同努力。这是世界各国政府共同讨论当代环境问题、探讨保护全球环境战略的第一次国际会议，揭开了全人类共同保护环境的序幕，也意味着环保运动由群众性活动上升为政府行为。同年10月召开的第二十七届联合国大会，把每年的6月5日定为"世界环境日"，每年都有确定的主题。

1987年，世界环境与发展委员会发表了《我们共同的未来》，这是一份关于人类未来的报告。报告将注意力集中于人口、粮食、物种和遗传资源、能源、工业和人类居住等方面，以"可持续发展"为基本纲领，以丰富的资料论述了当今世界环境与发展方面存在的问题，提出了处理这些问题具体的和现实的行动建议。报告的指导思想是积极的，对各国政府和人民的政策选择具有重要的参考价值。

1992年6月，联合国在巴西里约热内卢召开了环境与发展大会。这是继联合国人类环境会议之后，环境发展领域中规模最大、级别最高的一次国际会议。会议围绕环境发展这一主题，在维护发展中国家主权和发展权、发达国家提供资金和技术等根本问题上进行了艰苦的谈判。最后，会议通过了《关于环境与发展的里约热内卢宣言》《21世纪议程》《关于森林问题的原则声明》。

2002年，联合国在南非约翰内斯堡召开了第一届可持续发展世界首脑会议。这次会议对人类进入21世纪所面临的环境发展问题有重要的意义。会议协商通过了《约翰内斯堡可持续发展宣言》和《可持续发展世界首脑会议执行计划》两个重要文件。

2018年12月，第二十四届联合国气候变化大会在波兰卡托维兹举办。世界各国政府领袖、行业精英、专家学者齐集于此，共同商议人类应对全球气候变化的大计，并对确保《巴黎协定》的全面实施展开了充分的探讨交流。

正是人们对资源环境的热切关注，对生态文明的迫切需求，全世界开始对工业文明社会的生产方式和价值观念进行反思，促进了人类文明转型。

2. 中国共产党对人类文明的创造性贡献

中国共产党在人类文明史上的一个创造性贡献就是首次将"生态文明"写入党代会报告。2007年10月，党的十七大报告第一次把"生态文明"写入党代会政治报告，提出："建设生态文明，基本形成节约能源资源和保护生态环境的产业结构、增长方式、消费模式。循环经济形成较大规模，可再生能源比重显著上升。主要污染物排放得到有效控制，生态环境质量明显改善。"生态文明观念在全社会牢固树立，并把它作为全面建成小康社会的一项新要求、新任务。将"生态文明"写入党的十七大报告，既是我国多年来在环境保护与可持续发展方面所取得成果的总结，也是人类对人与自然关系所取得的重要认识成果的继承和发展。

党的十八大把生态文明建设纳入中国特色社会主义事业"五位一体"总体布局。2012年党的十八大报告再次论述"生态文明"，并独立成篇，提出要"把生态文明建设放在突出地位，融入经济建设、政治建设、文化建设、社会建设各方面和全过程，努力建设美丽中国，实现中华民族永续发展"。党的十八大以来，以习近平同志为核心的党中央把生态文明建设作为统筹推进"五位一体"总体布局和协调推进"四个全面"战略布局的重要内容，开展了一系列根本性、开创性、长远性的工作，提出了一系列新理念、新思想、新战略，生态文明理念日益深入人心，生态环境保护正在发生历史性、转折性、全局性的变化。党的十九大报告历史性地将"美丽"二字写入社会主义现代化强国目标，提出"坚持人与自然和谐共生"的基本方略，要求"加快生态文明体制改革，建设美丽中国"，彰显了我们党的远见卓识和使命担当，表明了我们党加强生态文明建设的坚定意志和坚强决心。

党的十九大报告在总结十八大以来一系列生态文明建设理论和实践成果基础上，对生态文明建设和生态环境保护又提出了一系列新思想、新要求、新目标和新部署。党的十九大报告提出生态文明建设是中华民族永续发展的千年大计、人与自然是生命共同体等重要论断；明确了在"新社会矛盾"下提供更多优质生态产品以满足人民日益增长的优美生态环境需要；提出到2035年建设美丽中国的目标基本实现；提出要推进绿色发展、着力解决突出的环境问题、加大生态系统保护力度、改善生态环境监管体制。

2018年5月18日，习近平总书记在全国生态环境保护大会上指出，虽然我国生态环境质量出现了稳中向好的趋势，但成效并不稳固，生态文明建设正处于压力叠加、负重前行的关键期，已进入提供更多优质生态产品以满足人民日益增长的优美生态环境需要的攻坚期，也到了有条件、有能力解决生态环境突出问题的窗口期。强调要自觉把经济社会发展同生态文明建设统筹起来，着力解决生态环境突出问题，坚决打好污染防治攻坚战，全面推动绿色发展，使我国生态文明建设迈上新台阶。2020 年 10 月，党的十九届五中全会把"推动生态文明建设实现新进步"作为"十四五"时期经济社会发展的 6 个主要目标之一，并明确提出了 2035 年基本实现社会主义现代化的远景目标——广泛形成绿色生产生活方式，碳排放达峰后稳中有降，生态环境根本好转，美丽中国建设目标基本实现。

（二）生态文明的内涵

生态文明是生态与文明的组合词。现代意义上的"生态文明"一词，出现和使用的时间并不长，其内涵源于环境保护又超越环境保护。1962 年，美国生物学家蕾切尔·卡逊出版《寂静的春天》一书，敲响了工业社会环境危机的警钟，并成为环境保护运动的启蒙之作。1972 年，罗马俱乐部出版《增长的极限》，认识到自然资源和环境承载能力的有限性。同年，联合国人类环境会议在瑞典斯德哥尔摩召开，发表了《人类环境宣言》，强调人类对环境保护的权利和义务，标志着世界各国走上了共同保护和改善生态环境的艰难而漫长的道路。1983 年，联合国成立了世界环境与发展委员会，该委员会于 1987 年发表《我们共同的未来》，正式提出了可持续发展战略。1992 年，联合国环境与发展大会通过了《关于森林问题的原则声明》《21 世纪议程》等，号召各国关注生态问题，致力于生态危机的解决和国际协调合作，可持续发展战略也逐步被各国所接受和采纳。

1986 年，叶谦吉先生以《论生态文明》为题在三峡库区水土保持会议上作报告。他指出："所谓生态文明，就是人类既获利于自然，又还利于自然，在改造自然的同时又保护自然，人与自然之间保持着和谐统一的关系。""生态文明的提出，使建设物质文明的活动成为改造自然又保护自然的双向运动。建设精神文明既要建立人与人的同志式的关系，又要建立人与自然的伙伴式的关系。"在 1987 年 6 月召开的全国生态农业研讨会上，叶谦吉先生针对中国生态环境趋于恶化的态势，呼吁要"大力提倡生态文明建设"。

1986 年，刘思华先生参加全国第二次生态经济学研讨会，在论文《生态经济协调发展论》中提出了"社会主义物质文明建设、精神文明建设、生态文明建设同步协调发展"的观点。

1995 年，美国著名作家、评论家罗伊·莫里森（Roy Morrison）在《生态民主》一书中使用了生态文明（ecological civilization）的概念，认为"生态文明"是工业文明之后的一种文明形式。生态文明研究者一般认为，罗伊·莫里森是生态文明形态的最早提出者。

1997 年，邱耕田从人与自然关系的实践角度提出了生态文明的概念，认为相对于人类改造自然的物质生产活动所取得的积极成果——物质文明而言，生态文明是人类保护自然的实践活动所取得的积极成果。

还有学者指出，生态文明概念自诞生以来，经过多年研究积累，形成了复杂的概念体系。其中包括两种主流概念：一种是从横向社会文明系统出发来解释生态文明。此种观点认为，生态文明是社会形态内部的一种要素文明，是人类在处理与自然关系时所形成的成果总和，与物质文明、精神文明、政治文明等并列。另一种是从纵向人类文明发展史出发解释生态文明。此种观点认为，生态文明是与原始文明、农业文明和工业文明前后相继的社会文明形态，是人类文明史的一个阶段，是对工业文明生产方式的否定之否定。此外，生态文明概念体系还包括作为绿色理念的生态文明观、作为绿色向度度量的生态文明观、作为总体文明成果的生态文明观以及作为领域成果的生态文明观。

总之，当前对生态文明内涵的理解可谓见仁见智：有人强调生态保护，有人强调污染治理，有人强调生态修复，有人强调人与自然和谐。生态文明的内涵在不断发展演化的过程中，已经积累了丰硕的研究成果。

面向 21 世纪，面向新时代，生态文明已成为学术界关注的理论焦点，尽管不同学者从不同学科视角对生态文明有不同的阐释，但仍可总结出以下共同特点。

第一，生态文明是人类的一个发展阶段。这是从广义的角度来解析生态文明概念的。这种观点沿着原始文明—农业文明—工业文明—生态文明来展开，认为人类至今已经历了原始文明、农业文明、工业文明三个阶段，在对自身发展和与自然关系深刻反思的基础上迈进了生态文明的阶段。生态文明是人类发展过程中，迄今为止能够达到的最高级别的发展形态，它与工业文明有诸多区别：首先，生态文明突出强调人与自然的平等、共生、和谐，要求维护生态安全；其次，在生活方式上，生态文明要求经济与生态自然协调发展，经济发展应以满足自身需要且不损害他人需求为目标，生态文明要求践行可持续消费；再次，在社会结构上，生态文明要求建立可持续发展的制度体系，将生态化渗入社会组织和社会结构的各个方面，追求人与自然的良性循环；最后，在文化价值上，生态文明要求形成良好的生态意识和能力，明确符合自然规律的价值需求、规范和目标，使生态意识、生态道德、生态文化成为具有广泛基础的文化意识。

第二，生态文明是社会文明的一个方面。这是从狭义的角度来解析生态文明概念的。这种观点沿着物质文明—精神文明—政治文明—生态文明来展开，认为生态文明是继物质文明、精神文明、政治文明之后的第四种文明，是一种可实际操作的治国手段。在国家治理体系中，物质文明侧重于满足人类的物质需要，精神文明主要引导人们建立健康的内心世界，政治文明主要是促进建立人与人、人与社会之间的正确关系，生态文明侧重于在人与自然之间建立和谐共生的关系。

第三，生态文明是经济发展与人的发展相统一的文明形态。生态文明建设要坚持以人为本，把实现人的可持续发展作为根本的价值取向，不能见物不见人，要转变人的价值观和生活理念。"我们无须拥有太多，便能过上幸福生活，切莫等拥有一切后而无暇享受生活。"适度节俭的物质消费、丰富多彩的精神文化生活、健康有益的生活方式、和谐友爱的家庭邻里关系应该成为现代人追求的生活理念。

（三）生态文明的基本特征

生态文明是人类改造生态环境、实现生态良性发展的成果总和；它是人们在对工业文明反思中提出的一种新的文明形态，是工业文明发展到高级阶段的产物，它以尊重维护生态环境为主旨，以可持续发展为根据，以未来人类的持续发展为着眼点；强调自然界是人类生存与发展的基础，强调人与自然环境共处共赢等。其基本特征具体包括以下几个方面。

1. 人和自然的有机整体性

人与其他生命共享一个地球，自然是生命之母，人与自然是生命共同体，自然的消亡必然导致人类的消亡。虽然人类同其他事物相比具有很大的独立性，但是人类并非生活在自然之外，不能独立于环境之外，更不能把自己凌驾于自然之上，凌驾于生态之上，人类与自然的关系不应是征服与被征服的关系，而是和谐共生的关系。尊重生命、保护环境是人类自身发展的进步和需要，人类要尊重自然和自然界，要把对自然界的爱护形成为一种不同于"人类中心主义"的宇宙情怀和内在精神信念。明确符合自然生态法则的文化价值需求。

2. 经济发展的可持续性

人类可支配的自然十分有限，人类的生产必须遵循生态系统是有限的、有弹性的和不可完全预测的原则，以环境容量为依据确定经济发展的方向和规模。但是，近代以来，人类不顾自然生态环境的承载能力大肆进行开发生产，导致生态环境问题加剧，这种行为不仅会制约生产的可持续性，还会严重约束人类的生存和发展。因此，人类的生产必须顺应生态环境的承载能力，人类更要节约和综合利用自然资源，在原料的开采、制造、使用甚至废弃的整个生命周期当中实现对自然和能源的消耗最少、环境影响最小、再生循环利用率最高，使生态产业成为经济发展的主要源泉。可持续发展是人类生产能够持续下去的关键，人类的生产劳动要注重利用科学技术来节约和综合利用自然资源，提高资源利用效率，形成生态化的产业体系，使生态产业成为经济增长的主要源泉。

3. 社会的公平性

生态文明是社会和谐、自然和谐相统一的文明，是人与自然、人与人、人与社会和谐共生的文化理论形态，是人类遵循人、自然、社会和谐发展这一客观规律而取得的物质与精神成果。生态的稳定与和谐是自然环境的福祉，更是人类自己的福祉。

公平性原则是指人与人之间、国家与国家之间、人与其他生物之间是平等的，应该互相尊重，人类的发展不应该危及其他物种的生存。生态文明是充分体现公平与效率统一、代内公平与代际公平统一、社会公平与生态公平统一的文明。与工业文明相比，生态文明所体现的是一种更广泛更具有深远意义的公平，它包括人与自然之间的公平、当代人之间的公平、当代人与后代人之间的公平。当代人不能肆意挥霍资源、践踏环境，必须留给子孙后代一个生态良好、可持续发展的环境与地球。把生态文明纳入社会主义现代化建设总体布局中，显示出中国共产党人对历史负责的态度，反映出为中华民族子孙后代着想的意愿。

生态文明既包含物质文明的内容，又包含精神文明的内容。生态文明并不是要求人们消极地对待自然，在自然面前无能为力、无所作为，而是在把握自然规律的基础上积极地、能动地利用自然，主动保护自然，使之更好地为人类服务，在这一点上，它与物质文明是一致的。生态文明要求人类尊重自然、爱护自然，将人类的生活建设得更加美好，人类要自觉、自立，树立生态观念，约束自己的行为，在这一点上，它与精神文明又是一致的。人类的发展不仅要讲究代内公平，而且要讲究代际公平，即不能以当代人的利益为中心，不能为了当代人的利益而不惜牺牲后代人的利益。

第二节　生态文明与其他文明的内在关系

生态文明建设中的若干关系，大致可以分为三个层次：一是生态文明在"五位一体"总体布局中的定位及其相互关系，即生态文明与"五位一体"的关系；二是生态文明的内在要素及其相互关系，即生态文明与物质文明、精神文明的关系；三是生态文明建设的历史进程及其与可持续发展的关系，本书主要阐述生态文明与原始文明、农业文明、工业文明的关系。

一、生态文明与"五位一体"的关系

生态文明建设是作为中国一定阶段的建设任务来部署和安排的。2012 年 11 月，党的十八大站在历史和全局战略的高度，从经济、政治、文化、社会、生态文明五个方面，对推进新时代"五位一体"总体布局作了全面部署。

"五位一体"总体布局中的"五位"是指"五大建设"，即经济建设、政治建设、文化建设、社会建设和生态文明建设。胡锦涛同志在党的十八大报告中强调"建设中国特色社会主义，总依据是社会主义初级阶段，总布局是五位一体，总任务是实现社会主义现代化和中华民族伟大复兴"，"以科学发展为主题，全面推进经济建设、政治建设、文化建设、社会建设、生态文明建设，实现以人为本、全面协调可持续的科学发展"，"必须更加自觉地把全面协调可持续作为深入贯彻落实科学发展观的基本要求，全面落实经济建设、政治建设、文化建设、社会建设、生态文明建设五位一体总体布局，促进现代化建设各方面相协调，促进生产关系与生产力、上层建筑与经济基础相协调，不断开拓生产发展、生活富裕、生态良好的文明发展道路"。把生态文明融入四大建设的各方面和全过程的战略部署，极大地拓展了生态文明建设的顶层设计，其意义重大。

大多数人将生态文明建设理解为生态环境保护。这样的理解并非没有道理，因为生态环境问题不只是经济问题、社会问题，还是政治问题。2018 年 5 月，习近平总书记在全国生态环境保护大会上的讲话中指出，生态环境是关系党的使命宗旨的重大政治问题，也是关系民生的重大社会问题。广大人民群众热切期盼加快提高生态环境质量。生态环境作为人类生存和发展的根本，是保证经济、社会运行的基石，是解决中国当下人民日益增长的美好生活需要和不平衡不充分的发展之间的矛盾的基础。在实践方面，党的十八大以来，党和政府加快构建生态功能保障基线、环境质量安全底线、自然资源利用上线三大红线，全方位、全地域、全过程开展生态环境保护建设，建立并实施中央环境保护督察制度，深入实施大气、水、土壤污染防治三大行动计划，推动生态环境保护发生了历史性、转折性、全局性变化。

我们不能把生态文明仅仅等同于生态环境保护，而应从"五位一体"总体布局的高度来理解。建设生态文明，事关人民福祉和民族的永续发展。要加快顶层设计和制度体系建设，把生态文明放在"五位一体"总体战略中的突出地位，倡导建设资源节约型、环境友好型社会，保民生、促经济、稳社会。要积极回应人民群众所想、所盼、所急，大力推进生态文明建设。要使蓝天白云、青山绿水作为长远发展的基础和优势，并逐渐把这一优势和基础转变成经济优势、发展优势。

生态文明建设与经济、政治、文化、社会的建设是协调统一的关系。其中生态文明是生命力、承载力和整合力的融合，经济、政治、社会、文化建设应以生态文明建设为基础。经济建设是物质文明的基础。以经济建设为中心，是解决我国所有问题的关键和核心之要，是脱贫致富、跨越"中等收入陷阱"的根本举措。生态是自然、经济、社会、文化和政治的纽带，相辅相成、相互促进，并不矛盾。生态文明建设要求谋全局、谋万世，通过统筹规划、长短衔接、政策措施配套，推动经济、政治、文化和社会建设的全面绿色转型，为人与人、人与社会、人与自然和谐共生提供强有力的制衡机制和前进方向。

政治文明为生态文明建设提供了前进方向，生态文明建设为我国当前的政治建设创造了条件。政治文明应当保护不同利益群体及其需求多元化，生态文明建设要渗透到政治文明建设之中，并成为体制改革的突破口。环境问题引发的群体性事件导致部分地方政府公信力下降，引发了群众的不满；体制改革从环境保护领域切入，不仅改革阻力小，还顺应了人民群众对美好生活的诉求。推动环境领域的群众参与，实行民主决策、民主管理和民主监督，为政治体制改革探索积累经验，奠定坚定的群众基础，不断开拓生态文明新局面。

生态文化引领生态文明建设。生态文化是以生态核心价值观为导向，对生态文明建设理论和实践成果进行总结、提炼，包括生态精神文化、生态行为文化、生态制度体系和生态文化物质载体，生态文化具有传承性、整体性、多样性等特征，每个时代都有自己的生态文化。生态文化是生态文明的重要组成部分，对生态文明建设具有重要的意义。生态文化决定生态文明建设的方向，生态文化是生态文明建设的核心。因此，建设生态文明，必须建设生态文化。

生态文明建设与社会建设也是辩证的关系，生态文明建设能够提升社会主义社会建设的层次和水平，社会建设也能够推动生态文明建设的充分落实，推动生态文明成为人民群众的自觉行为。

推进生态文明建设，既要抓住突出的环境问题，又要注重生态文明建设的系统性、整体性，从中国特色社会主义事业"五位一体"总体布局和"四个全面"战略布局的高度出发，融入经济建设、政治建设、文化建设、社会建设的各方面和全过程，优先解决影响群众健康的突出环境问题，打好打赢蓝天、碧水、净土保卫战，统筹源头治理、过程严管与排污不达标严惩，协同推进资源节约、低碳发展、绿色发展理念的传播、制度构建、技术创新与资金投入，使各个环节各要素形成一个系统完整的整体，让"绿水青山"成为"金山银山"。

二、生态文明与物质文明、精神文明的关系

物质文明是人们在改造客观世界的实践活动中形成的有益成果，表现为物质生产方式和物质生活的进步。物质文明离不开生态文明建设，生态文明建设制约着物质文明程度。物质文明如果背离生态文明建设的客观规律和发展方向，就会对生态文明建设起阻碍作用。

生态文明与物质文明的关系，本质上是环境保护与经济发展的对立统一。人类的生产和生活活动会带来环境污染和生态破坏，甚至带来生态危机。经济活动需要生态环境作基础，没有生态环境的稳定就无法保证经济活动的稳定发展。同样，生态环境保护需要资金的保证，没有一定的经济基础谈不上生态文明建设。只有经济发展，才能不断满足人民群众日益增长的物质文化需要。没有经济的数量增长，没有物质财富的积累，就谈不上发展乃至全面发展。如果一味追求经济增长的规模和速度，追求 GDP 增长，不重视发展的质量和效益，不顾资源环境容量，不重视人与自然和谐，无度地索取自然资源，肆无忌惮地破坏生态环境，以牺牲资源环境为代价换取经济增长，结果就只能是自然资源枯竭加快，

生态环境被破坏，经济失去发展基础，社会生活难以为继。总之，生态文明是物质文明的基础，物质文明的发展是有限度的，必须与生态文明相适应。同样地，发达的物质文明有助于生态文明建设，两者相辅相成、互相促进。在生态文明理念下的物质文明，将致力于消除经济活动对大自然自身稳定与和谐构成的威胁，逐步形成与生态相协调的生产生活与消费方式。

文化是一个文明社会的精髓。生态文化不是社会某个领域的文化，不是与物质文明、精神文明、政治文明、社会文明并列的环境文明，而是克服了工业文明的片面性，消除了身心失衡、社会失衡、人与自然关系失衡、发展不可持续之后的身心和谐、社会和谐、人与自然和谐、发展可持续的社会整体进化状态的新的先进文化。生态文明建设应克服两种倾向：一种是认为生态文明建设与精神文明无关，以为只要有了资源投入，生态环境就会变好；另一种是认为精神文明上去了，生态文明水平也会提高。生态文明建设不一定必须加大资金投入就能提升，这与"做慈善不分贫富"的道理相同。

生态文明需要精神文明作支撑。精神文明是人们在改造客观世界的同时改造主观世界形成的优异成果，反映人类智慧、道德的进步程度。精神文明体现在两个方面：一是科学文化方面，包括社会的文化、知识、智慧状况，教育、科学、文化、艺术、卫生、体育等社会事业的发展规模和发展水平；二是思想道德方面，包括政治思想、道德面貌、社会风尚和人的世界观、理想、情操、觉悟、信念及组织性、纪律性状况。生态文明是精神文明的重要组成部分，精神文明建设可以为生态文明建设提供思想引导、精神动力和智力支持。

三、生态文明与原始文明、农业文明、工业文明的关系

人类社会经历了原始文明、农业文明和工业文明时期。生态文明是在这些文明基础之上的传承、扬弃、超越和创新。在原始文明时期，生产活动主要靠简单地采集渔猎，必须依赖集体力量才能生存，人与生物、环境协同演进。以铁器的出现和使用为标志，人类利用和改造自然的能力有了质的飞跃，人类社会进入农业文明。在农业文明时期，生态系统保持着良好的自我平衡和恢复能力，但农业活动过度开发土地资源导致生态恶化、文明衰落的事情也并不少见。古埃及文明、古巴比伦文明、古印度文明和美洲玛雅文明等一些古老文明的湮灭，其根源与过度放牧、过度垦荒和盲目灌溉等活动息息相关。

英国工业革命开启了工业文明时代。工业文明超越原始文明、农业文明，扭转了人类在自然面前的被动地位，使人类获得了相对于自然的能动地位。人不再靠天吃饭，把直接获取的自然物作为生存资料，能够主动运用科技手段和机器设备，充分利用自然，不断创造出极其丰富的物质财富。但在生产力不断发展、人类对大自然空前规模的征服中，生态环境危机也开始出现。环境污染，特别是 20 世纪出现的八大公害事件，危害了公众健康与生命，严重影响了人们的生存、生产和生活，由此引发了人们对传统经济增长方式的深刻反思。生态文明既是对工业文明的反思，也是对工业文明的创新和跨越。要通过信息化带动工业化，使人类文明走上可持续发展的道路。

第三节　我国生态文明建设概述

随着经济全球化程度的不断加深，各国经济往来愈加频繁、合作更加深入，在给人类带来发展成果的同时，也使人类面临日趋严重的资源环境问题和生态危机，且其影响远超出了本国范围。近年来，低温冰冻、暴风雪、寒潮、暴雨、洪水、泥石流、龙卷风、干旱等灾害性气候在世界各地频繁发生，土壤过分流失与土地沙漠化扩展、臭氧层日益损耗、生物物种加速灭绝、空气污染日渐严重，加剧威胁人类赖以生存与持续发展的基本条件。要从根本上解决这些问题，亟须建立新的文明范式，从而重构人与自然之间的和谐。适应新的时代要求和国际环境，党中央基于中国特色社会主义现代化建设的基本国情，直面当下中国严峻的生态环境形势，创造性地提出了一系列生态文明建设的新理念、新思想和新战略，具有重大的时代意义。

一、从生态环境保护到生态文明建设的历史演进

（一）第一阶段：环境保护成为基本国策（20 世纪 70—80 年代）

1973 年第一次全国环境保护大会召开，确定了环境保护的"32 字方针"，即全面规划、合理布局、综合利用、化害为利、依靠群众、大家动手、保护环境、造福人民，并于次年成立了国务院环境保护领导小组及其办事机构。1978 年通过的《中华人民共和国宪法》（以下简称《宪法》）第十一条规定："国家保护环境和自然资源，防治污染和其他公害。"这是我国第一次将环境保护列入国家根本大法中。1979 年颁布的《中华人民共和国环境保护法（试行）》标志着我国环境保护法律体系的建立。从 20 世纪 80 年代初开始，环境保护成为我国的一项基本国策。1989 年，《中华人民共和国环境保护法》（以下简称《环境保护法》）正式颁布，意味着我国初步形成了环境保护的法律体系。

（二）第二阶段：可持续发展纳入国家发展战略（20 世纪 90 年代）

20 世纪 90 年代，我国将可持续发展纳入国家发展战略框架。1992 年，我国参加了联合国环境与发展大会并提交了《中华人民共和国环境与发展报告》，积极支持联合国关于可持续发展的根本立场和观点；同年，中共中央、国务院批准了《中国环境与发展十大对策》，明确了实施可持续发展战略的具体行动。1994 年，《中国 21 世纪议程》发布，确定了我国 21 世纪可持续发展的总体战略框架和各个领域的主要目标。

（三）第三阶段：提出科学发展观，转变发展观念（21 世纪初）

进入 21 世纪，我国进入新一轮快速发展时期，也给资源、能源和环境造成了巨大的压力。2002 年，我国颁布了《中华人民共和国清洁生产促进法》；同年，党的十六大报告提出建设"全面小康"和"和谐社会"，明确了生态环境改善和可持续发展的目标。2003 年，党的十六届三中全会提出科学发展观和以人为本、全面协调可持续的发展理念。这一阶段以节能减排、清洁生产、发展循环经济为重点，建设自然节约型、环境友好型社

会，加快形成了可持续发展的体制机制。2007 年，党的十七大报告首次提出"建设生态文明"，认识到中国需要从根本上转变发展理念。

（四）第四阶段：全面建设生态文明（2012 年至今）

2012 年，党的十八大报告提出了"把生态文明建设放在突出地位，融入经济建设、政治建设、文化建设、社会建设各方面和全过程"的中国特色社会主义"五位一体"总体布局，回答了"要实现什么样的发展、怎么发展"这一重大战略问题，阐述了"创新、协调、绿色、开放、共享"的发展理念。2017 年，党的十九大报告进一步要求加快生态文明体制改革，实行最严格的生态环境保护制度，形成绿色的生产生活方式，以实现美丽中国这一建设社会主义现代化强国的重要目标。2018 年，生态文明被写入宪法；同年召开的全国生态环境保护大会总结并阐述了习近平生态文明思想，对新时代生态文明建设的理论基础、指导原则和行动指南做了详细论述。

习近平总书记指出，绿水青山就是金山银山，迈向生态文明新时代、建设美丽中国是实现中华民族伟大复兴中国梦的重要内容，绿色发展和生态文明建设体现了人与自然和谐共生，超越和抛弃了传统的发展模式，坚持节约优先、保护优先、自然恢复为主的方针，引导旨在节约资源和保护环境的空间格局、绿色产业结构、生产方式、生活方式的全面形成。在实践上，我国正积极推动生态文明体制改革建设工作，共谋全球生态文明建设与合作。

我国生态文明建设的战略与行动，不仅对应对自身的资源和环境挑战至关重要，也在国际上引起了广泛的关注，得到了认同和支持。2013 年 2 月，联合国环境规划署第 27 次理事会通过了推广中国生态文明理念的决定草案。2016 年 5 月，联合国环境规划署发布《绿水青山就是金山银山：中国生态文明战略与行动》报告，提出中国的生态文明建设理念和实践是全世界探索可持续发展路径的重要借鉴。中国的生态文明建设成就也得到了国际社会的认可："三北"防护林工程被联合国环境规划署确定为全球沙漠"生态经济示范区"（2014 年），塞罕坝林场建设者（2017 年）、浙江省"千村示范、万村整治"工程（2018 年）、蚂蚁森林（2019 年）先后荣获联合国环境保护最高荣誉"地球卫士奖"。

二、生态文明建设的现状与问题

（一）当前和今后一段时期面临资源环境约束和挑战

改革开放以来，我国的社会经济发展取得了举世瞩目的成就，经济长期快速增长，城乡居民生活水平稳步提升。但是在国民经济快速增长的同时，我国也付出了沉重的资源环境代价，社会和经济发展与自然、生态、环境之间的矛盾和冲突严重，人与自然的关系趋于紧张。

（1）自然环境承载能力难以支撑高消费增长模式。到 2050 年，我国要全面达到世界中等发达国家的可持续发展水平，进入世界总体可持续发展能力前 10 名的国家行列，但在发展过程中，自然环境承载能力对经济发展的制约作用将更加突出，难以支撑在原有发展模式下的持续高速增长。目前，我国东部地区的土地开发强度普遍过大，不宜再进一步增加；中西部地区排除不适宜开发的荒漠、高山及必须保护的耕地和生态用地，其现有土地资源也非常有限。此外，我国的水资源制约作用更加明显。我国的水资源可利用量为 7 524 亿 m³，为保障粮食生产和生态安全，农业用水量和生态用水量应分别至少保持在 3 900 亿 m³ 和 2 400 亿 m³ 左右，这样工业和生活用水就仅余 1 200 亿 m³ 左右。[①] 到 2050 年，工业用水总量的增加幅度总体不应超过 1%，而过去 10 年工业用水总量增加了 14.2%，控制工业用水增加量的难度非常大。在矿产资源和能源方面，我国能源近 70% 依赖煤炭，而煤炭是造成环境污染的最大来源；在其他能源资源中，原油对外依存度已接近 60%，天然气对外依存度也已达到 30%，铁矿石对外依存度超过 68%，铜精矿、铝土矿对外依存度分别达到 64%、75%，生态环境的"天花板"作用明显。

（2）能源消费与结构调整压力巨大。我国的能源消费量约占世界能源消费总量的 1/4，从而对我国应对气候变化工作造成了极大的压力。工业化和城镇化对钢铁、水泥和化石能源的大量消耗是一种难以避免的刚性需求，城镇住房、道路交通以及管网等城市基础设施的大规模建设不可避免。当前，我国仍处于工业化发展中后期，工业能源消费需求呈现继续放缓的趋势。其中，化工、建材、钢铁和有色四大高载能行业的能源消费量占全社会的比重一直保持下降态势，但建筑用石、混凝土、水泥制品、玻璃纤维及制品、专用化学品、精细化学品等高附加值产品则增长较快。居民消费水平的提升使我国能源资源的刚性需求在未来较长时间内难以改变，消费端带来的温室气体排放压力日益增加。

（二）国土空间安全格局失衡

我国自然资源绝对量大，但人均国土面积和自然资源量小，地域分布不均衡，在开发过程中出现了生态系统脆弱、生态承载能力低、荒漠化面积大、水土流失严重、气候灾害频发等生态问题，严重影响国土空间安全。

（1）人-水关系严重不平衡，水生态系统破坏严重。我国的水资源分布极不均衡，北方地区的水资源分布面积占全国的 64%，降水量占全国的 32%，而北方的国土面积、人口、耕地面积和 GDP 分别占全国的 64%、46%、60% 和 45%，其中黄河、淮河、海河的水资源总量合计仅占全国的 7%，人均水资源占有量不足 450 m³，人与自然争水的现象严重。河流水系的污染、填埋、覆盖、断流、水泥化和渠化，河湖海滩等自然湿地系统的消失和破坏都导致了水生态系统在涵养水源、调节水文、净化污染物、作为水生生物栖息地等方面的功能下降。生物栖息地和生物廊道的破坏和消失，包括河流廊道原有植被带被水泥护堤和以非乡土物种为主的"美化"物种所代替，农田防护林带和乡间道路林带由于道路扩展而被砍伐，城镇化、道路及水利工程导致村落、池塘、坟地周边的"风水林"等乡土栖息地斑块大量消失，乡土生物可生存繁衍的栖息地环境日益弱化并减少。

（2）土地生态破碎化严重，生态安全问题凸显。飞速扩大的城市群，无序蔓延的城市，各种方式的土地开发、建设项目和水利工程等都使自然景观日益破碎化，自然过程的连续性和完整性受到严重破坏。生态用地与生产用地的冲突日益凸显，部分区域大量开发滩涂、沼泽等自然湿地，以及山丘、坡地等生态用地以维持耕地平衡，过度开垦又导致水土失衡，使生态危机加剧。我国的后备土地资源主要分布在西北生态脆弱区，且约 2/3 为难利用土

---

① 钱易，温宗国，等. 新时代生态文明建设总论[M]. 北京：中国环境出版集团，2021：37.

地，同时西北地区的水资源已过度开发，水土失衡严重，无新垦耕地潜力。耕地弃耕、林地低效、草地利用粗放问题突出。耕地集中新增地区的水土利用失衡，局部地区土地荒漠化加剧。当前，我国的水土流失状况虽总体好转，但局部地区依然严重。土壤污染总体形势相当严峻，成为土地安全的最大威胁。

（三）技术创新和绿色产业发展滞后

与发达国家相比，我国的绿色关键核心技术、自主创新能力、综合服务能力、质量效益水平、应对市场风险等方面还存在明显差距。

（1）核心技术竞争力和研发投入明显不足。我国能源环境领域的核心技术显著落后于国际前沿水平，关键装备及材料依赖进口。企业前沿性、原创性技术研发能力不强，自主创新能力弱，高端环境技术研发创新弱、积累少。多元科技投入体系不够健全，科技风险投资的市场机制尚未形成，研发投入与发达国家相比还存在明显差距。

（2）绿色产品、技术和服务供给不足。目前，我国节能环保、清洁生产、清洁能源等领域的绿色技术和绿色产品供给能力远滞后于产业绿色低碳循环发展的市场需求。从发达国家的发展经验来看，当进入工业化中后期，人均 GDP 达到 8 000 美元以上时，以节能环保为代表的绿色产业将迅速壮大为重要支柱产业。2019 年，我国人均 GDP 首次站在 1 万美元的新台阶上，绿色消费的兴起向供给侧传递了强烈的产业绿色升级、新旧动能转换的需求信号，绿色产业面临难得的发展机遇，必然催生世界上规模最大的绿色市场。

（3）市场机制不完善抑制绿色产业发展。我国能源环境领域的市场化改革滞后，统一开放、有序竞争的市场体系尚未形成，市场配置资源的决定性作用没有充分发挥，对绿色产业市场空间形成了直接抑制。在产业准入、市场开放方面不同程度地存在部门分割、区域封锁、行业垄断等现象，不公平竞争的矛盾比较突出，如清洁能源产业的发展受限于电力体制改革的进度，开放竞争的电力、燃气和热力市场尚未建成，因而面临消纳问题。

（4）缺乏有效的管理政策和标准制度引导。一是支持绿色产业发展的法规标准体系不完善。生产者责任延伸，建筑垃圾和厨余垃圾的分类、处理及利用等关键政策缺乏立法支持，节能环保、清洁能源、循环经济等方面的部分标准可操作性差，"领跑者"标准的引领作用没有有效发挥。二是激励约束政策落实不到位。已有的可再生能源电价补贴、废家电拆解补贴等审批发放严重滞后，合同能源管理、资源综合利用、增值税优惠政策等落实不到位，绿色金融对产业发展的支持不够，企业融资难、融资贵的问题突出。三是绿色产业发展的评价监督机制不完善。节能目标评价考核、环境绩效考核、清洁生产审核评估的推行力度和影响力有限，可再生能源配额考核机制尚未建立。

（四）自然生态环境风险仍在加剧

随着经济社会的快速发展，我国的生态环境危机集中显现的风险进一步加剧，环境污染和生态破坏的范围、规模、涉及人口、严重程度及其造成的危害前所未有。大规模频发的公共健康危机，土壤、水体污染的常态化以及由此进入频发期的食品安全事故，已成为影响社会经济可持续发展和和谐社会的重要"瓶颈"。

（1）环境与健康事件频发是值得关注的大事。随着我国经济的快速发展，环境健康问题日益凸显，也成为制约我国可持续发展、生态文明建设和社会和谐的重要因素之一。2014 年环境保护部调查显示，我国有 2.8 亿居民的饮用水不安全，19.4%的耕地土壤污染物超标，1.1 亿居民生活在石化、炼焦等企业周边，环境空气中的 $PM_{2.5}$ 暴露、由于烹饪和供暖燃料燃烧引起的室内空气污染分别成为我国第四位和第五位的致死风险因素。"十一五"期间发生的 232 起较大（Ⅲ级以上）环境事件中，56 起为环境健康损害事件，其中 37 起发展为群体性事件。陕西凤翔、河南济源等 31 起重大金属污染事件对群众健康和社会稳定构成了严重的威胁。另外，随着新兴污染物（如环境内分泌干扰物、纳米材料、阻燃剂、抗生素、有机氟化物等）在我国部分地区的环境介质及人体生物材料中被检出，其对人体健康及生态环境的累积性风险也不容忽视。针对频繁发生的各类环境与健康事件及不断涌现的新兴污染物的环境与健康暴露评估方法、风险评价技术方法缺乏，严重制约了我国环境与健康、化学品风险的管控水平。

（2）化学品已成为影响公众健康与生态安全的最主要风险源。美国化学会旗下的化学文摘社登记的合成化学物质有 1 亿多种，欧盟化学品登记管理统计的日常使用的化学物质有 14 万种，美国国家环境保护局（USEPA）登记管理的化学物质约有 9 万种。《中国现有化学物质名录》中记录的化学物质有 4.5 万种，各种环境样品中能够检出的化学物质达到 1 万多种。联合国环境规划署在 2018 年《全球化学品展望》中陈述，在欧洲大量使用的 4 万～6 万种化学品中，大约有 62%的化学品已经有部分和比较完整的危害评估数据。这些既有评估物质中，有 35%具有环境危害、65%具有健康危害。《柳叶刀》污染和健康委员会 2017 年的报告指出，化学污染是造成全球疾病负担的重要因素，而且"几乎一定被低估了"。2018 年，世界卫生组织（WHO）估计，本可通过健全管理和减少环境中的化学品来预防的疾病在 2016 年造成了大约 160 万人死亡，以及约 4 500 万人的伤残和寿命年数损失。然而，这些数据很可能被低估了，因为它仅依据接触存在可靠全球数据的化学品而提出。2016 年，据全球疾病负担研究估计，仅接触铅就造成 50 万人死亡。此外，化学品事故仍在继续发生，将造成大量人员死亡、不利的环境影响和巨大的经济损失。

（五）与生态文明相适应的制度体系建设任重道远

制度建设是生态文明建设的重要内容的根本保障，也是实现生态环境监管的重要手段。习近平总书记指出：用最严格制度最严密法治保护生态环境，加快制度创新，强化制度执行，让制度成为刚性的约束和不可触摸的高压线。党的十八大以来，通过深化体制改革，完善激励约束机制，我国加快生态文明顶层设计的制度体系建设，相继出台了《关于加快推进生态文明建设的意见》《生态文明体制改革总体方案》，制定了 50 多项涉及生态文明建设的改革方案，并已取得了阶段性成果，但仍存在一些问题。

（1）行政部门和治理体系的条块分割造成环境治理难以发挥整体效应。山水林田湖草沙、自然生态环境、人居环境都是系统性的整体，生态环境治理需要政府多个部门的协调与合作，但其所涉及的污染防治职能、资源保护职能、综合调控管理职能等却分散在生态环境、渔政、公安、交通、矿产、林业、农业农村、水利、发改、财政、工信、自然资源等诸多部门。由于部门交叉，相关规划的制定和实施存在割裂。山水林田湖草沙、城市发展建设等多个方面都有专业规划，规划与规划之间缺乏衔接和协调，"治山的不管治水，治水的不管治田"的现象依然存在。山水林田湖草沙的保护和治理、城市与乡村环境的治理等在工作推进中缺乏各个职能部门之间的统筹协调，需要在生态文明体制改革中加以优化。

（2）中央与地方事权与责权不统一、纵向条状权力与横向块状权力不协调影响环境治理效果。地方在推动试验区制度改革任务时，部分基础性强、影响面较大的改革任务，特别是涉及机构变更和重组等改革事项时，需要得到中央机构编制委员会办公室和国家部委的批准同意才能予以推动。这类责权在地方、事权在中央的改革任务，在地方上报改革方案后、中央批复方案前会有一个相对较长的空档期，从而在一定程度上影响了改革任务推进和落实的及时性和有效性。同时，中央职能部门、地方政府与地方职能部门存在权力交叉、职能交错的现象：一方面，地方生态环境部门受本级地方政府与上级生态环境部门的双重约束，并且缺乏专门法律或法定程序规范各自的政府行为或调节双方冲突；另一方面，各部门原则上不能向同级别的另一个部门发出约束力指令，再加上地方政府自身多元发展目标间的矛盾，以及受绩效考核、财政经费、干部任期等因素的影响，容易导致地方环境治理目标模糊、动力不足、行为短期化问题。

（3）跨区域环境协同治理机制与横向生态补偿机制缺失。受制于自然环境的流动性、整体性与地方政府治理权限的属地化，单个地方政府的环境治理能力不足以有效应对多方原因导致的跨区域环境问题，同时涉及多地的跨区域环境治理易陷入"囚徒困境"。然而，我国法律与行政规章制度对跨区域公共问题的治理所亟须的地方政府合作机制还没有明文规定。此外，横向生态补偿资金的缺失是跨区域生态环境治理的另一障碍。目前，跨区域的横向生态补偿机制仍未有效发挥作用，特别是跨省区、大范围的生态补偿机制尚未全面应用到环境治理过程中。再者，在中央政府实施国家重点生态功能保护区转移支付制度的过程中，普遍存在基本公共服务经费挤占环境保护资金的问题。

（六）支撑生态文明建设的文化道德基础薄弱

任何文明的发展都离不开文化的奠基与支撑，每一种文明的发展都离不开文化基础及全社会道德自律的逐渐形成。黄河流域、两河流域等文化孕育了人类文明之光，农业文化支撑了我国2 000多年来灿烂的封建文明，"自由、民主、平等、博爱"的思想为工业文明的繁荣昌盛提供了重要的思想基石。生态文明的发展也离不开道德、文化的奠基与支撑，然而目前生态文明意识尚未全面深入人心，自觉开展生态环境保护活动的社会氛围尚未形成。

（1）支撑生态文明建设的伦理道德体系尚未构建起来。社会转型期的快速变化导致部分干部群众原有的价值观发生紊乱，在社会价值追求上重利轻义，传统价值观念、传统文化精神、传统道德规范缺失，滋生出拜金主义和享乐主义的价值观，由此产生了毫无节制、急功近利地改造自然和利用自然的行为，这势必会造成生态系统失衡，导致生态危机的出现。生态伦理道德体系的构建需要探索重建一个全新的人与自然关系体系，这是一个长期而复杂的过程，需要我们在价值取向上必须明确符合自然生态规律的价值需求、价值规范和价值目标，在生产方式上转变高投入、高消费、高污染、低产出、低效益、低质量的传统工业化生产模式，在生活方式上倡导科学、合理、适度消费，大力促进节能减排，使绿色消费成为人们生活的新目标、新时尚。

（2）生态文明意识扎根仍需长期努力。一个国家公民的生态意识是衡量这个国家文明程度的重要标志。近年来，生态文明建设在我国已经越来越受到重视，成为全党、全国人民共同的行动纲领。但是由于我国长期以经济发展为主要目标，受工作惯性的影响，各级领导干部的生态政绩观没有完全形成，忽视环境保护或者将环境保护让位于经济社会建设的现象仍然存在；相当多的公民对生态环境缺乏科学认知，全社会的生态环境保护道德意识薄弱，缺乏尊重自然、保护自然的伦理观念。一方面，人们的需求与消费无度，导致资源消耗加剧、生态环境破坏；另一方面，人们又渴望绿色的生态环境，渴望人与自然的和谐发展。因此，只有提高公民生态意识，加强生态教育，使生态文明意识在公民意识中落地生根，充分调动社会开展生态环境保护的自觉性、积极性与创造性，才能真正使生态环境治理发挥良好的功效。

三、我国经济社会发展全面绿色转型

党的十九届五中全会指出要"促进经济社会发展全面绿色转型"，这是"十四五"时期实现经济高质量发展的必然要求，实质就是要将生态文明的重要任务和各项指标融入我国的经济社会发展中，旨在彻底解决我国经济社会发展中存在的非绿色问题。以绿色发展实现人与自然和谐共生，促进我国经济社会发展全面绿色转型。

（一）经济社会发展全面绿色转型的基本内涵

"经济社会发展全面绿色转型"是党的十九届五中全会精神和《中共中央关于制定国民经济和社会发展第十四个五年规划和二〇三五年远景目标的建议》的重大决策部署之一。"全面绿色转型"是一个伟大的系统工程，涉及经济社会的结构形态、运转模式和人们的思想观念。也就是说，经济社会的体制机制、发展模式、发展战略都要进行调整和创新，使之更加符合新时代新阶段的要求。

经济社会发展全面绿色转型，就是在全社会推动绿色发展，把绿色发展理念融贯到经济、政治、文化、社会各方面和全过程。从经济学学理层面来理解，绿色发展的理论本质是"生态经济社会有机整体全面和谐协调可持续发展"。很显然，绿色发展的本质是从人的利益角度来考虑资源配置及其效果的，既要考虑社会资源及其利用过程中外部性的影响，也要考虑对全社会的影响以及对子孙后代的影响。绿色发展的实践主旨是实现"生态经济社会有机整体全面和谐协调可持续发展"。如何实现经济社会可持续发展呢？从实践层面来看，在经济领域必须坚持高水平环境保护和高质量经济发展，必须坚持生态优先、绿色发展。全面绿色转型发展是中国绿色发展的创新体现，其落脚点仍然是满足全体人民日益增长的美好生活需要，美好生活需要人们努力创造。我国当前的主要社会矛盾是"人民日益增长的美好生活需要和不平衡不充分的发展之间的矛盾"，解决这个主要社会矛盾是新时代建设美丽中国、实现美丽中国梦的内在要求。坚持绿色发展理念，促进经济社会发展全面绿色转型，就是对这种主要社会矛盾转化的最直接体现和回应。

经济社会全面绿色转型发展是科学发展、高质量发展。其经济学理论逻辑体现在：①"全面绿色转型"强调转型的范围是"全面"。不是对局部问题和某个问题的修修补补，而是对经济系统全方位的绿色化改造，真正把生态文明建设融入经济、政治、文化、社会建设全过程。加快形成绿色发展方式和绿色生活方式，通过工业化、城镇化、信息化、农业现代化、消费现代化和绿色化的"五化同步"，让产业变"绿"，让"绿"变产业，是"全面绿色转型"的关键。②"全面绿色转型"的核心强调"绿色"。绿色是经济社会发展的底色。绿色不仅是推进"环保"和"节能"，也是稳增长、调结构的重要手段；绿色不仅是发展的基础和约束，也是发展的目标和归宿。绿色发展的根本指向是实现经济、社会、环境的共同发展。绿色发展强调通过绿色、循环、低碳的经济发展模式，实现高质量发展。因此，要牢固树立和践行"绿水青山就是金山银山"理念，大力推进经济、能源、产业结构转型升级，推动经济社会发展建立在资源高效利用和绿色低碳发展的基础之上。③"全面绿色转型"的目的在于发展转型。在生态文明新时代，发展起点、目标和要求都发生了质的变化和提升，必然要求发展理念、发展方式、发展模式等相应转变。"全面绿色转型"就是贯彻新发展理念，摒弃损害甚至破坏生态环境的发展模式，摒弃以牺牲环境换取一时发展的短视做法，探索走出一条生态优先、绿色发展的生态文明道路，推动实现人与自然和谐共生的高质量发展。④"全面绿色转型"的动力在于改革创新。"全面绿色转型"是一场广泛而深刻的系统性变革，是关系我国发展全局的一场深刻变革。要求坚持创新发展、协调发展、绿色发展、开放发展、共享发展（五大发展），并贯彻五大发展理念，不能顾此失彼，也不能相互替代。深化改革为全面绿色发展提供体制机制保障。党的十八届三中全会明确了改革目标和方向，但基础性制度建设比较薄弱，2016 年习近平总书记提出"尽快把生态文明制度的'四梁八柱'建立起来"，现在要解决的是经济社会发展全面绿色转型过程中面临的"卡脖子"问题，以及发展动力问题。

由此，绿色发展是永恒的经济社会发展，这是生态文明新时代绿色发展的客观规律。理论和实践逻辑表明，坚持科学发展、绿色发展，促进绿色转型和绿色经济繁荣，推动经济社会有机整体全面和谐协调可持续发展。

（二）生态文明绿色发展的伟大实践创造和全面绿色转型的现实挑战

1. 绿色发展创造性贡献为全面转型发展提供了条件

我国生态文明的绿色发展取得了伟大成就，这就为全面绿色转型提供了有利条件。自党的十八大以来，在习近平生态文明思想的引领下，我国走出了一条适合自身国情的独特的生态文明建设道路，成为当今绿色能源革命的先行者之一。①我国绿色发展已经走在了世界前列。一是我国有效保护修复湿地、森林、河流等生态系统的生物多样性，着力补齐生态短板。修复陆生生态和水生生态，防治水土流失，增强了自然本色，夯实了大地根基，还生命以家园。这对维护全球生态平衡、促进人与自然和谐共生至关重要。二是生态文明制度体系逐渐完善。主要表现在：生态文明顶层设计逐步完善，生态环保法治建设不断增强，生态环保执法监管力度不断加大。同时，我国还积极参与国际生态环境治理，并为其做出重大绿色贡献。我国生态文明建设从理念到行动，成绩斐然，使经济社会发展迈向更高端水平，使人与自然逐渐走向和谐。②我国正在稳步推进生产方式和生活方式的绿色转型。我国正在花大力气改变不合理的产业结构、资源利用方式、能源结构、空间布局、生活方式，更加自觉地推动绿色发展、循环发展、低碳发展，使生态环境质量在不断改善，绿色生产方式和生活方式正在形成，低碳水平不断上升。我国拥有丰富的风能、太阳能、页岩气和沼气资源，我国还是全球最大的太阳能光伏电池板制造国，这就使得我国在减少对传统化石燃料的依赖和改善能源结构方面有更大的空间，我国的新能源引领全球。这对推动经济社会全面绿色转型是非常有利的。

中国特色社会主义经济制度和生态文明制度的优势，为经济社会全面绿色转型提供了保障。①经济制度优势。以公有制为主体、多种所有制经济共同发展的经济制度，体现了公有制经济与非公有制经济统筹协调发展，体现了以人为本、全面协调可持续发展的科学发展观，这就是中国特色社会主义制度的特点，其优势在于推动经济向深水区改革，改革解决危机，改革使我国经济得到跨越式发展，人民生活水平、居民收入水平均得到提高，综合国力和国际竞争力逐步提升，国际影响力也越来越大。我国生态文明制度建设是由我国社会性质和人民群众的根本利益决定的，是中国特色社会主义制度的重要组成部分，也是中国经济制度的一个组成部分。经济制度作为支撑整个社会的现实基础，其建设取得成功需要生态文明制度作保障。②生态文明制度优势。生态文明制度建设的目标是促进人与自然和人与人和谐相处。在生态文明新时代里，人与自然和人与人能够和谐相处的经济制度就是可持续发展的制度。生态文明制度具有较强的社会属性，它在一定程度上折射了当今社会的主要经济制度。生态文明制度建设需要不断创新，中国在生态文明建设实践上大力推行河长制、湖长制，这些都是非常创新的体制安排，这些安排是社会与自然环境和自然生态联结最密切的地方。人类的经济建设也是环境建设和生态建设联系最紧密的地方，其以人为本、以提升人民群众生活质量为出发点和归宿。建设美丽中国离不开生态文明作为基础保障，把生态文明理念植入社会经济发展的各个方面和全过程。中国把生态文明建设纳入"五位一体"总体布局之中，推进建设资源节约、环境友好的绿色发展体系，推进生态环境治理能力的现代化，以及全社会对绿色发展的高度共识，在推动经济社会全面绿色转型上具有独特的制度优势。

2. 经济社会发展全面绿色转型面临的巨大挑战

中国在 21 世纪中叶实现碳中和将面临巨大挑战。一是碳达峰到碳中和的缓冲时间较短。碳中和是一个长期的发展愿景，不仅关系温室气体排放指标，而且涉及经济社会各个方面，需要在不断摸索中前行。目前，我国二氧化碳排放仍在不断攀升，没有看到峰顶，实现碳达峰还需要做出艰苦努力，只有实现了碳达峰才能考虑实现碳中和。欧盟承诺的碳中和时间与碳达峰时间的距离是 65～70 年，而我国承诺的碳中和时间与碳达峰时间的距离是 30 年，这就意味着碳达峰到碳中和的缓冲时间很短。在短时间内实现碳排放稳中有降，以至快速下降，这是我们最大的挑战。二是实现碳中和的相关机制不完善，资金缺口仍较大。近年来，我国在气候变化相关领域的公共资金投入约为 5 000 亿元，但每年的资金需求约为 3.7 万亿元，缺口还比较大，[①]这就需要通过建立多元化的资金投入机制，撬动和吸引大量的社会资本。

节能减排形势严峻，碳减排压力巨大。中国目前的能源结构虽有所改善，但改善还不具有革命性。煤炭仍然是中国能源消费的大头，集中使用率和清洁化利用水平较低。中国仍是能源消费大国，能源问题关系经济社会稳定发展。中国是世界上最大的发展中国家，处于工业化、城镇化快速发展的阶段，能源需求旺盛，碳排放仍处于攀升期。能源结构实现降"碳"仍是"重头戏"。国家统计局最新发布的数据资料显示，2020 年，我国能

---

① 柴麒敏. 共同开创国家碳中和繁荣美丽新时代[J]. 阅江学刊，2020（11）.

源消费总量已达到 49.8 亿 t 标准煤，煤炭消费量增长 0.6%，原油消费量增长 3.3%，天然气消费量增长 7.2%，电力消费量增长 3.1%。其中，我国煤炭消费量占能源消费总量的 56.8%，比 2019 年下降了 0.9 个百分点；同时，天然气、水电、核电、风电等清洁能源消费量占能源消费总量的 24.3%，重点耗能工业企业单位电石综合能耗下降 2.1%，每千瓦时火力发电标准煤耗下降 0.6%。[①]要想降低单位 GDP 能耗和碳排放水平，必须加快转变经济发展方式，加快推动能源革命。

实现生态环境治理能力现代化仍有压力。生态环境治理能力现代化是推进我国走向生态文明新时代的有效途径。在生态文明新时代里，生态环境的治理不是单一的政府治理，应该是全社会的共同治理，这是生态环境治理能力现代化的必然要求，我国要实现生态环境治理能力现代化压力还很大。一是经济发展目标与环境保护目标仍有冲突。主要表现在：经济增长目标和生态保护目标不一致，政府治污目标与企业实施目标不一致。二是全社会共同治理机制不完善。尽管当前人民群众对环境污染的关注度是前所未有的，但总体来说，人民参与生态环境治理的热情和素养还不是很高，缺乏参与治理的方式和途径，全民参与治理的机制还未形成。人民群众生态环境意识也有待提高。三是法律制度不完善、不健全。现阶段，我国生态文明建设和环境治理的相关法律法规仍然不健全、不完整，一些法律法规还存在欠缺和不科学的地方，这就导致我国在资源开发利用和管理等方面存在极大漏洞，使得生态环境遭到严重破坏，生态环境治理现代化的实现受到阻碍。

（三）努力推动、促进和实现经济社会发展全面绿色转型

推动、促进和实现经济社会发展全面绿色转型，要以降碳为重点战略方向，以减污降碳、协同增效为总抓手，加快推动形成绿色发展方式和生活方式。

1. 培育经济社会发展全面绿色转型的动力

绿色转型是实现生产生活方式全面深刻变革的系统工程，需要全方位、全过程地融入政治、经济、文化、社会、生态各个层面，形成绿色发展的内生动力。按照马克思的观点，物质利益是人类经济活动的一个基本动力，但并不一定就表现为个人经济利益的利己心。传统经济发展的动力是追求经济高速增长，追求眼前利益和物质利益的增加。在诸多利益面前，只追求经济利益，根本不考虑人类经济社会的可持续性发展问题。生态文明的绿色发展是人与自然和谐共生的发展，是经济社会全面协调综合发展。绿色发展以人的全面发展为根本动力，人类必须把发展，首先是人的发展作为首要因素与根本动力。这里的人，不仅指当代人，还指后代人。绿色发展不仅以保证当代人福利的增加为动力，还以后代人有与当代人相同甚至更高的福利水平为动力。因此，必须大力推进绿色科技创新，变革能源消费结构，推进绿色低碳发展，培育经济社会发展全面绿色转型的动力。

大力推进绿色科技创新。绿色发展是生态文明建设的必然要求，代表了当今科技和产业变革的方向，是最有前途的发展领域。坚持绿色发展，就是要坚持节约资源和保护环境的基本国策。绿色发展依靠绿色科技创新，绿色科技创新不仅能解决增长问题，同时也关注资源节约和环境保护问题，关注社会进步和人的生存与发展等问题。在党的十九大"人

---

① 国家统计局. 中华人民共和国 2020 年国民经济和社会发展统计公报[EB/OL]. （2021-02-28）[2021-06-30]. http：// www. gov. cn/xinwen/2021/02/28/content_5589283. htm.

与自然和谐共生的现代化"与"建设美国中国"的号召下，从根本上、未来趋势上和战略路径上推动绿色科技创新的发展，是跳出"环境污染—经济发展"怪圈、追求环境与经济"双赢"发展模式的关键举措。①坚决杜绝以牺牲资源环境为代价换取一时的经济增长。

大力推进能源革命。既要推进能源消费革命，又要推进能源供给革命。推动能源消费革命，抑制不合理能源消费。坚持节能优先方针，完善能源消费总量管理，强化能耗强度控制，把节能贯穿于经济社会发展的全过程和各领域。要在推动高质量发展中促进经济社会发展全面绿色转型，必须加快产业转型升级，建立绿色低碳循环发展的产业体系；加快可再生能源发展，保障国家能源安全；加快工业、建筑、交通终端部门电力取代化石能源的消费和利用。加快推进能源技术革命，构建绿色能源技术创新体系，强化重大科技专项支撑，实现核心技术国产化和关键装备自主化，全面提升能源科技和装备水平。

大力推进绿色低碳发展。绿色低碳发展，是针对传统发展趋向和经济社会发展所面临的资源瓶颈与环境容量限制而提出的新理念。推进绿色低碳发展、积极应对气候变化，是生态文明建设的重要任务。因此，必须严格按照"低能耗、低污染、低排放"要求，促进绿色经济与低碳经济融合发展；必须紧抓新旧动能转换的着力点，推进产业绿色转型，推进传统产业绿色升级，坚决淘汰落后产能。

2. 提升经济社会发展全面绿色转型的能力

建设生态文明，实现人与自然和谐共生的现代化，必须加大绿色转型的攻坚力度，也即加大生产方式绿色转型力度和加快推动生活方式的绿色革命，形成生产方式和生活方式绿色转型的合力。

加大生产方式和生活方式绿色转型力度。绿色转型是贯彻新发展理念的必然要求。只有推进经济社会发展全面绿色转型，才能实现生态环境根本好转，才能为实现美丽中国目标创造条件。因此，必须加快建设资源节约、环境友好的绿色发展体系；建设绿色科技创新体系；完善资源节约和循环利用体系；大力推进资源节约和循环发展。加快推动生活方式的绿色革命。生活方式绿色革命，就是要变革思想观念和消费模式，推动生活方式和消费模式向绿色化转型，实现生活方式和消费模式向勤俭节约、绿色低碳、文明健康的方向转变。树立绿色消费理念，养成绿色生活习惯。提倡环境友好型消费，引导绿色饮食、推广绿色服装、鼓励绿色居住、践行绿色出行、发展绿色休闲。加大政府采购环境标志产品的力度，鼓励公众优先购买节水、节电的环保产品。

提升生态系统碳汇能力。广泛开展"碳达峰"和"碳中和"的宣传活动，切实将"碳达峰"和"碳中和"纳入经济社会发展和生态文明建设整体布局，全面落实2030年应对气候变化国家贡献目标，重点控制化石能源消费，实施以碳强度控制为主、碳排放总量控制为辅的环境管制制度，支持发达的、资源条件好的地方和重点行业、重点企业率先达峰，加快建设碳排放权交易市场。科学制订"碳达峰"行动方案，大力控制工业、农业等重点领域温室气体排放，引导全社会参与"碳达峰""碳中和"行动。加强"双控"目标落实，强化应对气候变化的能力建设。

① 高红贵，朱于珂. 绿色技术创新研究热点的动态演变规律与趋势[J]. 经济问题探索，2021（1）.

大力提升生态环境治理能力现代化水平。生态环境治理能力现代化是我国全面深化改革的目标之一，也是推进我国走向生态文明新时代的有效途径。因此，必须提升中国共产党对生态环境治理的领导能力和文明科学精准治理的能力；必须建立完善社会主义生态制度体系，完善资源高效利用机制；构建新型生态环境保护体制，压实政府相关职能部门的任务，推动其履行生态责任；提高社会参与度，建立生态环境治理体系；充分运用大数据思维来制定生态环境保护目标和工作进度计划，提供更详细、更充分的信息，帮助生态环境管理部门进行舆情监测和分析。[①]改革创新环境经济政策，全面实行排污许可制，推进排污权、用能权、用水权、碳排放权市场化交易，大力发展绿色金融，建立健全生态补偿机制和生态环境损害赔偿机制。健全完善生态环境风险预防化解管控机制。

3. 协同汇聚"全面绿色转型"的合力

简单来说，合力就是一起出力，同心协力、共同出力。"全面绿色转型"是一个系统工程，涉及政治、经济、文化、社会方方面面，不仅需要各领域、各行业、各企业之间的共同努力、相互协作，而且需要有关政府部门、科研院所、行业协会、教育机构的合力推进。

大气污染治理靠"单干"是不行的，需要区域联动、协同作战，形成合力。大江大河跨省贯通，下游治理、上游污染也不行。长江流域、黄河流域、淮河流域，水气相连，地缘相近，必须同下"一盘棋"，着力强化高效协同，完善一体化体制机制，加强共治联保。因此，必须着力打造经济社会发展全面绿色转型区。

形成生态优先绿色发展的强大合力。生态优先绿色发展新路，是一条适应新形势、顺应新要求的经济转型之路。为此，我们必须深入学习贯彻绿色发展理念，制定推进生态优先绿色发展的具体实施方案。大力完善生态优先绿色发展新路的推进机制和督办协调机制，全民通力协作，相互支持，汇集强大的绿色合力，共同推进绿色发展。

第四节　生态文明建设的重大意义

一、生态文明建设的理论内涵及其本质属性

（一）生态文明建设是中国语境中产生的话语

根据有关文献资料，中南财经政法大学刘思华教授首次对生态文明这一概念做出马克思主义的界定。1994年，刘思华教授出版《当代中国的绿色道路》一书，他在书中指出建设生态文明是为了有效解决人类日常社会活动中对自然的无限索取与自然环境系统有限供给之间的矛盾，人类在开发利用自然资源的过程中要合理保护自然资源，使之能被可持续地利用。随后，刘思华教授又对生态文明建设这一概念进行了更加规范的说明，生态文明建设不仅要保障当代人的利益，而且要有足够的资源留给后代人，要在开发利用自然环境的过程中注重对自然环境的保护，不能损害后代人的利益，要保证资源的持续利用以满

① 赵朔. 推进生态环境治理体系和治理能力现代化的探讨[J]. 环境保护与循环经济, 2020 (11).

足后代人的需要。目前，学术界把生态文明建设、建设生态文明和生态文明三个概念当作同义语。实际上，这三个概念是有一定差别的。其中，生态文明建设更多偏向于对自然的实践过程，更加强调人类在认识和了解自然的基础上合理开发利用自然资源。建设生态文明强调人们要改变不可持续的生产方式和生活方式，提升文明素质，扬弃陈旧过时的生产方式和生活方式，走出一条新的、顺应时代潮流的发展道路，也就是生态文明发展之路。而生态文明是以上所有成果的总和，是人类为了更好的发展而取得的物质和精神成果的总和，也是人类在认识自然、改造自然的过程中对人与自然和谐共处的最深刻体现。

自从工业革命开始，环境问题就逐渐严重。近年来，我国的经济发展速度飞快很大程度上有赖于对资源的开发和使用。如今，我们所提倡的建设生态文明是在面对资源日趋紧缺、生态恶化现象日趋严重、环境问题越发需要得到重视的情况下而树立的科学的、合理的发展理念，是中国共产党和中国人民总揽国内外大局、充分贯彻实施科学发展观这一社会主义核心价值观的体现。把生态文明这一理念放在国家发展总布局的高度上，彰显出我国对建设生态文明的重视，同时也能显示出它与物质、政治、精神文明既有密切联系又有鲜明的相对独立性。党的十八大报告把生态文明放在新的高度并贯穿始终，不论是政治建设、经济建设还是社会建设、文化建设都在强调保护好生态环境。党的十九大报告在总结十八大报告核心精髓的基础上，继续强调建设生态文明的重要性，并把它纳入中华民族永续发展的千年大计之中。

在建设生态文明的过程中，要全面覆盖包括政治、经济、文化、社会在内的所有问题，其中要求政府、企业和个人等众多群体的参与，在生产、分配、流通、消费等各个环节注入生态文明的理念。从整体上来说，生态文明建设需要一个复杂的过程，在这个过程中，社会系统需要调节，人的行为习惯需要转变，也就是不论在生产方式还是生活方式上都需要彻底做出调整。

（二）正确把握建设生态文明与生态文明建设的异同性

党的十八大把建设生态文明放在了突出的地位。为了追求经济的可持续发展，对生态的保护是重中之重，把生态文明放在新的高度并贯穿始终，要求不论是政治建设、经济建设，还是社会建设、文化建设都要保护好生态环境。生态文明是建设生态文明和生态文明建设的有机统一。建设生态文明是生态文明在观念上的表现形态，生态文明建设是生态文明在现实中的表现形态。在此，我们要强调的是建设社会主义生态文明和社会主义生态文明建设，都是中国学界和政界马克思学人的首创。

生态文明建设是对以往人类文明发展模式与文明建设结构模式的生态变革与绿色创新转型的重塑过程。生态文明建设之所以成为五位一体社会主义建设目标的重要组成部分，既是我国生态面临重大挑战的体现，也是我国追求更高质量发展的生动体现。生态文明建设是中国发展的题中之义。建设生态文明，是关系人民福祉、关乎民族未来的长远大计。建设生态文明，即建设人与自然、人与人、人与社会、人与自身和谐共生共荣，生态经济社会有机整体全面协调可持续发展的社会。

我们所要建设的生态文明，是一种与以往人类文明和经济社会形态不同的新型文明形态和经济社会形态，从理论形态上讲，可以把这种新型文明创新实践概括为创建生态文明或建设生态文明。从这方面来看，建设生态文明在理论上是贯穿所有社会形态和文明形态的一种持久的过程。在社会文明的实践中具体呈现为一种全新的文明发展模式与经济社会发展模式。故我们从实践形态上把这种文明实践创新概括为生态文明建设。因此，在理论逻辑上不能把建设生态文明和生态文明建设当作一对同义语，更不能相互替代。在大力推进生态文明建设的过程中，要坚持树立顺应自然和保护自然环境的理念，因为只有这样才能促进人与自然的和谐统一，才能更好地推动我国经济持续运行，才能保证科学的、可持续的发展目标得以实现，最终实现中华民族伟大复兴的中国梦。

（三）新时代生态文明建设的新内涵和新思想

党的十九大报告独立成篇阐述了我国生态文明的理念、举措、要求，指出了我国未来生态文明发展的道路、方向、目标，是新时代建设生态文明和美丽中国的指导方针和基本遵循。

新时代生态文明建设的新定位。党的十八大以来，我们党关于生态文明建设的思想不断丰富和完善。在"五位一体"总体布局中生态文明建设的地位非常重要。习近平总书记在参加十三届全国人大二次会议内蒙古代表团审议时强调"保持加强生态文明建设的战略定力"，"保护生态环境和发展经济从根本上讲是有机统一、相辅相成的"。习近平总书记在《致生态文明贵阳国际论坛二〇一三年年会的贺信》中深刻阐述了"走向生态文明新时代，建设美丽中国，是实现中华民族伟大复兴的中国梦的重要内容"。2018 年 5 月 4 日，习近平总书记在纪念马克思诞辰 200 周年大会上强调："我们要坚持人与自然和谐共生，牢固树立和切实践行绿水青山就是金山银山的理念，动员全社会力量推进生态文明建设，共建美丽中国……走出一条生产发展、生活富裕、生态良好的文明发展道路。"生态文明建设不仅成为党和人民、国家意志的充分彰显，而且也是新时代马克思主义中国化生态文明思想的创新体现。2019 年 4 月 28 日，习近平主席在中国北京世界园艺博览会开幕式上讲道："现在，生态文明建设已经纳入中国国家发展总体布局，建设美丽中国已经成为中国人民心向往之的奋斗目标。"

新时代生态文明建设的新目标、新部署。党的十九大报告明确，到 21 世纪中叶，"把我国建成富强民主文明和谐美丽的社会主义现代化强国"，"我国物质文明、政治文明、精神文明、社会文明、生态文明将全面提升"。习近平总书记在全国生态环境保护大会上的讲话中，明确提出实现美丽中国的两个阶段性目标：到 2035 年，生态环境质量实现根本好转，美丽中国目标基本实现；到 21 世纪中叶，建成美丽中国。如何实现两个阶段性目标呢？习近平总书记在全国生态环境保护大会上强调，要加快建立健全包括生态文化体系、生态经济体系、目标责任体系、生态文明制度体系和生态安全体系在内的生态文明体系。这五个体系既是建设美丽中国的具体部署，也是从根本上解决生态环境问题的对策体系，需要长期贯彻和坚决落实。新时代解决生态环境资源问题的战略部署，可以称为新格局、新举措。主要体现在以下四个方面：一是节约资源与保护环境是根本之策；二是坚决打好污染防治攻坚战；三是生态修复与改善、生态建设与保护，这是我国较长历史时间内生态文明建设战略实践的重点；四是全力构建生态文明体系，即生态文化体系、生态经济体系、目标责任体系、生态文明制度体系和生态安全体系。

新时代生态文明建设的新观点。党的十九大报告首次提出："我们要建设的现代化是人与自然和谐共生的现代化"，突出了现代化的"绿色属性"，更加符合生态文明建设的内在要求。这是重大的理论创新和科学论断。生态文明建设是关系中华民族永续发展的根本大计，是全面建成社会主义现代化强国的重要战略任务。现在，全国各地都在探索生态优先绿色发展新路，作出生态优先、绿色发展、融合共生、绿色创新的战略抉择。绿色发展不只是思路更是出路，不只需要心动更要拿出行动。就当下而言，打好污染防治攻坚战是关键，推动我国生态文明建设迈上新台阶。2018 年 5 月 18 日，习近平总书记在全国生态环境保护大会上作了《推动我国生态文明建设迈上新台阶》的重要讲话，在该讲话中科学地概括了新时代推进生态文明建设必须坚持的六项原则：一是坚持人与自然和谐共生；二是绿水青山就是金山银山；三是良好生态环境是最普惠的民生福祉；四是山水林田湖草是生命共同体；五是用最严格制度最严密法治保护生态环境；六是共谋全球生态文明建设。

二、生态文明建设的意义

（一）普遍意义

1. 人类改善生态环境的迫切需要

环境保护是发展问题，也是民生问题。这在一个世纪前是难以想象的，因为在那时的社会意识当中根本没有"环境保护"这个概念，人们为了发展经济在很长一段时间内的目标是"征服大自然"。自工业革命以来，世界经济迅猛发展，但同时人类也付出了沉重的代价——全球生态环境遭到严重破坏、环境遭到严重污染，水污染、大气污染、固体废物污染、生物多样性锐减等成为蔓延全球的问题，至今未能有效解决。当前，全球气候变化形势不乐观。2021 年 8 月 9 日联合国政府间气候变化专门委员会（IPCC）发布的报告显示，2017 年全球二氧化碳排放总量出现增长趋势；若到 2030 年温室气体排放差距未能成功弥合，全球升温很可能突破 1.5℃临界点。极端气候在世界各地频发，严重威胁全人类的生存和发展。

严酷的现实告诉人们，地球是人类共同的家园，气候变化、环境恶化等触动人类内心最脆弱的神经，是每一个人所不能承受之重。保护环境，保护地球，保护人民的生命线，应成为人类的共识。生态危机不是某局部领域的自然环境破坏，而是生态环境面临的全球性的问题；对生态危机的消除也不是某一个国家的事情，而必须是全球共同应对。人类只有一个地球，各国共处一个世界之中，面对生态危机，任何国家都无法置身事外。生态环境的全球性以及生态危机治理的世界性，决定了生态危机治理是全人类的共同责任，是世界性的共同行动，各国只有联合起来组成命运共同体进行共同治理，建构一种国际公平正义秩序，才能够共享人与自然和谐共生的发展成果。

2. 人类与自然和谐共生的必然要求

人类社会发展需要从自然界摄取物质、能量和信息，这是人类生命活动的前提。人类离不开自然，自然环境不仅能满足人的基本生存需要，还是重要的精神享受，能陶冶人的情操，发展人的体力和智力，促进人的身心健康和全面发展。

人是自然界长期发展的产物，是自然界的一部分，然而工业文明过分强调人的主动性。在实用主义的指导下，人把自然作为索取对象和工具手段，不断地向自然提出各种要求，逐渐发生了人与自然的分化，以至于发生了人与自然关系的异化。人类自大地认为自己可以主宰自然。然而，自然发展的客观规律一次次地说明人不能凌驾于自然之上。频繁的自然灾害严重阻碍了人类社会的发展，据统计，2016年，冲突、暴力和自然灾害造成约3110万人在自己的国家流离失所，其中因自然灾害而流离失所的人数达2420万。此外，自然物种的加速灭绝，自然资源的大量流失，气候变暖、土地沙漠化、空气污染等全球生态危机给人类敲响了警钟，而这些都是人类过度地干预自然、开发和利用自然资源的结果。

人与自然是一个生态系统，是不可分割的共同体。这就要求人类必须尊重自然、顺应自然并保护自然，既要利用好自然，又要爱惜自然，遵循自然规律。人类必须清醒地认识到，人与自然都是生态系统中不可或缺的重要组成部分。人与自然不存在统治与被统治、征服与被征服的关系，而是相互依存、和谐共处、共同促进的关系，人类的发展应该是人与社会、人与环境、当代人与后代人的协调发展。

3. 经济社会可持续发展的重要保证

可持续发展是一种发展思想和发展战略，是指既满足当代人的需要，又不对后代人满足其需要的能力构成危害的发展。良好的生态环境是经济社会可持续发展的重要条件，也是一个民族生存和发展的重要基础。生态文明是人与自然和谐共生的反映，体现了一个国家的发展程度和文明程度。生态文明建设绝不是单纯来解决环境问题，而是在新文明观指导下的生产生活方式和社会发展方式的系统性革命。加快推进生态文明建设，深入实施可持续发展战略，是推动整个社会走向生产发展、生活富裕、生态良好的文明发展道路的重要支撑。

近年来，在发展经济的同时，人与自然的矛盾日益突出，环境污染、生态破坏、资源缺乏等问题日益严重。生态文明以尊重和维护生态环境为主旨，以可持续发展为依据，以人类的可持续发展为着眼点。在开发利用自然的过程中，人类应从维护社会、经济、自然系统的整体利益出发，尊重自然、保护自然，注重生态环境建设，致力于提高生态环境质量，使现代经济社会发展建立在生态系统良性循环的基础上，以有效地解决人类经济社会活动的需求同自然生态环境系统供给之间的矛盾，实现人与自然的协同进化，促进经济社会、自然生态环境的可持续发展。

（二）世界意义

立足于本国国情的中国生态文明建设，不仅能够在较短时间内实现生态环境的好转，而且对全球生态环境和环境治理都具有重要意义。

首先，在中国从事生态文明建设的伟大工程就是世界大事。中国是世界的一部分，人口占了世界总人口的1/5左右，是世界第二大经济体，在快速的现代化进程中，消耗越来越多的资源和能源。随着经济的发展、汽车时代的到来，中国已成为世界第二大石油消费国，2017年中国石油的对外依存度超过68%。中国的环境问题与世界息息相关，中国的节能减排对世界的能源储存和生态环境有特别重要的意义。

其次，对人类命运共同体的担当将使中国成为全球生态文明建设的重要参与者、贡献者、引导者。生态危机、环境危机成为全球挑战，没有哪个国家可以置身事外，独善其身。中国决不会走生态殖民主义的道路。2015年11月30日，习近平主席在气候变化巴黎大会开幕式上的讲话中，第一次向世界提出了基于东方智慧的解决气候变化的新方案。习近平主席提出解决世界全球气候问题的三大理念：摒弃"零和博弈"狭隘思维，树立互惠共赢新思维；摒弃对立思维，树立"包容互鉴、共同发展"的新思维；确立中华民族特有的天下观、义利观。中国近年来自主自愿采取减排措施，加大实施力度，并做出了艰苦卓绝的努力。2016年年底，中国就发电量而言已经是全球最大的太阳能发电国。目前，中国是全球最大的可再生能源生产国和消费国，也是全球最大的可再生能源投资国，中国水电、风电、太阳能光伏发电装机规模居世界第一。作为14亿多人口的发展中国家，中国是遭受气候变化不利影响最为严重的国家之一。积极应对气候变化是中国实现可持续发展的内在要求，也是深度参与全球治理、打造人类命运共同体、推动全人类共同发展的责任担当。

最后，中国生态文明建设的经验能为世界其他国家起到示范作用。对于世界各国来说，基于"中国智慧"的整体治理观具有普遍的意义。自20世纪70年代以来，西方发达国家走的是一条治标不治本，头痛医头、脚痛医脚的道路，中国"五位一体"的生态文明建设理念已经得到世界普遍的认可。统筹兼顾，协调发展，把生态文明建设与经济社会建设统筹起来，走生态文明绿色发展的道路，破解经济发展与环境保护的矛盾，是"中国方案"的重大创新。

专栏 2-1 20 世纪八大公害事件

1. 比利时马斯河谷烟雾事件

1930年12月1—5日，比利时的马斯河谷工业区排放了大量二氧化硫和其他有害气体及粉尘，致使马斯河谷工业区有上千人发生呼吸道疾病，出现咳嗽、流泪、恶心、呕吐等症状，一周内有几千人发病，近60人死亡，其中心脏病、肺病患者的死亡率增高，家畜死亡率也大大增高。

2. 美国洛杉矶光化学烟雾事件

20世纪40年代，美国洛杉矶大量聚集的汽车排放的尾气中碳氢化合物在太阳紫外线的作用下，与空气中其他成分发生化学反应而产生有毒的浅蓝色的烟雾，导致大多数居民眼睛红肿、咽喉疼痛、呼吸道疾病恶化等。1955年，因呼吸系统衰竭而死亡的65岁以上的老人达400多人。

3. 美国多诺拉镇烟雾事件

1948年10月26—30日，美国宾夕法尼亚州多诺拉镇工厂烟囱排放到大气中的二氧化硫及其他氧化物与大气烟尘共同作用，产生了硫酸烟雾。4天内有42%的居民患病，207人死亡，其症状为眼痛、咳嗽、呕吐、腹泻和咽喉痛等。

4. 英国伦敦烟雾事件

1952 年 12 月 5—8 日，英国伦敦上空受反气旋影响，大量工厂生产和居民燃煤取暖排出的废气难以扩散，积聚在城市上空。整个城市被浓厚的烟雾笼罩，交通瘫痪，行人小心翼翼地摸索前进。许多市民出现胸闷、窒息等不适感，发病率和死亡率急剧增加，当月有 4 000 多人死亡。

5. 日本水俣病事件

1953—1968 年，日本熊本县水俣湾，由于氮生产活动，排放了含有汞的废水，人们食用了被汞污染的水产品后，近万人中枢神经和末梢神经被侵害。症状表现为轻者口齿不清、步履蹒跚、面部痴呆、手足麻痹、感觉障碍、视觉丧失、震颤、手足变形，重者精神失常，或酣睡，或兴奋，身体弯弓，高叫，直至死亡。

6. 日本四日市哮喘病事件

1955—1961 年，石油冶炼和工业燃油产生的废气使日本四日市整座城市终年黄烟弥漫，导致很多人患有呼吸系统疾病，如支气管炎、哮喘、肺气肿、肺癌等。患支气管哮喘的人数在严重污染的盐滨地区比非污染的对照区高 2～3 倍。

7. 日本爱知县米糠油事件

1968 年 3 月，日本的九州、爱知县等地区的几十万只鸡突然死亡。经调查，发现是饲料中毒。同时发现，这些地区居民患有一种怪病：患者症状为痤疮样皮疹病，伴有指甲发黑、皮肤色素沉着、眼结膜充血、眼脂过多等，疑为氯痤疮。但当时没有弄清毒物的来源，也没有对此进行深入研究。后来随着患病人数的增加，经跟踪调查，发现九州大牟田市一家粮食加工公司食用油工厂在生产米糠油时，为了降低成本、追求利润，在脱臭过程中使用了多氯联苯液体作导热油。因生产管理不善，多氯联苯混进了米糠油中。受污染的米糠油被销往各地，造成了人员中毒或死亡。生产米糠油的副产品——黑油被作为家禽饲料售出，也造成大量家禽死亡。后来的研究进一步证明，多氯联苯受热生成了毒性更强的多氯代二苯并呋喃（PCDFs）。

8. 日本富山骨痛病事件

1931—1968 年，日本富山平原地区神通川流域河岸的锌、铅冶炼厂等排放的含镉废水污染了水体，周边居民食用了含镉的水和大米等食物，258 人产生病痛，初始是腰、背、手、脚等各关节疼痛，随后遍及全身，有针刺般痛感，数年后骨骼严重畸形，骨脆易折，甚至轻微活动或咳嗽都能引起多发性病理骨折，最后衰弱疼痛而死，死亡人数达到 207 人。

复习思考题

1. 生态文明的深刻内涵和基本特征是什么？
2. 生态文明与工业文明的联系和区别是什么？
3. 概述我国生态文明建设的现状和问题。
4. 概述我国生态文明建设的理论内涵和意义。

第三章　中国特色社会主义生态文明建设

学习目标

➢ 掌握中国特色社会主义生态文明建设的思想基础
➢ 理解中国特色社会主义生态文明制度建设的内涵
➢ 了解中国特色社会主义生态文明制度建设的现状
➢ 了解中国特色社会主义生态文明制度建设的任务

第一节　中国特色社会主义生态文明建设的思想和实践基础

当今中国正处在实现中华民族伟大复兴的历史性时刻，生态文明建设战略地位空前高涨、前所未有。生态文明建设是党的十九大确定的千年大计，也是习近平总书记在全国生态环境保护大会上确定的根本大计。党的十八大以来，以习近平同志为核心的党中央，就生态文明建设发表了一系列重要的讲话、论述和指示，形成了系统、完整、科学的习近平生态文明思想，推动我国生态文明建设发生历史性、转折性和全局性转变。

一、社会主义生态文明建设的思想基础

党的十八大以来，习近平同志围绕生态文明建设提出了一系列新理念、新思想、新战略，立意高远，内涵丰富，思想深刻，对我们深刻认识生态文明建设的意义重大，对正确处理好经济发展同生态环境保护的关系，坚定不移走生产发展、生活富裕、生态良好的文明发展道路，加快建设资源节约型、环境友好型社会，推动形成绿色发展方式和生活方式，推进美丽中国建设，实现中华民族永续发展，夺取全面建成小康社会决胜阶段的伟大胜利，实现"两个一百年"奋斗目标，实现中华民族伟大复兴的中国梦，具有十分重要的指导意义。

（一）建设生态文明，关系人民福祉，关乎民族未来

随着我国经济社会发展不断深入，生态文明建设地位和作用日益凸显，党的十八大把生态文明建设纳入中国特色社会主义事业"五位一体"总体布局，使生态文明建设的战略地位更加明确，有利于把生态文明建设融入经济建设、政治建设、文化建设、社会建设各方面和全过程。这是我们党对社会主义建设规律在实践和认识上不断深化的重要成果。

1. 生态兴则文明兴，生态衰则文明衰

2013 年 5 月，在十八届中央政治局第六次集体学习时，习近平总书记谈道："建设生态文明，关系人民福祉，关乎民族未来。党的十八大把生态文明建设纳入中国特色社会主

义事业五位一体总体布局，明确提出大力推进生态文明建设，努力建设美丽中国，实现中华民族永续发展。这标志着我们对中国特色社会主义规律认识的进一步深化，表明了我们加强生态文明建设的坚定意志和坚强决心……生态文明是人类社会进步的重大成果。人类经历了原始文明、农业文明、工业文明，生态文明是工业文明发展到一定阶段的产物，是实现人与自然和谐发展的新要求。历史地看，生态兴则文明兴，生态衰则文明衰。古今中外，这方面的事例众多……我们中华文明传承五千多年，积淀了丰富的生态智慧。'天人合一'、'道法自然'的哲理思想，'劝君莫打三春鸟，儿在巢中望母归'的经典诗句，'一粥一饭，当思来处不易；半丝半缕，恒念物力维艰'的治家格言，这些质朴睿智的自然观，至今仍给人以深刻警示和启迪。"[1]

2018年，习近平总书记在出席全国生态环境保护大会上强调："生态文明建设是关系中华民族永续发展的根本大计。"中华民族向来尊重自然、热爱自然，绵延五千多年的中华文明孕育着丰富的生态文化。生态兴则文明兴，生态衰则文明衰。2018年，习近平总书记在参加首都义务植树时强调："植树造林历来是中华民族的优良传统。今天，我们来这里植树既是履行法定义务，也是建设美丽中国、推进生态文明建设、改善民生福祉的具体行动。"

2. 保护生态环境就是保护生产力，改善生态环境就是发展生产力

2013年4月，习近平总书记在海南考察工作结束时指出："保护生态环境就是保护生产力，改善生态环境就是发展生产力。良好生态环境是最公平的公共产品，是最普惠的民生福祉。对人的生存来说，金山银山固然重要，但绿水青山是人民幸福生活的重要内容，是金钱不能代替的。你挣到了钱，但空气、饮用水都不合格，哪有什么幸福可言。"[2]

党的十八大提出中国特色社会主义事业五位一体总体布局，把生态文明建设放到更加突出的位置，强调要实现科学发展，要加快转变经济发展方式。如果仍是粗放发展，即使实现了国内生产总值翻一番的目标，也会付出巨大的资源环境代价，即自然资源和生态环境承载不了经济的快速增长。那将是一种什么样的生态环境呢？"经济上去了，老百姓的幸福感大打折扣，甚至强烈的不满情绪上来了，那是什么形势？所以，我们不能把加强生态文明建设、加强生态环境保护、提倡绿色低碳生活方式等仅仅作为经济问题。这里面有很大的政治。"[3]

习近平总书记在十八届中央政治局第六次集体学习时强调："生态环境保护是功在当代、利在千秋的事业。在这个问题上，我们没有别的选择。全党同志都要清醒认识保护生态环境、治理环境污染的紧迫性和艰巨性，清醒认识加强生态文明建设的重要性和必要性，真正下决心把环境污染治理好、把生态环境建设好，为人民创造良好生产生活环境。"[4]

① 中共中央文献研究室. 习近平关于社会主义生态文明建设论述摘编[M]. 北京：中央文献出版社，2017：5-6.
② 中共中央文献研究室. 习近平关于社会主义生态文明建设论述摘编[M]. 北京：中央文献出版社，2017：4.
③ 中共中央文献研究室. 习近平关于社会主义生态文明建设论述摘编[M]. 北京：中央文献出版社，2017：5.
④ 中共中央文献研究室. 习近平关于社会主义生态文明建设论述摘编[M]. 北京：中央文献出版社，2017：7.

2015 年，习近平总书记在云南考察工作时讲道："要把生态环境保护放在更加突出位置，像保护眼睛一样保护生态环境，像对待生命一样对待生态环境，在生态环境保护上一定要算大账、算长远账、算整体账、算综合账，不能因小失大、顾此失彼、寅吃卯粮、急功近利。"①

3．环境就是民生，青山就是美丽，蓝天就是幸福

2015 年习近平总书记在《关于〈中共中央关于制定国民经济和社会发展第十三个五年规划的建议〉的说明》中谈道："生态环境特别是大气、水、土壤污染严重，已成为全面建成小康社会的突出短板。扭转环境恶化、提高环境质量是广大人民群众的热切期盼，是'十三五'时期必须高度重视并切实推进的一项重要工作。"②《中共中央关于制定国民经济和社会发展第十四个五年规划和二〇三五年远景目标的建议》强调，"持续改善生态环境""增强全社会生态环保意识，深入打好污染防治攻坚战"。

习近平总书记在 2016 年省部级主要领导干部学习贯彻党的十八届五中全会精神专题研讨班上指出："改革开放以来，我国经济发展取得历史性成就，这是值得我们自豪和骄傲的，也是世界上很多国家羡慕我们的地方。同时必须看到，我们也积累了大量生态环境问题，成为明显的短板，成为人民群众反应强烈的突出问题。比如，各类环境污染呈高发态势，成为民生之患、民心之痛。这样的状况，必须下大气力扭转。"③

2016 年，习近平总书记在青海省考察工作结束时说："党的十八大以来，我反复强调生态环境保护和生态文明建设，就是因为生态环境是人类生存最为基础的条件，是我国持续发展最为重要的基础。'天育物有时，地生财有限。'生态环境没有替代品，用之不觉，失之难存。人类发展活动必须尊重自然、顺应自然、保护自然，否则就会遭到大自然的报复。这是规律，谁也无法抗拒。"④接着，习近平总书记从历史视角来分析生态环境："在人类发展史上特别是工业化进程中，曾发生过大量破坏自然资源和生态环境的事件，酿成惨痛教训。马克思在研究这一问题时，曾列举了波斯、美索不达米亚、希腊等由于砍伐树木而导致土地荒芜的事例。据史料记载，丝绸之路、河西走廊一带曾经水草丰茂。由于毁林开荒、乱砍滥伐，致使这些地方生态环境遭到严重破坏。据反映，三江源地区有的县，三十多年前水草丰美，但由于人口超载、过度放牧、开山挖矿等原因，虽然获得过经济超速增长，但随之而来的是湖泊锐减、草场退化、沙化加剧、鼠害泛滥，最终牛羊无草可吃。古今中外的这些深刻教训，一定要认真吸取，不能再在我们手上重犯！"⑤

2017 年，习近平总书记在十八届中央政治局第四十一次集体学习时强调："我对生态环境保护方面的问题看得很重，党的十八大以来多次就一些严重损害生态环境的事情作出批示，要求严肃查处。比如，我分别就陕西延安削山造城、浙江杭州千岛湖临湖地带违规搞建设、秦岭北麓西安段圈地建别墅、新疆卡山自然保护区违规'瘦身'、腾格里沙漠污染、青海祁连山自然保护区和木里矿区破坏性开采、甘肃祁连山生态保护区生态环境破坏等严重破坏生态环境事件作出多次批示。我之所以要盯住生态环境问题不放，是因为如果

① 中共中央文献研究室. 习近平关于社会主义生态文明建设论述摘编[M]. 北京：中央文献出版社，2017：8.
② 中共中央文献研究室. 习近平关于社会主义生态文明建设论述摘编[M]. 北京：中央文献出版社，2017：9.
③ 中共中央文献研究室. 习近平关于社会主义生态文明建设论述摘编[M]. 北京：中央文献出版社，2017：11.
④ 中共中央文献研究室. 习近平关于社会主义生态文明建设论述摘编[M]. 北京：中央文献出版社，2017：13.
⑤ 中共中央文献研究室. 习近平关于社会主义生态文明建设论述摘编[M]. 北京：中央文献出版社，2017：13-14.

不抓紧、不紧抓，任凭破坏生态环境的问题不断产生，我们就难以从根本上扭转我国生态环境恶化的趋势，就是对中华民族和子孙后代不负责任。"①

2018 年 5 月，习近平总书记在全国生态环境保护大会上继续强调："环境就是民生，青山就是美丽，蓝天也是幸福。发展经济是为了民生，保护生态环境同样也是为了民生。既要创造更多的物质财富和精神财富以满足人民日益增长的美好生活需要，也要提供更多优质生态产品以满足人民日益增长的优美生态环境需要。"②

（二）贯彻新发展理念，推动形成绿色发展方式和生活方式

1. 正确处理经济发展与生态环境保护的关系

习近平总书记在十八届中央政治局第六次集体学习时指出："要正确处理好经济发展同生态环境保护的关系，牢固树立保护生态环境就是保护生产力、改善生态环境就是发展生产力的理念，更加自觉地推动绿色发展、循环发展、低碳发展，决不以牺牲环境为代价去换取一时的经济增长，决不走'先污染后治理'的路子。"③在《致生态文明贵阳国际论坛二〇一三年年会的贺信》中，习近平总书记讲道："走向生态文明新时代，建设美丽中国，是实现中华民族伟大复兴的中国梦的重要内容。中国将按照尊重自然、顺应自然、保护自然的理念，贯彻节约资源和保护环境的基本国策，更加自觉地推动绿色发展、循环发展、低碳发展，把生态文明建设融入经济建设、政治建设、文化建设、社会建设各方面和全过程，形成节约资源、保护环境的空间格局、产业结构、生产方式、生活方式，为子孙后代留下天蓝、地绿、水清的生产生活环境。"④

2013 年 9 月，习近平总书记在参加河北省委常委班子专题民主生活会时强调："要给你们去掉紧箍咒，生产总值即便滑到第七、第八位了，但在绿色发展方面搞上去了，在治理大气污染、解决雾霾方面作出贡献了，那就可以挂红花、当英雄。反过来，如果就是简单为了生产总值，但生态环境问题越演越烈，或者说面貌依旧，即便搞上去了，那也是另一种评价了。"⑤2014 年 3 月，习近平总书记在参加十二届全国人大二次会议贵州代表团审议时指出："正确处理好生态环境保护和发展的关系……是实现可持续发展的内在要求，也是我们推进现代化建设的重大原则……有人说，贵州生态环境基础脆弱，发展不可避免会破坏生态环境，因此发展要宁慢勿快，否则得不偿失；也有人说，贵州为了摆脱贫困必须加快发展，付出一些生态环境代价也是难免的、必须的。这两种观点都把生态环境保护和发展对立起来了，都是不全面的。强调发展不能破坏生态环境是对的，但为了保护生态环境而不敢迈出发展步伐就有点绝对化了。实际上，只要指导思想搞对了，只要把两者关系把握好、处理好了，既可以加快发展，又能够守护好生态。贵州这几年的发展也说明了这一点。"⑥2015 年 6 月，习近平总书记到贵州考察工作时指出："要正确处理发展和生态环境保护的关系，在生态文明建设体制机制改革方面先行先试，把提出的行动计划扎扎实

① 中共中央文献研究室. 习近平关于社会主义生态文明建设论述摘编[M]. 北京：中央文献出版社，2017：15.
② 习近平. 习近平谈治国理政（第三卷）[M]. 北京：外文出版社，2020：362.
③ 中共中央文献研究室. 习近平关于社会主义生态文明建设论述摘编[M]. 北京：中央文献出版社，2017：20.
④ 同③。
⑤ 中共中央文献研究室. 习近平关于社会主义生态文明建设论述摘编[M]. 北京：中央文献出版社，2017：21.
⑥ 中共中央文献研究室. 习近平关于社会主义生态文明建设论述摘编[M]. 北京：中央文献出版社，2017：22.

实落实到行动上，实现发展和生态环境保护协同推进。"①2015 年，习近平总书记在云南考察工作时也提到过："经济要发展，但不能以破坏生态环境为代价。生态环境保护是一个长期任务，要久久为功。"②

2017 年，习近平总书记在十八届中央政治局第四十一次集体学习时指出："如果经济发展了，但生态破坏了、环境恶化了，大家整天生活在雾霾中，吃不到安全的食品，喝不到洁净的水，呼吸不到新鲜的空气，居住不到宜居的环境，那样的小康、那样的现代化不是人民希望的。所以，我们必须把生态文明建设摆在全局工作的突出地位，既要金山银山，也要绿水青山，努力实现经济社会发展和生态环境保护协同共进。"③

2. 绿水青山就是金山银山

2013 年，习近平习主席在哈萨克斯坦纳扎尔巴耶夫大学演讲回答问题时讲道："中国明确把生态环境保护摆在更加突出的位置。我们既要绿水青山，也要金山银山。宁要绿水青山，不要金山银山，而且绿水青山就是金山银山。我们绝不能以牺牲生态环境为代价换取经济的一时发展。"④正确处理好生态环境保护和发展的关系，也就处理好了绿水青山和金山银山的关系。

2014 年 3 月，习近平总书记在参加十二届全国人大二次会议贵州代表团审议时强调："既要绿水青山，也要金山银山；绿水青山就是金山银山。绿水青山和金山银山决不是对立的，关键在人，关键在思路。为什么说绿水青山就是金山银山？'鱼逐水草而居，鸟择良木而栖。'如果其他各方面条件都具备，谁不愿意到绿水青山的地方来投资、来发展、来工作、来生活、来旅游？从这一意义上说，绿水青山既是自然财富，又是社会财富、经济财富。"⑤2015 年 11 月，习近平总书记在中央扶贫开发工作会议上又一次讲道："要通过改革创新，让贫困地区的土地、劳动力、资产、自然风光等要素活起来，让资源变资产、资金变股金、农民变股东，让绿水青山变金山银山，带动贫困人口增收。"⑥保护生态环境就是保护生产力，改善生态环境就是发展生产力，让绿水青山充分发挥经济社会效益，不是要把它破坏了，而是要把它保护得更好。关键是要树立正确的发展思路，因地制宜选择好发展产业。我们强调不单以国内生产总值增长论英雄，不是不要发展了，而是要扭转只要经济增长不顾其他各项事业发展的思路，扭转为了经济增长数字不顾一切、不计后果、最后得不偿失的做法。

2014 年 9 月，习近平总书记在中央民族工作会议上讲道："许多民族地区地处大江大河上游，是中华民族的生态屏障，开发资源一定要注意惠及当地、保护生态，决不能一挖了之，决不能为一时发展而牺牲生态环境。要把眼光放长远些，坚持加强生态保护和环境整治、加快建立生态补偿机制、严格执行节能减排考核'三管齐下'，做到既要金山银山、更要绿水青山，保护好中华民族永续发展的本钱。"⑦为了更好地推动落实绿水青山就是金

① 中共中央文献研究室. 习近平关于社会主义生态文明建设论述摘编[M]. 北京：中央文献出版社，2017：27.
② 中共中央文献研究室. 习近平关于社会主义生态文明建设论述摘编[M]. 北京：中央文献出版社，2017：26.
③ 中共中央文献研究室. 习近平关于社会主义生态文明建设论述摘编[M]. 北京：中央文献出版社，2017：36.
④ 中共中央文献研究室. 习近平关于社会主义生态文明建设论述摘编[M]. 北京：中央文献出版社，2017：20-21.
⑤ 中共中央文献研究室. 习近平关于社会主义生态文明建设论述摘编[M]. 北京：中央文献出版社，2017：23.
⑥ 中共中央文献研究室. 习近平关于社会主义生态文明建设论述摘编[M]. 北京：中央文献出版社，2017：30.
⑦ 中共中央文献研究室. 习近平关于社会主义生态文明建设论述摘编[M]. 北京：中央文献出版社，2017：24.

山银山的原则，必须贯彻创新、协调、绿色、开放、共享的发展理念，加快形成节约资源和保护环境的空间格局、产业结构、生产方式、生活方式，给自然生态留下休养生息的时间和空间；必须建立以产业生态化和生态产业化为主体的生态经济体系；必须要全面推动绿色发展。绿色发展是构建高质量现代化经济体系的必然要求，是解决污染问题的根本之策。重点是调整经济结构和能源结构，优化国土空间开发布局，调整区域流域产业布局，培育壮大节能环境保护产业、清洁生产产业、清洁能源产业，推进资源全面节约和循环利用，实现生产系统和生活系统循环链接，倡导简约适度、绿色低碳的生活方式，反对奢侈浪费和不合理消费。

3. 坚持绿色发展是发展观的一场深刻的革命

2015 年 3 月，习近平主席在同出席博鳌亚洲论坛年会的中外企业家代表座谈时讲道："中国的绿色机遇正在扩大。我们要走绿色发展道路，让资源节约、环境友好成为主流的生产生活方式。我们正在推进能源生产和消费革命，优化能源结构，落实节能优先方针，推动重点领域节能。"[①]2015 年 10 月，习近平总书记在《以新的发展理念引领发展，夺取全面建成小康社会决胜阶段的伟大胜利》一文中指出："绿色发展注重的是解决人与自然和谐的问题。绿色循环低碳发展，是当今时代科技革命和产业变革的方向，是最有前途的发展领域，我国在这方面的潜力相当大，可以形成很多新的经济增长点。我国资源约束趋紧、环境污染严重、生态系统退化的问题十分严峻，人民群众对清新空气、干净饮水、安全食品、优美环境的要求越来越强烈。为此，我们必须坚持节约资源和保护环境的基本国策，坚定走生产发展、生活富裕、生态良好的文明发展道路，加快建设资源节约型、环境友好型社会，推进美丽中国建设，为全球生态安全作出新的贡献……坚持创新发展、协调发展、绿色发展、开放发展、共享发展，是关系我国发展全局的一场深刻变革。这五大发展理念相互贯通、相互促进，是具有内在联系的集合体，要统一贯彻，不能顾此失彼，也不能相互替代。哪一个发展理念贯彻不到位，发展过程都会受到影响。全党同志一定要提高统一贯彻五大发展理念的能力和水平，不断开拓发展新境界。"[②]

2015 年 5 月，在华东七省市党委主要负责同志座谈会上，习近平总书记讲道："协调发展、绿色发展既是理念又是举措，务必政策到位、落实到位。要采取有力措施促进区域协调发展、城乡协调发展，加快欠发达地区发展，积极推进城乡发展一体化和城乡基本公共服务均等化。要科学布局生产空间、生活空间、生态空间，扎实推进生态环境保护，让良好生态环境成为人民生活质量的增长点，成为展现我国良好形象的发力点。"[③]2015 年 12 月，习近平总书记在《围绕贯彻党的十八届五中全会精神做好当前经济工作》中强调："促进区域发展，要更加注重人口经济和资源环境空间均衡。既要促进地区间经济和人口均衡，缩小地区间人均国内生产总值差距，也要促进地区间人口经济和资源环境承载能力相适应，缩小人口经济和资源环境间的差距。要根据主体功能区定位，着力塑造要素有序自由流动、主体功能约束有效、基本公共服务均等、资源环境可承载的区域协调发

① 中共中央文献研究室. 习近平关于社会主义生态文明建设论述摘编[M]. 北京：中央文献出版社，2017：26-27.
② 习近平. 以新的发展理念引领发展，夺取全面建成小康社会决胜阶段的伟大胜利（2015 年 10 月 29 日）[M]//十八大以来重要文献选编（中）. 北京：中央文献出版社，2016：827.
③ 中共中央文献研究室. 习近平关于社会主义生态文明建设论述摘编[M]. 北京：中央文献出版社，2017：27.

展新格局。"①

2016 年 1 月，习近平总书记在省部级主要领导干部学习贯彻党的十八届五中全会精神专题研讨班上指出："绿色发展，就其要义来讲，是要解决好人与自然和谐共生的问题。人类发展活动必须尊重自然、顺应自然、保护自然，否则就会遭到大自然的报复，这个规律谁也无法抗拒……各级领导干部对保护生态环境务必坚定信念，坚决摒弃损害甚至破坏生态环境的发展模式和做法，决不能再以牺牲生态环境为代价换取一时一地的经济增长。要坚定推进绿色发展，推动自然资本大量增值，让良好生态环境成为人民生活的增长点、成为展现我国良好形象的发力点，让老百姓呼吸上新鲜的空气、喝上干净的水、吃上放心的食物、生活在宜居的环境中、切实感受到经济发展带来的实实在在的环境效益，让中华大地天更蓝、山更绿、水更清、环境更优美，走向生态文明新时代。"②

2016 年 2 月，习近平总书记在江西考察工作时指出："绿色生态是最大财富、最大优势、最大品牌，一定要保护好，做好治山理水、显山露水的文章，走出一条经济发展和生态文明水平提高相辅相成、相得益彰的路子。"③

2017 年 5 月，在十八届中央政治局第四十一次集体学习时，习近平总书记说："我们强调推动形成绿色发展方式和生活方式，就是要坚持节约资源和保护环境的基本国策，坚持节约优先、保护优先、自然恢复为主的方针，形成节约资源和保护环境的空间格局、产业结构、生产方式、生活方式，为人民创造良好生产生活环境……推动形成绿色发展方式和生活方式，是发展观的一场深刻革命。这就要坚持和贯彻新发展理念，正确处理经济发展和生态环境保护的关系，像保护眼睛一样保护生态环境，像对待生命一样对待生态环境，坚决摒弃损害甚至破坏生态环境的发展模式，坚决摒弃以牺牲生态环境换取一时一地经济增长的做法，让良好生态环境成为人民生活的增长点、成为经济社会持续健康发展的支撑点、成为展现我国良好形象的发力点，让中华大地天更蓝、山更绿、水更清、环境更优美……要让大家充分认识到推动形成绿色发展方式和生活方式的长期性、复杂性、艰巨性，在思想上高度重视起来，扎扎实实把生态文明建设抓好。如果不重视、不抓紧、不落实，任凭存在的问题再恶化下去，我国的发展必将是不可持续的……加快转变经济发展方式。根本改善生态环境状况，必须改变过多依赖增加物质资源消耗、过多依赖规模粗放扩张、过多依赖高能耗高排放产业的发展模式。这是供给侧结构性改革的重要任务。我国多年形成的产业结构具有高能耗、高碳排放特征，高能耗工业特别是重化工业比重偏高。工业用能占全社会用能的百分之七十，其中钢铁、建材、石化、有色、化工等五大耗能产业就占近百分之五十。改变这种状况，并非一日之功，但必须加大力度、加快进度。我讲过，调整产业结构，一手要坚定不移抓化解过剩产能，一手要大力发展低能耗的先进制造业、高新技术产业、现代服务业。这两手都要坚定不移，下决心把推动发展的立足点转到提高质量和效益上来，把发展的基点放到创新上来，塑造更多依靠创新驱动、更多发挥先发优势的引领型发展。"④

① 中共中央文献研究室. 习近平关于社会主义生态文明建设论述摘编[M]. 北京：中央文献出版社，2017：31.
② 中共中央文献研究室. 习近平关于社会主义生态文明建设论述摘编[M]. 北京：中央文献出版社，2017：32-33.
③ 中共中央文献研究室. 习近平关于社会主义生态文明建设论述摘编[M]. 北京：中央文献出版社，2017：33.
④ 中共中央文献研究室. 习近平关于社会主义生态文明建设论述摘编[M]. 北京：中央文献出版社，2017：35-38.

（三）按照系统工程的思路，全方位、全地域、全过程开展生态环境保护建设

1. 山水林田湖草是一个生命共同体的系统思想

2013 年 5 月，在十八届中央政治局第六次集体学习时，习近平总书记指出："国土是生态文明建设的空间载体。从大的方面统筹谋划、搞好顶层设计，首先要把国土空间开发格局设计好。要按照人口资源环境相均衡、经济社会生态效益相统一的原则，整体谋划国土空间开发，统筹人口分布、经济布局、国土利用、生态环境保护，科学布局生产空间、生活空间、生态空间，给自然留下更多修复空间，给农业留下更多良田，给子孙后代留下天蓝、地绿、水净的美好家园。"[①]在《关于〈中共中央关于全面深化改革若干重大问题的决定〉的说明》中，习近平总书记强调："山水林田湖是一个生命共同体，人的命脉在田，田的命脉在水，水的命脉在山，山的命脉在土，土的命脉在树。用途管制和生态修复必须遵循自然规律，如果种树的只管种树、治水的只管治水、护田的单纯护田，很容易顾此失彼，最终造成生态的系统性破坏。由一个部门行使所有国土空间用途管制职责，对山水林田湖进行统一保护、统一修复是十分必要的。"[②]

习近平总书记在 2014 年中央财经领导小组第五次会议上强调："坚持山水林田湖是一个生命共同体的系统思想。这是党的十八届三中全会确定的一个重要观点。生态是统一的自然系统，是各种自然要素相互依存而实现循环的自然链条，水只是其中的一个要素。自然界的淡水总量是大体稳定的，但一个国家或区域可用水资源有多少，既取决于降水多寡，也取决于盛水的'盆'大小。山水林田湖是一个生命共同体，形象地讲，人的命脉在田，田的命脉在水，水的命脉在山，山的命脉在土，土的命脉在树。金木水火土，太极生两仪，两仪生四象，四象生八卦，循环不已。全国绝大部分水资源涵养在山区丘陵和高原，如果破坏了山、砍光了林，也就破坏了水，山就变成了秃山，水就变成了洪水，泥沙俱下，地就变成了没有养分的不毛之地，水土流失、沟壑纵横。"[③]

2017 年 7 月 19 日，中央全面深化改革领导小组第三十七次会议审议通过了《建立国家公园体制总体方案》等重大事项。在会议通过的重大事项中，"山水林田湖"的提法变为"山水林田湖草"，加入了"草"。会议强调，山水林田湖草是一个生命共同体，山水林田湖草的生态保护修复是我国生态文明建设的重要内容，是贯彻绿色发展理念的有力举措，是破解生态环境难题的必然要求，关系到生态文明建设和美丽中国建设的进程，关系到国家生态安全和中华民族的复兴。

2. 坚持和落实节水优先的方针

我国水安全已亮起红灯。2014 年，习近平总书记在中央财经领导小组第五次会议上指出："我国水安全已全面亮起红灯，高分贝的警讯已经发出，部分区域已出现水危机。河川之危、水源之危是生存环境之危、民族存续之危。水已经成为了我国严重短缺的产品，成了制约环境质量的主要因素，成了经济社会发展面临的严重安全问题。一则广告词说'地球上最后一滴水，就是人的眼泪'，我们绝对不能让这种现象发生。全党要大力增强水忧患意识、水危机意识，从全面建成小康社会、实现中华民族永续发展的战略高度，重视解

① 中共中央文献研究室. 习近平关于社会主义生态文明建设论述摘编[M]. 北京：中央文献出版社，2017：43-44.
② 中共中央文献研究室. 习近平关于社会主义生态文明建设论述摘编[M]. 北京：中央文献出版社，2017：47.
③ 中共中央文献研究室. 习近平关于社会主义生态文明建设论述摘编[M]. 北京：中央文献出版社，2017：55-56.

决好水安全问题。"①

严峻水安全形势的根由。形成今天水安全严峻形势的因素很多，习近平总书记认为："根子上是长期以来对经济规律、自然规律、生态规律认识不够、把握失当。把水当作取之不尽用之不竭、无限供给的资源，把水看作是服从于增长的无价资源，只考虑增长，不考虑水约束，没有认识到水是生态要素，没有看到水资源、水生态、水环境的承载能力是有限的，是有不可抗拒的物理极限的。"②习近平总书记还强调："我们正处于新型工业化、城镇化发展阶段，对水的需求还没有达到峰值，但面对水安全的严峻形势，发展经济、推进工业化、城镇化，包括推进农业现代化，都必须树立人口经济与资源环境相均衡的原则。'有多少汤泡多少馍'。要加强需求管理，把水资源、水生态、水环境承载力作为刚性约束，贯彻落实到改革发展稳定各项工作中。"③

坚持和落实节水方针。在 2014 年中央财经领导小组第五次会议上，习近平总书记强调："坚持和落实节水优先方针。党的十八大提出节约优先，这是按问题导向确定的一条很有针对性的方针。治水包括开发利用、治理配置、节约保护等多个环节。治水要良治，良治的内涵之一是要善用系统思维统筹水的全过程治理，分清主次、因果关系，找出症结所在。当前的关键环节是节水，从观念、意识、措施等各方面都要把节水放在优先位置。"④习近平总书记还强调："要统筹山水林田湖治理水……要用系统论的思想方法看问题，生态系统是一个有机生命躯体，应该统筹治水和治山、治水和治林、治水和治田、治山和治林等。"⑤

3. 对山水林田湖草进行统一保护、统一修复

把握好"三生"空间。2014 年 3 月，习近平总书记在中央财经领导小组第五次会议上强调："城市规划和建设要坚决纠正'重地上、轻地下'，'重高楼、轻绿色'的做法，既要注重地下管网建设，也要自觉降低开发强度，保留和恢复恰当比例的生态空间，建设'海绵家园'、'海绵城市'。"⑥2015 年，习近平总书记在中央城市工作会议上强调："统筹生产、生活、生态三大布局，提高城市发展的宜居性。我国古人说：'城，所以盛民也。'城市发展要把握好生产空间、生活空间、生态空间的内在联系，实现生产空间集约高效、生活空间宜居适度、生态空间山清水秀。"⑦对于农村建设，2015 年 1 月在云南考察工作时，习近平总书记指出："新农村建设一定要走符合农村实际的路子，遵循乡村自身发展规律，充分体现农村特点，注意乡土味道，保留乡村风貌，留得住青山绿水，记得住乡愁。"⑧

保护地球之肾。我们必须坚持保护优先、自然恢复为主，减少人为扰动，把生物措施、农艺措施与工程措施结合起来，祛滞化淤，固本培元，恢复河流生态环境。必须遵循因地

① 中共中央文献研究室. 习近平关于社会主义生态文明建设论述摘编[M]. 北京：中央文献出版社，2017：53.
② 中共中央文献研究室. 习近平关于社会主义生态文明建设论述摘编[M]. 北京：中央文献出版社，2017：54.
③ 中共中央文献研究室. 习近平关于社会主义生态文明建设论述摘编[M]. 北京：中央文献出版社，2017：55.
④ 同②.
⑤ 中共中央文献研究室. 习近平关于社会主义生态文明建设论述摘编[M]. 北京：中央文献出版社，2017：56.
⑥ 中共中央文献研究室. 习近平关于社会主义生态文明建设论述摘编[M]. 北京：中央文献出版社，2017：57.
⑦ 中共中央文献研究室. 习近平关于社会主义生态文明建设论述摘编[M]. 北京：中央文献出版社，2017：66.
⑧ 中共中央文献研究室. 习近平关于社会主义生态文明建设论述摘编[M]. 北京：中央文献出版社，2017：61.

制宜、因势利导原则，改造渠化河道，重塑健康自然的弯曲河岸线，营造自然深潭浅滩和泛洪漫滩，为生物提供多样性生境。加大实施湖泊湿地保护修复工程力度。湖泊湿地是"地球之肾"，目前我国湖泊湿地呈大量减少的态势，如果我们再不"补肾"，我们可能支撑不了多久。为此，必须采取硬措施，坚决制止继续围垦占用湖泊湿地的行为。

推进水源地保护。2015 年 8 月，习近平总书记在中央第六次西藏工作座谈会上谈道："青藏高原是'世界屋脊'、'中华水塔'、'地球第三极'，保护好青藏高原生态就是对中华民族生存和发展的最大贡献。如果把青藏高原生态破坏了，生产总值再多也没有什么意义。青藏高原生态十分脆弱，开发和保护、建设和吃饭的两难问题始终存在。在这个问题上，一定要算大账、算长远账，坚持生态保护第一，绝不能以牺牲生态环境为代价发展经济。"[1]

推进区域协调发展。2016 年 1 月，在推动长江经济带发展座谈会上，习近平总书记指出："长江经济带作为流域经济，涉及水、路、港、岸、产、城和生物、湿地、环境等多个方面，是一个整体，必须全面把握、统筹谋划。要增强系统思维，统筹各地改革发展、各项区际政策、各领域建设、各种资源要素，使沿江各省市协同作用更明显，促进长江经济带实现上中下游协同发展、东中西部互动合作，把长江经济带建设成为我国生态文明建设的先行示范带、创新驱动带、协调发展带。"[2]后来，习近平总书记在中央财经领导小组第十二次会议上强调："推动长江经济带发展，理念要先进，坚持生态优先、绿色发展，把生态环境保护摆上优先地位，涉及长江的一切经济活动都要以不破坏生态环境为前提，共抓大保护，不搞大开发。思路要明确，建立硬约束，长江生态环境只能优化、不能恶化。要促进要素在区域之间流动，增强发展统筹度和整体性、协调性、可持续性，提高要素配置效率。"[3]紧接着，习近平总书记于 2016 年 7 月在宁夏考察工作时特别强调黄河保护问题："黄河是中华民族的母亲河。现在，黄河水资源利用率已高达百分之七十，远超百分之四十的国际公认的河流水资源开发利用率警戒线，污染黄河事件时有发生，黄河不堪重负！"[4]因此，黄河沿岸各省区都要自觉承担起保护黄河的重要责任，坚决杜绝污染黄河行为，让母亲河永远健康。

筑牢生态安全屏障。2016 年 8 月，习近平总书记在青海省考察工作结束时强调："青海的生态地位重要而特殊。青海是长江、黄河、澜沧江的发源地，三江源地区被誉为'中华水塔'。青海湖是阻止西部荒漠向东蔓延的天然屏障，是维系青藏高原东北部生态安全的重要结点。祁连山作为'青海北大门'，其冰川雪山融化形成的河流不但滋润灌溉着青海祁连山地区，而且滋润灌溉着甘肃、内蒙古部分地区，被誉为河西走廊的'天然水库'。青海独特的生态环境造就了世界上高海拔地区独一无二的大面积湿地生态系统，是世界上高海拔地区生物多样性、物种多样性、基因多样性、遗传多样性最集中的地区，是高寒生物自然物种资源库。所以，青海的生态地位十分重要，无法替代。另一方面，青海又地处青藏高原，生态就像水晶一样，弥足珍贵而又非常脆弱。全省七十二万平方公里国土面积中，百分之九十属于限制开发或禁止开发区域。这决定了青海保护生态环境的范围广、任

① 中共中央文献研究室. 习近平关于社会主义生态文明建设论述摘编[M]. 北京：中央文献出版社，2017：61-62.
② 中共中央文献研究室. 习近平关于社会主义生态文明建设论述摘编[M]. 北京：中央文献出版社，2017：：69-70.
③ 中共中央文献研究室. 习近平关于社会主义生态文明建设论述摘编[M]. 北京：中央文献出版社，2017：70.
④ 中共中央文献研究室. 习近平关于社会主义生态文明建设论述摘编[M]. 北京：中央文献出版社，2017：73.

务重、难度大。保护好三江源，保护好'中华水塔'，是青海义不容辞的重大责任，来不得半点闪失。"①习近平总书记进一步强调："要统筹推进生态工程、节能减排、环境整治、美丽城乡建设，加强自然保护区建设，加强三江源和环青海湖地区生态保护，加强沙漠化防治、高寒草原建设，加强退牧还草、退耕还林还草、三北防护林建设，加强节能减排和环境综合治理，筑牢国家生态安全屏障，坚决守住生态底线，确保'一江清水向东流'。"②

加快推进生态保护修复。2017 年 5 月，习近平总书记在十八届中央政治局第四十一次集体学习时强调："加快推进生态保护修复。要坚持保护优先、自然恢复为主，深入实施山水林田湖草一体化生态保护和修复。要重点实施青藏高原、黄土高原、云贵高原、秦巴山脉、祁连山脉、大小兴安岭和长白山、南岭山地地区、京津冀水源涵养区、内蒙古高原、河西走廊、塔里木河流域、滇桂黔喀斯特地区等关系国家生态安全区域的生态修复工程，筑牢国家生态安全屏障。要开展大规模国土绿化行动，推进天然林保护、防护林体系建设、京津风沙源治理、退耕还林还草、湿地保护恢复等重大生态工程，加强城市绿化，加快水土流失和荒漠化石漠化综合治理。"③

（四）环境保护和治理要以解决损害群众健康突出环境问题为重点

1. 坚持生态文明建设的民生导向

环境问题影响人民群众生活。2013 年 4 月，习近平总书记在海南考察工作结束时强调："要坚持标本兼治、常抓不懈，从影响群众生活最突出的事情做起，既下大力气解决当前突出问题，又探索建立长久管用、能调动各方面积极性的体制机制，改善环境质量，保护人民健康，让城乡环境更宜居、人民生活更美好。"④2013 年 4 月，习近平总书记在十八届中央政治局常委会会议上指出，"我们要利用倒逼机制，顺势而为，把生态文明建设放到更加突出的位置。这也是民意所在。人民群众不是对国内生产总值增长速度不满，而是对生态环境不好有更多不满。我们一定要取舍，到底要什么？从老百姓满意不满意、答应不答应出发，生态环境非常重要；从改善民生的着力点看，也是这点最重要。我们提出转变经济发展方式，老百姓想法也是一致的，为什么还扭着干？所以，我想，有关方面有必要采取一次有重点、有力度、有成效的环境整治行动，在这方面也要搞顶层设计"。④

老百姓的事是天大的事。2013 年 5 月，习近平总书记在十八届中央政治局第六次集体学习时谈道："人民群众对环境问题高度关注，可以说生态环境在群众生活幸福指数中的地位必然会不断凸显。随着经济社会发展和人民生活水平不断提高，环境问题往往最容易引起群众不满，弄得不好也往往最容易引发群体性事件。所以，环境保护和治理要以解决损害群众健康突出环境问题为重点，坚持预防为主、综合治理，强化水、大气、土壤等污染防治，着力推进重点流域和区域水污染防治，着力推进重点行业和重点区域大气污染治理，着力推进颗粒物污染防治，着力推进重金属污染和土壤污染综合治理，集中力量优先

---

① 中共中央文献研究室. 习近平关于社会主义生态文明建设论述摘编[M]. 北京：中央文献出版社，2017：73-74.
② 中共中央文献研究室. 习近平关于社会主义生态文明建设论述摘编[M]. 北京：中央文献出版社，2017：74.
③ 中共中央文献研究室. 习近平关于社会主义生态文明建设论述摘编[M]. 北京：中央文献出版社，2017：77.
④ 中共中央文献研究室. 习近平关于社会主义生态文明建设论述摘编[M]. 北京：中央文献出版社，2017：83.

解决好细颗粒物（PM$_{2.5}$）、饮用水、土壤、重金属、化学品等损害群众健康的突出环境问题。"[1]

雾霾影响人民群众生产生活。2013 年 9 月，习近平总书记在参加河北省委常委班子专题民主生活会上针对河北省环境问题特别强调："高耗能、高污染、高排放问题如此严重，导致河北生态环境恶化趋势没有扭转。在全国重点监测的七十四个城市中，污染最严重的十个城市河北占七个。不坚决把这些高耗能、高污染、高排放的产业产量降下来，资源环境就不能承受，不仅河北难以实现可持续发展，周围地区甚至全国生态环境也难以支撑啊！这些年，北京雾霾严重，可以说是'高天滚滚粉尘急'，严重影响人民群众身体健康，严重影响党和政府形象。"[2]

2013 年 12 月，习近平总书记在中央经济工作会议上继续强调："要加大污染防治力度。今年以来，各地雾霾天气多发频发，空气严重污染的天数增加，社会反映十分强烈，这既是环境问题，也是重大民生问题，发展下去也必然是重大政治问题。"[3]为此，一是要加大环境治理和生态保护工作力度、投资力度、政策力度，加强污染物减排特别是大气污染防治，推进重点行业、重点区域大气污染治理，加强区域联防联控，把已经出台的大气污染防治十条措施真正落到实处；二是要加强源头治理，加强生态环境保护，推进制度创新，努力从根本上扭转环境质量恶化趋势。[4]

2．为人民群众提供更多生态福祉

控污减排降耗。2014 年 2 月，习近平总书记在北京市考察工作结束时讲道："应对雾霾污染、改善空气质量的首要任务是控制 PM$_{2.5}$。虽然说按照国际标准控制 PM$_{2.5}$ 对整个中国来说提得早了，超越了我们发展阶段，但要看到这个问题引起了广大干部群众高度关注，国际社会也关注，所以我们必须处置。民有所呼，我有所应！雾霾问题，发达国家都有过，像德国的鲁尔区、英国的伦敦、法国的巴黎和里昂都走过这个路，美国纽约、洛杉矶也是。"[5]因此，北京必须全力以赴治理大气污染。"要坚持标本兼治和专项整治并重、常态治理和应急减排协调、本地治污和区域协作相互促进原则，多策并举，多地联动，全社会共同行动，聚焦燃煤、机动车、工业、扬尘四大重点领域，集中实施压减燃煤、控车减油、治污减排、清洁降尘措施。"[6]

城市人居环境治理。2014 年 12 月，习近平总书记在中央经济工作会议上指出："北京亚太经合组织领导人非正式会议期间，出现了'APEC 蓝'。这次压力测试证明，只要有关方面携手努力、下大决心，生态环境是可以治理好的，不是什么绝症。"[7]2014 年 12 月，习近平总书记在江苏考察工作时强调："解决好厕所问题在新农村建设中具有标志性意义，要因地制宜做好厕所下水道管网建设和农村污水处理，不断提高农民生活质

① 中共中央文献研究室. 习近平关于社会主义生态文明建设论述摘编[M]. 北京：中央文献出版社，2017：83-84.
② 中共中央文献研究室. 习近平关于社会主义生态文明建设论述摘编[M]. 北京：中央文献出版社，2017：85.
③ 中共中央文献研究室. 习近平关于社会主义生态文明建设论述摘编[M]. 北京：中央文献出版社，2017：85-86.
④ 中共中央文献研究室. 习近平关于社会主义生态文明建设论述摘编[M]. 北京：中央文献出版社，2017：86.
⑤ 中共中央文献研究室. 习近平关于社会主义生态文明建设论述摘编[M]. 北京：中央文献出版社，2017：86-87.
⑥ 中共中央文献研究室. 习近平关于社会主义生态文明建设论述摘编[M]. 北京：中央文献出版社，2017：87.
⑦ 中共中央文献研究室. 习近平关于社会主义生态文明建设论述摘编[M]. 北京：中央文献出版社，2017：88.

量。"①2015 年 12 月，习近平总书记在中央城市工作会议上指出："过去很长一段时间，我们城市工作指导思想不太重视人居环境建设，重建设、轻治理，重速度、轻质量，重眼前、轻长远，重发展、轻保护，重地上、轻地下，重新城、轻老城。现在，人民群众对城市宜居生活的期待很高，城市工作要把创造优良人居环境作为中心目标，努力把城市建设成为人与人、人与自然和谐共处的美丽家园。"②

推进农村人居环境综合整治。2016 年 4 月，习近平总书记在农村改革座谈会上继续谈道："要因地制宜搞好农村人居环境综合整治，改变农村许多地方污水乱排、垃圾乱扔、秸秆乱烧的脏乱差状况，给农民一个干净整洁的生活环境。"③2016 年 8 月，习近平总书记在全国卫生与健康大会上指出："良好的生态环境是人类生存与健康的基础。经过三十多年快速发展，我国经济建设取得了历史性成就，同时也积累了不少生态环境问题，其中不少环境问题影响甚至严重影响群众健康。老百姓长期呼吸污浊的空气、吃带有污染物的农产品、喝不干净的水，怎么会有健康的体魄？"④接着，他进一步强调："绿水青山不仅是金山银山，也是人民群众健康的重要保障。对生态环境污染问题，各级党委和政府必须高度重视，要正视问题、着力解决问题，而不要去掩盖问题。"⑤在这次大会上，习近平总书记还强调："我们要继承和发扬爱国卫生运动优良传统，发挥群众工作的政治优势和组织优势，持续开展城乡环境卫生整洁行动，加大农村人居环境治理力度，建设健康、宜居、美丽家园。"⑥

3. 民有所呼、我有所应，民有所呼、我有所为

加大绿色产品供给。2016 年 12 月，习近平总书记在中央经济工作会议上谈道："当前，老百姓对农产品供给的最大关切是吃得安全、吃得放心。农业供给侧结构性改革要围绕这个问题多做文章。要把增加绿色优质农产品供给放在突出位置，狠抓农产品标准化生产、品牌创建、质量安全监管，推动优胜劣汰、质量兴农。"⑦

推进农村冬季清洁取暖。2016 年 12 月，习近平总书记在中央财经领导小组第十四次会议上谈道："人民群众关心的问题是什么？是食品安不安全、暖气热不热、雾霾能不能少一点、河湖能不能清一点、垃圾焚烧能不能不有损健康、养老服务顺不顺心、能不能租得起或买得起住房，等等。相对于增长速度高一点还是低一点，这些问题更受人民群众关注。如果只实现了增长目标，而解决好人民群众普遍关心的突出问题没有进展，即使到时候我们宣布全面建成了小康社会，人民群众也不会认同。"⑧在这次会议上，习近平总书记进一步强调，推进北方地区冬季清洁取暖工作。他说："这项工作关系北方地区广大群众温暖过冬，关系雾霾天能不能减少，是能源生产和消费革命、农村生活方式革命的重要内容。目前，北方一些城镇和广大农村地区冬季大量采用分散燃煤取暖，污染物排放量巨大，

① 中共中央文献研究室. 习近平关于社会主义生态文明建设论述摘编[M]. 北京：中央文献出版社，2017：89.

② 同①。

③ 同①。

④ 中共中央文献研究室. 习近平关于社会主义生态文明建设论述摘编[M]. 北京：中央文献出版社，2017：90.

⑤ 同④。

⑥ 中共中央文献研究室. 习近平关于社会主义生态文明建设论述摘编[M]. 北京：中央文献出版社，2017：91.

⑦ 同⑥。

⑧ 中共中央文献研究室. 习近平关于社会主义生态文明建设论述摘编[M]. 北京：中央文献出版社，2017：91-92.

是北方地区冬季雾霾加重的主要原因之一。要按照企业为主、政府推动、居民可承受的方针，宜气则气，宜电则电，尽可能利用清洁能源，加快提高清洁供暖比重，争取用五年左右时间，基本实现雾霾严重城市化地区的散煤供暖清洁化。要研究制定清洁取暖的总体规划，对适宜集中供暖的，继续推进集中供热并提高清洁化水平；对不适宜集中供暖的广大农村地区以及一些偏远的中小城市、小城镇，主要通过分布式清洁供暖的方式替代散煤取暖。要放开供暖、能源生产和使用等方面准入限制，建立有利于清洁供暖价格机制，支持民营企业进入清洁供暖领域。要通过免税降费和电网让利等方式，通过电力体制和电力价格改革，把电价降下来……要通过发展绿色金融，加大对清洁供暖企业和项目的支持力度。煤改气要多方开拓气源，提高管道输送能力，在落实气源的前提下有规划地推进，防止出现气荒。要支持规模化养殖企业和专业化企业生产沼气、生物天然气，促进秸秆沼气化，更多用于农村清洁取暖。"①

推行垃圾分类制度。2016年，习近平总书记在中央财经领导小组第十四次会议上强调："普遍推行垃圾分类制度。这项工作关系十三亿多人生活环境改善，关系垃圾能不能减量化、资源化、无害化处理，关系垃圾处理中的'邻避'困局能不能从根本上破解。目前，垃圾数量增加迅速，传统填埋方式处理空间不足，而采取清洁的焚烧方式普遍受到'邻避'干扰，重要原因是没有普遍建立垃圾分类制度，垃圾分类试点试行十六年基本上仍在原地踏步。发达国家普遍实行垃圾分类制度。要研究总结浙江等地的好经验，加快在全国推广。要加快建立分类投放、分类收集、分类运输、分类处理的垃圾处理系统，形成以法治为基础、政府推动、全民参与、城乡统筹、因地制宜的垃圾分类制度，提高垃圾分类制度覆盖范围。"②

加快推进畜禽养殖废弃物处理和资源化。2016年12月，习近平总书记在中央财经领导小组第十四次会议上谈道："加快推进畜禽养殖废弃物处理和资源化。这项工作关系六亿多农村居民生产生活环境，关系农村能源革命……畜禽养殖产生的废弃物是农村能源和有机肥料的重要资源。要研究建立规模化养殖场废弃物强制性资源化处理制度。要完善促进市场主体开展多种形式畜禽养殖废弃物处理和资源化的激励机制，采取优惠政策、支持利用畜禽养殖废弃物、秸秆、餐厨垃圾等生产沼气和提纯生物天然气，对生产沼气和提纯生物天然气用于城乡居民生活的可参照沼气发电上网补贴方式予以支持……要支持农村居民、新型农村经营主体等使用畜禽废弃物资源化产生的有机肥。要比照资源循环型企业的政策，支持从事畜禽养殖废弃物资源化利用的企业发展。"③

（五）完善生态文明制度体系，用最严格的制度、最严密的法治保护生态环境

1. 保护生态环境必须依靠制度、依靠法治

完善考核评价制度。2013年5月，习近平总书记在十八届中央政治局第六次集体学习时强调："保护生态环境必须依靠制度、依靠法治。只有实行最严格的制度、最严密的法

① 中共中央文献研究室. 习近平关于社会主义生态文明建设论述摘编[M]. 北京：中央文献出版社，2017：92-93.
② 中共中央文献研究室. 习近平关于社会主义生态文明建设论述摘编[M]. 北京：中央文献出版社，2017：93-94.
③ 中共中央文献研究室. 习近平关于社会主义生态文明建设论述摘编[M]. 北京：中央文献出版社，2017：94-96.

治，才能为生态文明建设提供可靠保障。在这方面，最重要的是要完善经济社会发展考核评价体系，把资源消耗、环境损害、生态效益等体现生态文明建设状况的指标纳入经济社会发展评价体系，建立体现生态文明要求的目标体系、考核办法、奖惩机制，使之成为推进生态文明建设的重要导向和约束。"①

完善自然资源管理体制。2013年，习近平总书记在《关于〈中共中央关于全面深化改革若干重大问题的决定〉的说明》中指出："我国生态环境保护中存在的一些突出问题，一定程度上与体制不健全有关，原因之一是全民所有自然资源资产的所有权人不到位，所有权人权益不落实。针对这一问题，全会决定提出健全国家自然资源资产管理体制的要求。总的思路是按照所有者和管理者分开和一件事由一个部门管理的原则，落实全民所有自然资源资产所有权，建立统一行使全民所有自然资源资产所有权人职责的体制。"②

完善环保检测监察执法机制。2013年12月，习近平总书记在中央经济工作会议上指出："政府要强化环保、安全等标准的硬约束，对不符合环境标准的企业，要严格执法，该关停的要坚决关停。国有企业要带头保护环境、承担社会责任。要抓紧修订相关法律法规，提高相关标准，加大执法力度，对破坏生态环境的要严惩重罚。要大幅提高违法违规成本，对造成严重后果的要依法追究责任。"③

2014年10月，习近平总书记在党的十八届四中全会第一次全体会议上指出："我们组织修订与环境保护有关的法律法规，在环境保护、环境监管、环境执法上添了一些硬招。稳步推进健全自然资源资产产权制度和用途管制制度、划定生态保护红线、实行资源有偿使用制度和生态补偿制度、改革生态环境保护体制等工作。"④

习近平总书记对生态环境保护始终高度关注，对一些破坏生态环境的事件格外警惕，近年来他多次就此作出批示，要求整改查处，其中就包括2014年8月、9月对青海祁连山自然保护区和木里矿区破坏性开采作出的批示。2016年8月，习近平总书记在青海省考察工作结束时指出："今后，对这类问题要敢于担当、主动作为，不要等到我们中央的同志批示了才行动。发现问题就要扭住不放、一抓到底，不彻底解决绝不松手；同时，要举一反三，从根本上解决问题，避免同样的问题在其他地方重复发生。"⑤

2016年11月28日，习近平总书记在《关于做好生态文明建设工作的批示》中指出："要深化生态文明体制改革，尽快把生态文明制度的'四梁八柱'建立起来，把生态文明建设纳入制度化、法治化轨道……要加大环境督查工作力度，严肃查处违纪违法行为，着力解决生态环境方面突出问题，让人民群众不断感受到生态环境的改善。"⑥

2．生态环境保护能否落到实处，关键在领导干部

2013年5月，习近平总书记在十八届中央政治局第六次集体学习时指出："我们一定要彻底转变观念，就是再也不能以国内生产总值增长率来论英雄了，一定要把生态环境放

① 中共中央文献研究室. 习近平关于社会主义生态文明建设论述摘编[M]. 北京：中央文献出版社，2017：99.
② 关于《中共中央关于全面深化改革若干重大问题的决定》的说明（2013年11月9日）[M]//十八大以来重要文献选编（上）. 北京：中央文献出版社，2014：507.
③ 中共中央文献研究室. 习近平关于社会主义生态文明建设论述摘编[M]. 北京：中央文献出版社，2017：103.
④ 中共中央文献研究室. 习近平关于社会主义生态文明建设论述摘编[M]. 北京：中央文献出版社，2017：106-107.
⑤ 中共中央文献研究室. 习近平关于社会主义生态文明建设论述摘编[M]. 北京：中央文献出版社，2017：109.
⑥ 中共中央文献研究室. 习近平关于社会主义生态文明建设论述摘编[M]. 北京：中央文献出版社，2017：109-110.

在经济社会发展评价体系的突出位置。如果生态环境指标很差，一个地方一个部门的表面成绩再好看也不行，不说一票否决，但这一票一定要占很大的权重……要建立责任追究制度，我这里所说的主要是对领导干部的责任追究制度。对那些不顾生态环境盲目决策、造成严重后果的人，必须追究其责任，而且应该终身追究。真抓就要这样抓，否则就会流于形式。不能把一个地方环境搞得一塌糊涂，然后拍拍屁股走人，官还照当，不负任何责任。组织部门、综合经济部门、统计部门、监察部门等都要把这个事情落实好。"①

2017年5月，习近平总书记在十八届中央政治局第四十一次集体学习时强调："一些重大生态环境事件的背后，都有领导干部不负责任、不作为的问题，都有一些地方环保意识不强、履职不到位、执行不严格的问题，都有环保有关部门执法监督作用发挥不到位、强制力不够的问题。要落实领导干部任期生态文明建设责任制，实行自然资源资产离任审计，认真贯彻依法依规、客观公正、科学认定、权责一致、终身追究的原则。要针对决策、执行、监管中的责任，明确各级领导干部责任追究情形。对造成生态环境损害负有责任的领导干部，不论是否已调离、提拔或者退休，都必须严肃追责。各级党委和政府要切实重视、加强领导，纪检监察机关、组织部门和政府有关监管部门要各尽其责、形成合力。一旦发现需要追责的情形，必须追责到底，决不能让制度规定成为没有牙齿的老虎。"②

2018年5月18日，习近平总书记在全国生态环境保护大会上强调："要建立科学合理的考核评价体系，考核结果作为各级领导班子和领导干部奖惩和提拔使用的重要依据。要实施最严格的考核问责。'刑赏之本，在乎劝善而惩恶。'对那些损害生态环境的领导干部，只有真追责、敢追责、严追责，做到终身追责，制度才不会成为'稻草人'、'纸老虎'、'橡皮筋'。有些地方生态环境问题多发频发，被约谈、被曝光，当地党政负责人不但没受处罚，反倒升迁了、重用了，真是咄咄怪事！这种事情决不允许再发生！要狠抓一批反面典型，特别是要抓住破坏生态环境的典型案例不放，严肃查处，以正视听，以儆效尤。"③

2020年4月，习近平总书记在陕西考察时指出："陕西要深刻吸取秦岭违建别墅问题的教训，痛定思痛，警钟长鸣，以对党、对历史、对人民高度负责的精神，以功成不必在我的胸怀，把秦岭生态环境保护和修复工作摆上重要位置，履行好职责，当好秦岭生态卫士，决不能重蹈覆辙，决不能在历史上留下骂名。"④

2021年，习近平总书记在十九届中央政治局第二十九次集体学习时指出："要提高生态环境治理体系和治理能力现代化水平，健全党委领导、政府主导、企业主体、社会组织和公众共同参与的环境治理体系，构建一体谋划、一体部署、一体推进、一体考核的制度机制……要增强全民节约意识、环保意识、生态意识，倡导简约适度、绿色低碳的生活方式，把建设美丽中国转化为全体人民自觉行动。各级党委和政府要担负起生态文明建设的政治责任，坚决做到令行禁止，确保党中央关于生态文明建设各项决策部署落地见效。"⑤

---

① 中共中央文献研究室. 习近平关于社会主义生态文明建设论述摘编[M]. 北京：中央文献出版社，2017：99-100.
② 中共中央文献研究室. 习近平关于社会主义生态文明建设论述摘编[M]. 北京：中央文献出版社，2017：110-111.
③ 习近平. 推动我国生态文明建设迈上新台阶[J]. 求是，2019（3）.
④ 熊若愚. 以政治风清气正促生态山清水秀[N]. 光明日报，2020-04-24.
⑤ 习近平. 习近平谈治国理政（第四卷）[M]. 北京：外文出版社，2022：366.

（六）强化公民环境意识，把建设美丽中国化为人民自觉行动

1. 加强义务植树的宣传教育

2013 年 4 月，习近平总书记在参加首都义务植树活动时强调："要加强宣传教育、创新活动形式，引导广大人民群众积极参加义务植树，不断提高义务植树尽责率，依法严格保护森林，增强义务植树效果，把义务植树深入持久开展下去，为全面建成小康社会、实现中华民族伟大复兴的中国梦不断创造更好的生态条件……森林是陆地生态系统的主体和重要资源，是人类生存发展的重要生态保障。不可想象，没有森林，地球和人类会是什么样子。全社会都要按照党的十八大提出的建设美丽中国的要求，切实增强生态意识，切实加强生态环境保护，把我国建设成为生态环境良好的国家。"[①]

在 2014 年的首都义务植树活动时，习近平总书记指出："全国各族人民要一代人接着一代人干下去，坚定不移爱绿植绿护绿，把我国森林资源培育好、保护好、发展好，努力建设美丽中国……林业建设是事关经济社会可持续发展的根本性问题。每一个公民都要自觉履行法定植树义务，各级领导干部更要身体力行，充分发挥全民绿化的制度优势，因地制宜，科学种植，加大人工造林力度，扩大森林面积，提高森林质量，增强生态功能，保护好每一寸绿色。"[②]2015 年 4 月，习近平总书记在参加首都义务植树活动时谈道："植树造林是实现天蓝、地绿、水净的重要途径，是最普惠的民生工程。要坚持全国动员、全民动手植树造林，努力把建设美丽中国化为人民自觉行动。"[③]

2. 强调领导干部要带头参加义务植树

"十三五"时期既是全面建成小康社会的决胜阶段，也是生态文明建设的重要时期。习近平总书记在参加 2016 年的首都义务植树活动时指出："发展林业是全面建成小康社会的重要内容，是生态文明建设的重要举措。各级领导干部要带头参加义务植树，身体力行在全社会宣传新发展理念，发扬前人栽树、后人乘凉精神，多种树、种好树、管好树，让大地山川绿起来，让人民群众生活环境美起来。"[④]2017 年，习近平总书记在参加 2017 年的首都义务植树活动时谈道："植树造林，种下的既是绿色树苗，也是祖国的美好未来。要组织全社会特别是广大青少年通过参加植树活动，亲近自然、了解自然、保护自然，培养热爱自然、珍爱生命的生态意识，学习体验绿色发展理念，造林绿化是功在当代、利在千秋的事业，要一年接着一年干，一代接着一代干，撸起袖子加油干……全民义务植树的一个重要意义，就是让大家都树立生态文明的意识，形成推动生态文明建设的共识和合力。每年这个时候与同学们一起植树，感到很高兴。希望同学们从小树立保护环境、爱绿护绿的意识，既要懂道理，又要做道理的实践者，积极培育劳动意识和劳动能力，用自己的双手为祖国播种绿色，美化我们共同生活的世界。"[⑤]

参加义务植树是每个公民的法定义务。前人种树后人乘凉，我们每个人都是乘凉者，但更要做种树者。建设美丽中国不是喊口号，而是要付出实际行动，需要全国人民的共同

① 习近平. 在参加首都义务植树活动时的讲话 （2013 年 4 月 2 日）[N]. 人民日报，2013-04-03.
② 习近平. 在参加首都义务植树活动时的讲话（2014 年 4 月 4 日）[N]. 人民日报，2014-04-05.
③ 习近平. 在参加首都义务植树活动时的讲话（2015 年 4 月 3 日）[N]. 人民日报，2015-04-04.
④ 习近平. 在参加首都义务植树活动时的讲话（2016 年 4 月 5 日）[N]. 人民日报，2016-04-06.
⑤ 习近平. 在参加首都义务植树活动时的讲话（2017 年 3 月 29 日）[N]. 人民日报，2017-03-30.

努力。领导干部必须要身体力行，人民群众必须积极地参与国土绿化。

3. 倡导推广绿色消费

2017 年 5 月，习近平总书记在十八届中央政治局第四十一次集体学习时强调："生态文明建设同每个人息息相关，每个人都应该做践行者、推动者。要强化公民环境意识，倡导勤俭节约、绿色低碳消费，推广节能、节水用品和绿色环保家具、建材等，推广绿色低碳出行，鼓励引导消费者购买节能环保再生产品，推动形成节约适度、绿色低碳、文明健康的生活方式和消费模式。要加强生态文明宣传教育，把珍惜生态、保护资源、爱护环境等内容纳入国民教育和培训体系，纳入群众性精神文明创建活动，在全社会牢固树立生态文明理念，形成全社会共同参与的良好风尚。"①

4. 重视国土绿化行动

2017 年 6 月，习近平总书记在山西考察工作时强调："要广泛开展国土绿化行动，每人植几棵，每年植几片，年年岁岁，日积月累，祖国大地绿色就会不断多起来，山川面貌就会不断美起来，人民生活质量就会不断高起来。"②2017 年，习近平总书记对河北塞罕坝林场建设者事迹作出的指示中强调："五十五年来，河北塞罕坝林场的建设者们听从党的召唤，'在黄沙遮天日，飞鸟无栖树'的荒漠沙地上艰苦奋斗、甘于奉献，创造了荒原变林海的人间奇迹，用实际行动诠释了绿水青山就是金山银山的理念，铸就了牢记使命、艰苦创业、绿色发展的塞罕坝精神。他们的事迹感人至深，是推进生态文明建设的一个生动范例……全党全社会要坚持绿色发展理念，弘扬塞罕坝精神，持之以恒推进生态文明建设，一代接着一代干，驰而不息，久久为功，努力形成人与自然和谐发展新格局，把我们伟大的祖国建设得更加美丽，为子孙后代留下天更蓝、山更绿、水更清的优美环境。"③

（七）积极参与国际合作，携手共建生态良好的地球美好家园

1. 生态文明建设关乎人类未来，建设绿色家园是各国人民的共同梦想

2013 年 7 月 18 日，习近平主席在《致生态文明贵阳国际论坛二〇一三年年会的贺信》中指出："保护生态环境，应对气候变化，维护能源资源安全，是全球面临的共同挑战。中国将继续承担应尽的国际义务，同世界各国深入开展生态文明领域的交流合作，推动成果分享，携手共建生态良好的地球美好家园。"④

2014 年 6 月，习近平主席在和平共处五项原则发表 60 周年纪念大会上指出："我们要坚持同舟共济、权责共担，携手应对气候变化、能源资源安全、网络安全、重大自然灾害等日益增多的全球性问题，共同呵护人类赖以生存的地球家园。"⑤2015 年 9 月 28 日，习近平主席在出席第七十届联合国大会一般性辩论时指出："我们要构筑尊崇自然、绿色发展的生态体系。人类可以利用自然、改造自然，但归根结底是自然的一部分，必须呵护自然，不能凌驾于自然之上。我们要解决好工业文明带来的矛盾，以人与自然和谐相处为目

---

① 中共中央文献研究室. 习近平关于社会主义生态文明建设论述摘编[M]. 北京：中央文献出版社，2017：122.

② 同①.

③ 习近平. 对河北塞罕坝林场建设者事迹作出的指示（2017 年 8 月）[N]. 人民日报，2017-08-29.

④ 习近平. 致生态文明贵阳国际论坛二〇一三年年会的贺信（2013 年 7 月 18 日）[N]. 人民日报，2013-07-21.

⑤ 习近平. 携手构建合作共赢新伙伴，同心打造人类命运共同体（2015 年 9 月 28 日）[M]//十八大以来重要文献选编（中）. 北京：中央文献出版社，2016：697.

标，实现世界的可持续发展和人的全面发展。"①习近平主席接着讲道："建设生态文明关乎人类未来。国际社会应该携手同行，共谋全球生态文明建设之路，牢固树立尊重自然、顺应自然、保护自然的意识，坚持走绿色、低碳、循环、可持续发展之路。在这方面，中国责无旁贷，将继续作出自己的贡献。同时，我们敦促发达国家承担历史性责任，兑现减排承诺，并帮助发展中国家减缓和适应气候变化。"②2016年4月5日，习近平总书记在参加首都义务植树活动时强调："建设绿色家园是人类的共同梦想。我们要着力推进国土绿化、建设美丽中国，还要通过'一带一路'建设等多边合作机制，互助合作开展造林绿化，共同改善环境，积极应对气候变化等全球性生态挑战，为维护全球生态安全作出应有贡献。"③

"我国已成为全球生态文明建设的重要参与者、贡献者、引领者，主张加快构筑尊崇自然、绿色发展的生态体系，共建清洁美丽的世界。"2018年5月18日，习近平总书记在全国生态环境保护大会上指出："要深度参与全球环境治理，增强我国在全球环境治理体系中的话语权和影响力，积极引导国际秩序变革方向，形成世界环境保护和可持续发展的解决方案。要坚持环境友好，引导应对气候变化国际合作。要推进'一带一路'建设，让生态文明的理念和实践造福沿线各国人民。"④

2. 气候变化给人类生存和发展带来严峻挑战，应对气候变化是人类共同的事业

气候变化是全球性挑战，任何一国都无法置身事外。发达国家和发展中国家对造成气候变化的历史责任不同，发展需求和能力也存在差异。2015年11月30日，习近平主席在气候变化巴黎大会开幕式上指出："中国坚持正确义利观，积极参与气候变化国际合作。多年来，中国政府认真落实气候变化领域南南合作政策承诺，支持发展中国家特别是最不发达国家、内陆发展中国家、小岛屿发展中国家应对气候变化挑战。为加大支持力度，中国在今年九月宣布设立二百亿元人民币的中国气候变化南南合作基金。中国将于明年启动在发展中国家开展十个低碳示范区、一百个减缓和适应气候变化项目及一千个应对气候变化培训名额的合作项目，继续推进清洁能源、防灾减灾、生态保护、气候适应型农业、低碳智慧型城市建设等领域的国际合作，并帮助他们提高融资能力。"⑤

2016年9月3日，习近平主席在2016年二十国集团工商峰会开幕式上指出："在新的起点上，我们将坚定不移推动绿色发展，谋求更佳质量效益。我多次说过，绿水青山就是金山银山，保护环境就是保护生产力，改善环境就是发展生产力。这个朴素的道理正得到越来越多人们的认同。我们将毫不动摇实施可持续发展战略，坚持绿色低碳循环发展，坚持节约资源和保护环境的基本国策。我们推动绿色发展，也是为了主动应对气候变化和产能过剩问题。"⑥习近平主席强调："中国是负责任的发展中大国，是全球气候治理的积极

① 习近平. 携手构建合作共赢新伙伴，同心打造人类命运共同体（2015年9月28日）[M]//十八大以来重要文献选编（中）. 北京：中央文献出版社，2016：697.
② 习近平. 携手构建合作共赢新伙伴，同心打造人类命运共同体（2015年9月28日）[M]//十八大以来重要文献选编（中）. 北京：中央文献出版社，2016：697-698.
③ 习近平. 在参加首都义务植树活动时的讲话（2016年4月5日）[N]. 人民日报，2016-04-06.
④ 习近平. 习近平谈治国理政（第三卷）[M]. 北京：外文出版社，2020：364.
⑤ 中共中央文献研究室. 习近平关于社会主义生态文明建设论述摘编[M]. 北京：中央文献出版社，2017：136.
⑥ 习近平. 中国发展新起点 全球增长新蓝图——在二十国集团工商峰会开幕式上的主旨演讲[N]. 人民日报，2016-09-04.

参与者。中国已经向世界承诺将于二〇三〇年左右使二氧化碳排放达到峰值，并争取尽早实现。中国将落实创新、协调、绿色、开放、共享的发展理念，坚持尊重自然、顺应自然、保护自然，坚持节约资源和保护环境的基本国策，全面推进节能减排和低碳发展，迈向生态文明新时代。"[①]

2017年1月17日，习近平主席在世界经济论坛2017年年会开幕式上强调："《巴黎协定》符合全球发展大方向，成果来之不易，应该共同坚守，不能轻言放弃。这是我们对子孙后代必须担负的责任！"[②]2017年1月18日，习近平主席在共商共筑人类命运共同体高级别会议上指出："人与自然共生共存，伤害自然最终将伤及人类。空气、水、土壤、蓝天等自然资源用之不觉、失之难续……我们要倡导绿色、低碳、循环、可持续的生产生活方式，平衡推进二〇三〇年可持续发展议程，不断开拓生产发展、生活富裕、生态良好的文明发展道路。《巴黎协定》的达成是全球气候治理史上的里程碑。我们不能让这一成果付诸东流。各方要共同推动协定实施。中国将继续采取行动应对气候变化，百分之百承担自己的义务。"[③]

2019年4月28日，习近平主席在中国北京世界园艺博览会开幕式上指出："面对生态环境挑战，人类是一荣俱荣、一损俱损的命运共同体，没有哪个国家能独善其身。唯有携手合作，我们才能有效应对气候变化、海洋污染、生物保护等全球性环境问题，实现联合国2030年可持续发展目标。只有并肩同行，才能让绿色发展理念深入人心、全球生态文明之路行稳致远……中国愿同各国一道，共同建设美丽地球家园，共同构建人类命运共同体。"[④]

2020年9月22日，习近平主席在第七十五届联合国大会一般性辩论上发表重要讲话："这场疫情启示我们，人类需要一场自我革命，加快形成绿色发展方式和生活方式，建设生态文明和美丽地球。人类不能再忽视大自然一次又一次的警告，沿着只讲索取不讲投入、只讲发展不讲保护、只讲利用不讲修复的老路走下去。应对气候变化《巴黎协定》代表了全球绿色低碳转型的大方向，是保护地球家园需要采取的最低限度行动，各国必须迈出决定性步伐。中国将提高国家自主贡献力度，采取更加有力的政策和措施，二氧化碳排放力争于2030年前达到峰值，努力争取2060年前实现碳中和。"[⑤]2020年12月12日，习近平主席在气候雄心峰会上指出："在此，我愿进一步宣布，到2030年，中国单位国内生产总值二氧化碳排放将比2005年下降65%以上，非化石能源占一次能源消费比重将达到25%左右，森林蓄积量将比2005年增加60亿立方米，风电、太阳能发电总装机容量将达到12亿千瓦以上。中国历来重信守诺，将以新发展理念为引领，在推动高质量发展中促进经济社会发展全面绿色转型，脚踏实地落实上述目标，为全球应对气候变化作出更大贡献。"[⑥]

---

① 习近平. 从巴黎到杭州，应对气候变化在行动（2016年9月3日）[M]//习近平二十国集团领导人杭州峰会讲话选编. 北京：外文出版社，2017：18-19.

② 习近平. 共担时代责任，促进全球发展（2017年1月17日）[N]. 人民日报，2017-01-18.

③ 习近平出席"共商共筑人类命运共同体"高级别会议并发表主旨演讲[N]. 人民日报，2017-01-20.

④ 习近平. 共谋绿色生活，共建美好家园——在2019年中国北京世界园艺博览会开幕式上的讲话[N]. 经济参考报，2019-04-29.

⑤ 习近平在第七十五届联合国大会一般性辩论上的讲话[EB/OL]. （2020-12-03）. www.mofcom.gov.cn/article/i/jyjl/l/202012/20201203020929.shtml.

⑥ 习近平. 继往开来，开启全球应对气候变化新征程——在气候雄心峰会上的讲话[EB/OL]. （2020-12-12）. https://baijiahao.baidu.com/s?id=1685886202481384721&wfr=spider&for=pc.

2021年5月26日，习近平主席向世界环境司法大会致贺信指出："地球是我们的共同家园。世界各国要同心协力，抓紧行动，共建人和自然和谐的美丽家园。中国坚持创新、协调、绿色、开放、共享的新发展理念，全面加强生态环境保护工作，积极参与全球生态文明建设合作。中国愿同世界各国、国际组织携手合作，共同推进全球生态环境治理。"①锦绣中华大地，是中华民族赖以生存和发展的家园，孕育了中华民族五千多年的灿烂文明，造就了中华民族天人合一的崇高追求。现在，生态文明建设已经纳入我国国家发展总体布局，建设美丽中国已经成为中国人民心向往之的奋斗目标，我国生态文明建设进入了快车道，天更蓝、山更绿、水更清的美丽图景不断展现在世人面前。一代人又一代人的使命，建设生态文明的时代责任已经落在了我们这代人的肩上。让我们更加紧密地团结在以习近平同志为核心的党中央周围，在习近平生态文明思想指引下，齐心协力，攻坚克难，大力推进生态文明建设，为全面建设社会主义现代化国家、开创美丽中国建设新局面而努力奋斗！

二、社会主义生态文明建设的实践基础

中国特色社会主义进入新时代，以习近平同志为核心的党中央重视统筹谋划、加强顶层设计，大力推进生态文明建设，我国生态文明建设取得巨大成就，积累了成功经验。例如，加强生态文明制度体系建设，推进制度创新。把生态文明建设融入经济建设、政治建设、文化建设、社会建设各方面和全过程，建立并实施严格的生态环境保护制度。加强法治建设，强化制度执行，让制度成为刚性约束和不可触碰的高压线，不断完善生态文明制度体系。又如，坚持问题导向，解决好与民生福祉息息相关的生态环境问题。贯彻新发展理念，加快形成节约资源和保护环境的空间格局、产业结构、生产方式、生活方式，实施大气、水、土壤污染防治三大行动计划，打好污染防治攻坚战、蓝天保卫战。再如，着眼长远，提出生态文明建设目标：到2035年，生态环境品质实现根本好转，美丽中国目标基本实现；到21世纪中叶，生态文明全面提升，实现生态环境领域国家治理体系和治理能力现代化。这里主要归纳以下几个方面的内容。

（1）把生态文明建设上升为国家发展战略。中国是唯一把生态文明建设上升为国家发展战略的国家。从20世纪70年代初开始，党和国家就已经注意到生态环境问题，并做出种种改善生态环境的努力。从党的十五大到党的十九大，党对生态文明建设的认识逐步成熟，并在实践中不断完善。党的十五大明确提出实施可持续发展战略，党的十六大将生态良好作为社会文明发展的重要指标，为"生态文明"的提出奠定了基础。党的十六届五中全会提出加快建设资源节约型、环境友好型社会（"两型"社会），"两型"社会的提出是我党深入认识生态可持续发展的重要表现。党的十七大首次提出建设生态文明，阐述了一系列建设生态文明的方针、政策和措施，深刻把握生态文明建设的重要性和紧迫性。为了实施这个战略，国家进行了生态文明建设的总体规划与顶层设计，出台了一系列关于生态文明建设的重要文件。党的十八大提出"五位一体"总体布局，党的十八届五中全会提出"五大发展理念"，党的十九大把坚持人与自然和谐共生作为新时代坚持和发展中国特色社

会主义基本方略的重要内容，强调要牢固树立社会主义生态文明观，推动形成人与自然和谐发展现代化建设新格局，中国生态文明思想不断丰富和完善，生态文明建设的战略地位不断提高。党的十八大之后，中共中央、国务院印发了一系列生态文明建设的文件，如《关于加快推进生态文明建设的意见》《生态文明体制改革总体方案》《全国生态保护"十三五"规划纲要》《国家环境保护"十三五"环境与健康工作规划》《关于完善主体功能区战略和制度的若干意见》。一系列重磅文件的出台，对我国生态文明建设作出了顶层设计和总体部署，对当前和今后一个时期我国生态文明建设提出了具体任务、目标和措施。

（2）统筹兼顾经济社会发展与生态文明建设。生态文明建设不可能靠单枪匹马式的狂飙突进，需要系统思维、协调各种重大关系，在当代中国尤其要处理好经济发展与生态文明建设的关系。这种战略的把握，各种重大关系的处理，只有靠党中央和政府的顶层设计才能完成。党的十八大以来，党中央坚持把发展作为第一要务，坚持以经济发展为中心，统筹推进"五位一体"总体布局，落实"五大发展理念"，取得了经济发展和生态文明建设的双丰收。作为全局性、综合性、长期性的生态环境问题，在偌大的中国，没有政府来整合社会资源，协调各种复杂关系，是不可能得到解决的。在西方国家，发展经济和保护环境似乎是难以协调的。在理论上，有增长极限论、稳态经济论对抗经济发展；在社会上，环境主义者经常对抗政府发展经济的政策，如发展核电力，往往就有反核的组织起来抗议。中国政府在坚持以经济建设为中心的同时积极推进生态文明建设，走出了一条经济发展与生态文明建设协调发展的中国特色社会主义发展道路。当代中国也曾走过曲折道路，片面追求经济增长，带来了严重的生态环境问题。党的十八大以来，中央政府特别关注生态文明，相继发布《大气污染防治行动计划》（简称"大气十条"）、《土壤污染防治行动计划》（简称"土十条"），全面推行河长制并逐步推行湖长制。在新常态中，经济不断趋向高质量发展，生态环境也明显改善。《中国应对气候变化的政策与行动2017年度报告》显示，中国二氧化碳排放强度比上年下降了6.6%，全国单位GDP能耗下降了5%。

（3）逐步推进生态文明的制度建设。习近平总书记指出："只有实行最严格的制度、最严密的法治，才能为生态文明建设提供可靠保障。"目前，我国已经建立了一系列的生态文明建设制度并逐步落实。如已建立了最严格的生态环境损害赔偿和责任追究制度，建立了科学的政绩考核和经济社会发展考核评价体系，建立了生态环境保护督查制度。此外，党的十八大以来，生态文明制度体系加快形成，主体功能区制度逐步健全，国家公园体制试点积极推进。党的十九大还提出要加强对生态文明建设的总体设计和组织领导，拟设立国有自然资源资产管理和自然生态监管机构，统一行使全民所有自然资源资产所有者职责，统一行使所有国土空间用途管制和生态保护修复职责，统一行使监管城乡各类污染排放和行政执法职责。十三届全国人大一次会议表决通过了组建生态环境部，将分散在不同部门的生态环境保护职责整合起来，"从监管者的角度实现了五个打通：打通了地上和地下，打通了岸上和水里，打通了陆地和海洋，打通了城市和农村，打通了一氧化碳和二氧化碳，即统一了大气污染防治和气候变化应对"。

（4）扶贫与生态文明建设并举。生态文明建设与扶贫结合是新时代中国特色社会主义的一个重要举措。中国政府扶贫的因地施策、精准扶贫和生态扶贫取得了生态环境保护和摆脱贫困的双赢。扶贫事业是中国特色社会主义制度优势的表现，体现了社会主义共同富裕的内在要求，扶贫尤其是生态扶贫也是促进人与自然和谐共生的重要途径。如何通过社会公平促进人与自然的和谐是西方有识之士尤其是生态学马克思主义者试图解决的问题，但他们在制度面前无能为力，只能坐而论道，而中国则可以利用制度优势把这一理论和价值观付诸实践。在一些发展中国家，往往不断重蹈贫困与环境退化的恶性循环，而我们可以通过扶贫来遏制贫困与生态环境破坏的恶性循环，通过生态环境的治理使人安居乐业。扶贫帮困是共产党人的职责和使命。走社会主义共同富裕的道路，以人民为中心，扶贫救弱，把生态文明建设与扶贫结合起来是中国共产党人的一项伟大创举，对发展中的社会主义国家的生态文明建设具有借鉴意义。

第二节　中国特色社会主义生态文明制度建设

一、中国特色社会主义生态文明制度建设的内涵

如果说文明是人的活动的产物，那么制度就是文明的题中之义。如果说社会生产力的发展水平，特别是社会生产方式的现实状况是决定制度建设和制度安排的经济基础，那么社会核心价值观就是决定制度建设或制度设计与制度安排的指导思想和理论基础。从这个意义上来说，中国特色社会主义核心价值观由社会主义基本经济制度决定，生态文明制度目标由社会主义核心价值观决定。中国特色社会主义生态文明制度建设是一个长期的建设过程，这个过程是一个从狭义到广义的演进过程。因此，科学把握中国特色社会主义生态文明制度建设的含义，必须从两个方面进行。

从狭义层面来看，中国特色社会主义生态文明制度建设强调建立具有确定性、稳定性、规范性的正式规则或非正式规则，构建完善的生态环境保护的制度体系，以保护自然资源与生态环境在我国现代化与工业化的进程中不被破坏，实现资源的可持续利用和良好的生态环境，以及人与自然的和谐发展。例如，对森林、河流等自然生态进行统一登记管理，形成权责明确、监管有效的自然资源资产产权制度，实行资源有偿使用制度和生态补偿制度。坚持谁受益、谁补偿的原则，完善对重点生态功能区的生态补偿机制，推动地区间建立横向生态补偿制度，发展环保市场，推行节约能量、碳排放权、排污权、水权交易制度，建立吸引社会资本投入生态环境保护的市场化机制，推行环境污染第三方治理。

从广义层面来看，中国特色社会主义生态文明制度建设需要建立和完善生态化的制度体系，实现政治制度、经济制度和文化制度的生态化。它要求在生态文明的视角下探求中国特色社会主义经济建设、政治建设和文化建设的生态化发展与改革路径，形成中国特色社会主义的现代化建设理论，实现人与自然、人与社会的和谐发展。广义的生态文明制度建设是"长期的""方向性的""战略性的"，是生态文明制度建设的终极目标。

二、中国特色社会主义生态文明制度建设的重要性和必要性

积极探索生态文明建设之路，构建中国特色社会主义生态文明制度体系，对推动中国和世界进步具有积极的作用。

（一）有利于中国特色社会主义制度的完善和发展

生态文明制度建设关系政治制度、经济制度和文化制度的重新构建，它是与科学社会主义理论一脉相承的，把中国五千多年的中华文明与未来文明相结合，是推动中国特色社会主义持续发展的重要的文明力量。因此，生态文明制度建设是中国特色社会主义理论体系和制度建设的重要组成部分，深入研究和完善生态文明制度建设，将不断推进中国特色社会主义制度的发展。

（二）为世界可持续发展提供切实可行的实践经验和理论借鉴

当代国际社会积极实践全球可持续发展目标，中国作为发展中国家，将生态文明建设与政治建设、经济建设、文化建设并列发展，彰显出中国发展绿色经济与循环经济的信心与决心。中国特色社会主义生态文明建设将是推动全球可持续发展的重要力量，对构建人类社会和谐发展具有积极的推动作用。

三、中国特色社会主义生态文明制度建设的现状及实践探索

生态文明制度建设自提出以来，就备受中央、地方、党政机关、学者、民众等社会各界的关注，并对其进行了积极而有意义的探索，为它的发展与完善贡献智慧，生态文明制度体制改革得以全面推进。经过不断的探索，我国生态文明制度建设成就显著，一些重要领域和关键环节，取得了突破性的进展。但在生态文明制度体系建设、生态文明制度方案设计的质量、生态文明制度实施落地方面还存在不足。

（一）系统完整的生态文明制度体系尚未真正确立

在自然资源资产管理体系当中，产权制度、管理体制和考核评价制度亟待突破。全民所有自然资源分级形式体制有待构建，分级行使所有权的国有自然资源资产清单尚未编制完成，相应的委托代理体系、考核评价制度尚未建立。全民所有自然资源资产负债表编制及相应的考核制度尚未正式启动。在自然资源监管体制中，统一的空间规划和用途管制有待真正确立。自然资源部、生态环境部等，在生产监管方面的职责仍然存在较大程度的交叉重叠。自然资源部门与生态环境部门的生态保护与监管权有待进一步厘清。国家公园体制改革遗留了较多的问题与挑战，亟待在发展过程中逐步完善。

在生态环境治理体系当中，仍然需要从环境监管迈向政府为主导、企业为主体、社会组织和公众共同参与的环境治理体系。通过中央生态环境保护督察，生态环境部门的权威性和独立性大幅提高，但仍存在企业主体作用发挥不足、公众参与程度不高的问题。同时，生态环境领域各项制度建设仍有较大的提升空间。

绿色发展制度建设是生态文明制度体系建设相对薄弱的领域。党的十九大报告重点突出了绿色发展，提出了一系列改革任务，但从目前来看，生态产品价值实现、绿色消费观培育等方面的问题依然突出，环境产权交易制度建设仍然处于起步阶段，一些排污权交易试点地区甚至暂停交易工作。

（二）生态文明制度方案设计的质量有待进一步提高

从生态文明体制改革专项方案本身的质量来看，仍存在诸多问题与改进空间。

一是各专项方案设计的系统性不足。一方面，生态文明体制改革专项方案与现有制度的衔接和整合不足。生态文明体制改革总体方案中提出的生态文明制度大多是从理论出发进行设计的，缺乏与现有制度的衔接。另一方面，生态文明体制改革各专项制度之间缺乏衔接，缺乏整体考虑和布局，以致制度的实施难以推进。比如，自然资源资产负债表与领导干部自然资源资产离任审计的方案和试点各自编制，数据来源、方法完全不同，这两个方案内容本应融为一体，但在现实中却各自推进。二是改革方案数量繁多，相互间衔接协调不足。比如，制定了 20 蒸吨以下锅炉"煤改气"政策，在改造即将完成时出台了脱硫脱硝低氮改造政策，而在改造过程中又要求全部拆除并淘汰 35 蒸吨以下锅炉。三是改革方案当中激励性的内容少，而约束性内容偏多。大多是对政府、企业和公众采取的约束性措施。对党政领导干部实施的生态环境损害责任终身追责、自然资源资产离任审计、生态文明绩效考核等在结果运用上通常强调惩罚机制，缺乏激励措施。对于社会公众而言，国家公园体制改革等也约束了公众行为，但相应的绿色消费激励措施却未得到重视。虽然约束性措施可以起到震慑作用，但同时也抑制了公众的积极性。

（三）生态文明制度实施落地存在"碎片化"与"运动式"

一是制度落实中存在一定程度上的形式主义。"以会议落实会议、以文件落实文件、以讲话落实讲话"的现象较为普遍。二是地方积极性不足，选择性执行现象广泛存在。由于地方的行政资源相对有限，改革任务又相对繁重，迫使地方政府将有限的改革资源集中在少数的制度建设和改革任务中。重点关注国家赋予的改革任务，关注与当地亟待解决的问题相结合的任务，关注对自身有利的制度。这在一定程度上割裂了制度的系统性、完整性，导致制度的碎片化实施。三是部分制度在执行过程中出现执行偏差。由于生态文明制度更多地体现中央意图，凸显"自上而下"的设计模式，再加上改革方案设计过程中与地方协商不足，因此容易出现落实过程中执行偏差的现象，这尤其表现为"运动式"的环境治理。

四、中国特色社会主义生态文明制度建设的主要任务

（一）健全法律法规

全面清理现行法律法规中与加快推进生态文明建设不相适应的内容，加强法律法规间的衔接，研究制定节能评估审查、节水、应对气候变化、生态补偿、湿地保护、生物多样性保护、土壤环境保护等方面的法律法规，修订土地管理法、大气污染防治法、水污染防治法、节约能源法、循环经济促进法、矿产资源法、森林法、草原法、野生动物保护法等。

（二）完善标准体系

加快制定、修订一批能耗、水耗、地耗、污染物排放、环境质量等方面的标准，实施

能效和排污强度"领跑者"制度，加快标准升级步伐。提高建筑物、道路、桥梁等建设标准。环境容量较小、生态环境脆弱、环境风险高的地区要执行污染物特别排放限值。鼓励各地区依法制定更加严格的地方标准。建立与国际接轨、适应我国国情的能效和环保标识认证制度。

（三）健全自然资源资产产权制度和用途管制制度

对水流、森林、山岭、草原、荒地、滩涂等自然生态空间进行统一确权登记，明确国土空间的自然资源资产所有者、监管者及其责任。完善自然资源资产用途管制制度，明确各类国土空间开发、利用、保护边界，实现能源、水资源、矿产资源按质量分级、梯级利用。严格节能评估审查、水资源认证和取水许可制度。坚持并完善最严格的耕地保护和节约用地制度，强化土地利用总体规划和年度计划管控，加强土地用途转用管理。完善矿产资源规划制度，强化矿产开发准入管理，有序推进国家自然资源资产管理体制改革。

（四）完善生态环境监管制度

建立严格监管所有污染物排放的环境保护管理制度。完善污染物排放许可证制度，禁止无证排污和超标准、超总量排污。违法排放污染物、造成或可能造成严重污染的，要依法查封、扣押排放污染物的设施设备。对严重污染环境的工艺、设备和产品实行淘汰制度。实行企事业单位污染物排放总量控制制度，适时调整主要污染物指标种类，纳入约束性指标。健全环境影响评价、清洁生产审核、环境信息公开等制度。建立生态保护修复和污染防治区域联动机制。

（五）严守资源环境生态红线

树立底线思维，设定并严守生态保护红线、环境质量底线、资源利用上线，将各类开发活动限制在资源环境承载能力之内。合理设定资源消耗"天花板"，加强能源、水、土地等战略性资源管控，强化能源消耗强度控制，做好能源消费总量管理。继续实施水资源开发利用控制、用水效率控制、水功能区限制纳污"三条红线"管理。划定永久基本农田，严格实施永久保护，对新增建设用地占用耕地规模实行总量控制，落实耕地占补平衡，确保耕地数量不下降、质量不降低。严守环境质量底线，将大气、水、土壤等环境质量"只能更好、不能变坏"作为地方各级政府环保责任红线，相应确定污染物排放总量限值和环境风险防控措施。在重点生态功能区、生态环境敏感区和脆弱区等区域划定生态红线，确保生态功能不降低、面积不减少、性质不改变；科学划定森林、草原、湿地、海洋等领域生态红线，严格自然生态空间征（占）用管理，有效遏制生态系统退化的趋势。探索建立自然环境承载能力监测预警机制，对资源消耗和环境容量接近或超过承载能力的地区，及时采取区域限批等限制性的措施。

（六）完善经济政策

健全价格、财税、金融等政策，激励、引导各类主体积极投身生态文明建设。深化自然资源及产品价格改革，凡是能由市场形成价格的都交给市场，政府定价要体现基本需求与非基本需求及资源利用效率高低的差异，体现生态环境损害成本和修复效益。进一步深化矿产资源有偿使用制度改革，调整矿业权使用费征收标准。加大财政资金投入，统筹有关资金，对资源节约和循环利用、新能源和可再生能源开发利用、环境基础设施建设、生态修复与建设、先进适用技术研发示范等给予支持。将高耗能、高污染产品纳入消费税征收范围。加快资源税从价计征改革，清理、取消相关收费基金，逐步将资源税征收范围扩展到占用各种自然生态空间。完善节能环保、新能源、生态建设的税收优惠政策。推广绿色信贷，支持符合条件的项目通过资本市场融资。探索排污权抵押等融资模式。深化环境污染责任保险试点，研究建立巨灾保险制度。

（七）推行市场化机制

加快推行合同能源管理、节能低碳产品和有机产品认证、能效标识管理等机制。推进节能发电调度，优先调度可再生能源发电资源，按机组能耗和污染物排放水平依次调用化石类能源发电资源。建立节约能量、碳排放权交易制度，深化交易试点，推动建立全国碳排放权交易市场。加快水权交易试点，培育和规范水权市场。全面推进矿业权市场建设。扩大排污权有偿使用和交易试点范围，发展排污权交易市场。积极推进环境污染第三方治理，引入社会力量投入环境污染治理。

（八）健全生态保护补偿机制

科学界定生态保护者与受益者的权利义务，加快形成生态损害者赔偿、受益者付费、保护者得到合理补偿的运行机制。结合深化财税体制改革，完善转移支付制度，归并和规范现有生态保护补偿渠道，加大对重点生态功能区的转移支付力度，逐步提高其基本公共服务水平。建立地区间横向生态保护补偿机制，引导生态受益地区与保护地区之间、流域上游与下游之间通过资金补助、产业转移、人才培训、共建园区等方式实施补偿。建立独立公正的生态环境损害评估制度。

（九）健全政绩考核制度

建立体现生态文明要求的目标体系、考核办法和奖惩机制。把资源消耗、环境损害、生态效益等指标纳入经济社会发展综合评价体系，大幅增加考核权重，强化指标约束，不唯经济增长论英雄。完善政绩考核办法，根据区域主体功能定位实行差别化的考核制度。对限制开发区域、禁止开发区域和生态脆弱的国家扶贫开发工作重点县取消地区生产总值考核，对农产品主产区和重点生态功能区分别实行农业优先和生态保护优先的绩效评价，对禁止开发的重点功能区重点评价其自然文化资源的原真性和完整性。根据考核评价结果，对生态文明建设成绩突出的地区、单位和个人给予表彰奖励。探索、编制自然资源资产负债表，对领导干部实行自然资源资产和环境责任离任审计。

（十）完善责任追究制度

建立领导干部任期生态文明建设责任制，完善节能减排目标责任考核及问责制度。严格责任追究，对违背科学发展要求、造成资源环境生态严重破坏的要记录在案，实行终身追责，不得转任重要职务和提拔使用，已经调离的也要问责。对推动生态文明建设工作不力的，要及时诚勉谈话；对不顾资源和生态环境盲目决策、造成严重后果的，要严肃追究有关人员的领导责任；对履职不力、监管不严、失职渎职的，要依法依纪追究有关人员的监管责任。

专栏 3-1   "河长制""湖长制"的建立

2007 年 5 月 29 日，江苏省无锡市发生了严重的太湖蓝藻污染事件，造成了严重的后果。江苏省首推"河长制"。之后，其他各个省份相继效仿，2017 年"河长制"在全国范围内得以铺开。据水利部发布的资料，截至 2018 年 6 月底，全国 31 个省、自治区、直辖市已全面建立"河长制"，各级政府都设置了"河长制"办公室。继"河长制"建立之后，2018 年年底"湖长制"全面建立。这意味着河湖管护进入新阶段，"河畅、水清、岸绿、景美"的健康河湖正变成现实。

"全面推行河长制，是解决我国复杂水问题的重大制度创新，是保障国家水安全的重要举措。"时任水利部部长鄂竟平表示。根据中央要求，各地全面建立了"河长制"督导检查和考核机制，树立河长公示牌接受社会监督，逐级开展河长履职考核，考核结果作为地方党政领导干部综合考核评价的重要依据，强化激励问责。据统计，全国 30 多万名四级河长中，省级河长 409 人，60 位省级党政主要负责人担任总河长；2.4 万名四级湖长中，有 85 名省级湖长。组织体系延伸至村，设立 93 万多名村级河长、3.3 万名村级湖长。此外，水利部出台实施意见，明确"治乱""治病""治根"路线图，聚焦"盛水的盆"，护好"盆中的水"，推动"河长制""湖长制"从"有名"到"有实"转变。

资料来源：河长制湖长制全面建立[N]. 人民日报，2019-01-16。

复习思考题

1. 简述习近平关于社会主义生态文明建设的重要论述。
2. 中国特色社会主义生态文明建设的实践基础是什么？
3. 简述中国所推进的生态文明制度建设是怎样的。
4. 如何健全生态环境补偿机制？请举例说明。

第四章　我国生态文明建设的实践探索和主要成就

学习目标
➢ 了解我国生态文明建设的实践探索
➢ 了解我国生态文明建设的主要成就
➢ 掌握生态文明建设的中国经验

第一节　生态文明建设的实践探索

从 20 世纪 80 年代起，中国开始探索可持续发展的实践路径。江西"三江湖工程"便是其中之一。1983 年，江西省政府组织 600 多名专家对鄱阳湖和赣江流域进行综合考察，提出了"治湖必须治江、治江必须治山、治山必须治穷"的思路，形成了水田农林复合生态经济、湖区治虫与治穷结合等开发模式。原国务委员宋健在《实施可持续发展战略贵在科学实践》一文中指出：始于 20 世纪 80 年代初期的江西"三江湖"开发治理工程，是实现经济与环境协调发展的一次重要探索与实践，是一项以可持续发展为目标的艰巨浩繁的跨世纪工程。1994 年，《中国 21 世纪议程》发布，可持续发展被确定为中国的发展战略。各地探索形成了一些新的发展模式，如浙江安吉县，是习近平"绿水青山就是金山银山"理念的诞生地。2001 年，安吉县提出了"生态经济强县、生态文化大县、生态人居名县"的生态立县战略。2003 年，安吉县人大通过《关于生态县建设的决议》。2005 年，时任中共浙江省委书记的习近平同志在农村法制调研中听取余村的汇报后，充分肯定了他们的做法，并提出了"绿水青山就是金山银山"的科学论断。

党的十八大、十九大把生态文明建设上升为我国社会主义事业"五位一体"总体布局和国家发展战略，并确立了它在建设美丽中国、实现中华民族伟大复兴中国梦中的重大战略地位。习近平总书记对社会主义生态文明建设进行了重要论述，并对新时代生态文明建设做出了一系列论断。这些重要论述和论断是中国生态文明建设全面推进的指导思想，并贯穿于经济社会发展全过程和各方面。在这里主要从国家和地方两个层面来阐述生态文明建设的实践探索。

一、国家层面的生态文明建设实践

生态文明建设是中国特色社会主义事业的重要内容，关系人民福祉，关乎民族未来，事关"两个一百年"奋斗目标和中华民族伟大复兴中国梦的实现。党的十八大以来，中国共产党围绕生态文明建设提出了一系列新理念、新思想、新战略，开展了一系列根本性、开创性、长远性的工作，生态文明理念日益深入人心，生态文明体制改革全面深化。

为了更好地发挥生态文明体制机制创新成果优势，探索一批可复制、可推广的生态文明重大制度成果，习近平总书记亲自谋划、亲自部署、亲自推动国家生态文明试验区的工作。2016 年 8 月，中共中央办公厅、国务院办公厅印发了《关于设立统一规范的国家生态文明试验区的意见》，提出选择生态基础较好、自然环境承载能力较强的福建省、江西省和贵州省作为首批试验区，主要目的是，到 2020 年，试验区率先建成较为完善的生态文明制度体系，形成一批可在全国复制推广的重大制度成果，实现经济社会发展和生态环境保护双赢，形成人与自然和谐发展的现代化建设新格局，为加快生态文明建设、实现绿色发展、建设美丽中国提供有力制度保障。

（一）国家发展改革委等多部门联合推动的生态文明示范区建设

"十二五"期间，国家多部门联合推动了两批生态文明建设国家试点。2013 年 12 月，国家发展改革委联合财政部、国土资源部、水利部、农业部、国家林业局等部门，发布了《国家生态文明先行示范区建设方案（试行）》，进入第一批先行示范区的省、市、县有 55 个。通知要求，通过试点探索"基本形成符合主体功能定位的开发格局，资源循环利用体系初步建立，节能减排和碳强度指标下降幅度超过上级政府下达的约束性指标，资源产出率、单位建设用地生产总值、万元工业增加值用水量、农业灌溉水有效利用系数、城镇（乡）生活污水处理率、生活垃圾无害化处理率等处于全国或本省（市）前列，城镇供水水源地全面达标，森林、草原、湖泊、湿地等面积逐步增加、质量逐步提高，水土流失和沙化、荒漠化、石漠化土地面积明显减少，耕地质量稳步提高，物种得到有效保护，覆盖全社会的生态文化体系基本建立，绿色生活方式普遍推行，最严格的耕地保护制度、水资源管理制度、环境保护制度得到有效落实，生态文明制度建设取得重大突破，形成可复制、可推广的生态文明建设典型模式"。

2014 年 3 月 10 日，国务院印发《关于支持福建省深入实施生态省战略　加快生态文明先行示范区建设的若干意见》。该意见成为福建省生态文明建设的行动纲领。

2015 年 12 月 31 日，国家发展改革委联合科技部、财政部、国土资源部、环境保护部、住房和城乡建设部、水利部、农业部、国家林业局等部门，发布《关于开展第二批生态文明先行示范区建设的通知》。该通知同意北京市怀柔区等 45 个地区开展生态文明先行示范区建设工作，提出了明确目标责任、积极推进制度创新、加强与"十三五"规划衔接、抓好重点项目实施、健全工作机制、总结报送工作进展等方面的要求。

"十三五"期间，国家级生态文明建设试点主要是省级。2016 年 8 月，中共中央办公厅、国务院办公厅联合印发《关于设立统一规范的国家生态文明试验区的意见》，福建省、江西省和贵州省三省被确定为首批国家生态文明试验区。《国家生态文明试验区（福建）实施方案》要求："充分发挥福建省生态优势，突出改革创新，坚持解放思想、先行先试，以率先推进生态文明领域治理体系和治理能力现代化为目标，以进一步改善生态环境质量、增强人民群众获得感为导向，集中开展生态文明体制改革综合试验，着力构建产权清晰、多元参与、激励约束并重、系统完整的生态文明制度体系，努力建设机制活、产业优、百姓富、生态美的新福建，为其他地区探索改革路径、为美丽中国建设作出应有贡献。"

2017 年 10 月，《国家生态文明试验区（江西）实施方案》和《国家生态文明试验区（贵州）实施方案》印发，分别对两省生态文明建设提出了要求。

2018 年 4 月，《中共中央　国务院关于支持海南全面深化改革开放的指导意见》发布，明确提出海南省作为国家生态文明试验区的要求。

（二）生态环境部（原环境保护部）推进的试点市县建设

2013 年 5 月 23 日，环境保护部印发《国家生态文明建设试点示范区指标（试行）》的通知。2017 年 9 月 21 日，环境保护部在浙江安吉县召开全国生态文明建设现场会，为第一批 13 个"绿水青山就是金山银山"实践创新基地、46 个示范市县授牌。第二批生态文明建设示范市县于 2018 年贵阳生态文明论坛期间发布，45 个示范市县获得授牌。相对于国家发展改革委牵头、多部门联合推动的生态文明示范区建设，生态环境部推动的生态文明建设试点，重点是生态环境保护（也是生态城市建设的有机延续），而且主要在市县层面。同时生态环境部还开展了生态文明建设先进单位和个人的评选活动。

（三）中央其他部门推进的生态文明建设试点

一是国家水生态文明城市建设。按照党中央关于生态文明建设的部署，自 2013 年起水利部分两批启动 105 个城市（第一批 46 个、第二批 59 个）探索不同类型的水生态文明城市建设模式和经验。根据水利部的总结，试点城市探索形成了政府主导、水利牵头、分工协作、社会参与的工作机制。运用多元化手段加大资金投入，累计完成投资超过 7 500 亿元，其中社会资本占近 1/3。2017 年年底，第一批 46 个试点中的 41 个城市通过验收。试点取得明显成效，水生态环境质量持续改善，最严格的水资源管理制度全面落实，长效机制和模式初步形成，水治理能力和现代化水平不断提升，节水和水生态系统保护理念深入人心，人民群众对优质水生态公共产品有了真切的获得感。

二是国家级海洋生态文明示范区建设。2013 年，国家海洋局公布首批 12 个国家级海洋生态文明建设示范区；2015 年又公布第二批 12 个。通过海洋生态文明示范区建设，积极探索沿海地区经济社会与海洋生态协调发展的科学模式，形成海洋资源开发布局合理，海洋管理制度机制完善，海洋优势特色突出，区域生态文明建设发展整体水平提高的格局，使之成为海洋生态文明建设的"新标杆"。

（四）生态文明试验区若干相关问题的进一步讨论

2020 年是全面建成小康社会和"十三五"规划收官之年，是国家生态文明试验区建设完成阶段性任务、形成阶段性成果之年。试点省份的做法和经验需要总结，以形成可复制、可推广的生态文明建设模式，为其他省份生态优先、绿色发展提供借鉴。

一是关于生态文明试点的由来及其变化。"十二五"期间多部门推进的是生态文明先行示范区建设，而"十三五"期间推进的则是生态文明试验区建设。在尚不知道生态文明建什么、怎么建的情况下，应当先行试点而不应是示范。为什么"十二五"期间是先行示范呢？其实这是部门职能分工所致。按照国务院各组成部门原来的分工，技术研发试点由原国家科委负责，示范由原国家计委负责；延伸到相关领域的工作推进，由国家发展改革委牵头的试点采用了"先行示范"的命名。由中央多部门推进的生态文明试点工作重在制度建设，下达试点单位时附注有制度建设内容。最初的生态文明建设试点，既有水利、海洋等要素的生态文明建设试点类型，也有一定空间上的综合试点类型，因而才有中共中央办公厅、国务院办公厅发文建立"统一规范的国家生态文明试验区"的要求。"十三五"期间生态文明试点建设的最初设想是选择一些省份进行国家试点，最初确定了福建、江西、贵州三个省；为落实习近平总书记 2013 年视察海南时的重要讲话精神，又增加了海南省生态文明试验区。

二是建立以生态产业化和产业生态化为主的生态经济体系，以此构成试验区建设的基础。从 2016 年生态试验区建设之初，海南把保护生态作为重大政治责任，积极倡导绿色生产生活方式，大力培育发展生态型服务型产业体系："百镇千村""日月同辉满天星"的大景区风貌加快形成，琼乐高速公路、吊罗山旅游公路等最美生态路于山水间蜿蜒盘旋……把绿水青山所蕴含的生态价值转化为经济价值、社会价值、民生价值，实现经济社会发展和生态环境保护协同共进。贵州面临"追赶"与"转型"的需要，同时还要兼顾生态保护与脱贫攻坚的协同。2019 年以来，贵州为了解决脱贫攻坚与生态保护的矛盾，以产业生态化和生态化产业为主线，大力发展大数据、大旅游、大健康等生态产业，促进数字经济、互联网融合，做大"互联网+生态"经济规模。目前，贵州大数据企业落户近万家，其中包括苹果、华为、腾讯、阿里巴巴等 120 多家知名企业，在生态保护与经济发展协调方面探索出较成功的道路。江西深入推进绿色产业转型，从生态农业、绿色金融、循环经济等方面协同推动生态经济发展壮大，促进生态文明与经济发展的融合。

三是创新生态文明建设科技成果转化支撑服务体系。在国土空间开发利用、资源环境管理、生态保护修复、创新驱动发展等方面，加大创新投入，依靠科技创新支撑生态文明建设，是几个国家生态文明试验区的共同特征。其中，江西省以森林、湿地等资源为依托，发展新能源、新材料等科技含量高、绿色低碳循环的现代经济体系，促进传统产业转型升级，提高经济发展质量和绿色化水平，以降低成本、提高资源循环利用率。江西省提出建立面向生态文明建设领域的科技成果转移转化支撑服务体系，拓展资金渠道，增加多元化资金投入，鼓励"产学研"协同推进生态文明科技成果转移转化。这是将科技转化为生产力的重要保障，也是值得总结推广的经验。

四是培育生态文化，提高全民生态文明意识，促进全社会的共同参与、共建共享。江西省大力弘扬社会主义生态文明观，在全省中小学生中广泛开展生态文明养成实践活动，推进生态文明教育进校园、进课堂、进教材；同时，加强党政干部教育培训，开设污染防治攻坚战、绿色发展等生态文明系列课程，推动生态文明培育考核纳入公共文明指数测评。贵州省制定了大生态战略行动，第十二次党代会将之上升为继大扶贫、大数据之后的第三大战略行动。其"大"表现为：覆盖自然生态空间全方位，融入经济社会发展全领域，推动党政军民工农商学全参与，贯穿人民生产生活全过程。在长江沿岸，贵州与重庆、四川、云南共建长江上游四省市生态环境联防联控、基础设施互联互通、公共服务共建共享的省际协商机制，又与重庆建立绿色产业、绿色金融等领域务实合作机制。通过与其他省份协商共同对长江上游地区进行治理，可以动员并发挥企业主体作用，联合进行生态建设，形成多主体、多层次、多范围的治理体系。

尽管国家生态文明试验区建设已取得初步成效，但也应认识到，生态保护是一个长期的过程，在经历新冠肺炎疫情冲击后经济急需恢复的背景下，如何更有效地兼顾二者的平衡，并在面对环境治理和生态修复投入大、成本高、难度大的问题时，如何创新思路，以正确的办法切实做好"去存量、控增量"，实现保护和发展的平衡，是必须持续推动、久久为功的重大命题。此外，虽然既有试验区能总结出一些可复制、可推广的经验，但也面临不同时间、不同地域单元的绿色发展不平衡、整体性协同性还不强、"碎片化"等问题，难以用一种模式加以推进。生态文明建设之路既阻且长，需要创新做、扎实做、持续做，形成不同特色的生态文明建设模式。

二、地方层面的生态文明建设实践

"十三五"以来，国家生态文明试验区作为"自下而上"的生态文明体制改革综合实验平台，为全国完善生态文明制度体系探索了新路径，积累了一批可供推广的地方经验，极大地调动和发挥了地方的主动性和改革首创精神。

福建省是习近平生态文明思想的重要孕育地，是践行这一重要思想的先行省份。21世纪初，习近平同志亲自指导和组织编制了《福建生态省建设总体规划纲要》，极具前瞻性地为福建省的生态文明建设谋篇布局，系统性地提出了生态文明建设的理念思路。2014年3月，国务院确定福建省为全国首个省级生态文明先行示范区。2017年12月，国家统计局、国家发展改革委、环境保护部、中央组织部发布了《2016年生态文明建设年度评价结果公报》，福建省的生态文明建设年度评价居全国第二位。在习近平生态文明思想的重要指引下，福建省干部群众按照习近平总书记当年亲手擘画的生态省建设蓝图，统筹推进国家生态文明试验区建设，健全改革推进机制，抓好制度创新、环境治理、绿色发展等各项工作。

江西省深入贯彻习近平总书记关于打造美丽中国"江西样板"的要求，在江西省第十四次党代会上明确把建设国家生态文明试验区、打造美丽中国"江西样板"作为发展的总体要求。江西省委十四届三次全会审议通过了《中共江西省委 江西省人民政府关于深入落实〈国家生态文明试验区（江西）实施方案〉的意见》，江西省委十四届五次全会对国家生态文明试验区建设进行了系统部署和推进。江西省将生态文明目标体系纳入《江西省"十三五"规划纲要》，专设18项生态文明指标[①]，生态立省的战略格局更加鲜明。此外，江西省还积极创新体制机制，建立源头严防、过程严管、后果严责的制度，着力解决空气、水、土壤等方面的突出环境问题，初步构建了具有江西特色的生态文明制度体系。

贵州省出台了《中共贵州省委 贵州省人民政府关于推动绿色发展建设生态文明的意见》，做出发展绿色经济、打造绿色家园、构建绿色制度、筑牢绿色屏障、培育绿色文化的"五个绿色"决策部署，召开全省大生态战略行动动员大会。贵州省印发了《关于贯彻落实〈中共中央 国务院关于加快推进生态文明建设的意见〉深入推进生态文明先行示范区建设的实施意见》，提出实施生态文明建设"八大工程"[②]，构筑生态文明示范区"八大

---

① 18项生态文明指标包括加快建设天蓝、地绿、水净的美丽江西，确保地表水的水质达标率在81%以上，县级以上城市空气质量优良天数比例在85%以上，城镇生活垃圾无害化处理率达到85%等。
② "八大工程"指国土空间开发优化工程、经济绿色转型工程、资源绿色开发工程、生态环境提升工程、科技支撑工程、制度创新工程、生态环保能力建设工程、生态文化培育工程。

体系"①，确保改革任务不遗漏、不空转。

海南省多年来走生态立省的发展道路，在生态文明建设方面不断探索。1999年3月，海南省二届人大二次会议在全国率先做出《关于建设生态省的决定》。2009年，《国务院关于推进海南国际旅游岛建设发展的若干意见》将创建"全国生态文明建设示范区"列为六大战略目标之一，要求"探索人与自然和谐相处的文明发展之路，使海南成为全国人民的四季花园"。2019年5月，中共中央办公厅、国务院办公厅印发了《国家生态文明试验区（海南）实施方案》，明确了海南建设生态文明体制改革样板区、陆海统筹保护发展试验区、生态价值实现机制试验区和清洁能源优先发展示范区的战略定位。

此外，其他地区也纷纷结合地方特色开展了生态文明建设探索，这些成功做法也对生态文明体制机制建设具有重要的理论指导意义和实践价值。从首批生态省、首个国家生态文明先行示范区到首个国家生态文明示范区，生态文明建设逐渐呈现系统性、制度化、常态化的格局。在全国生态文明建设和体制改革进程中涌现出的示范区、试点区，通过结合本省的生态、经济、历史、社会等实际省情，制定了有针对性、可落地的改革目标、法律法规、制度政策、监管标准等，走出了一条各具特色的生态文明建设之路。

三、实践探索过程中的成效

（一）推动建立自然资源资产确权和管理机制

针对我国自然资源产权制度不尽健全、统一管理制度尚未建立、监管维护机制职责交叉、确权登记相关专业规范及管理内容尚不明确的问题，福建、江西、贵州三省通过试点探索出自然资源边界划分的方法，创新出较为完整系统的自然资源登记体系，并建立了省级自然资源资产管理部门，对下一步完善自然资产产权体制，推动生态文明建设意义重大。福建省出台了全国首个省级自然资源统一确权登记办法，选择晋江市作为试点，制定出台了一系列自然资源统一确权登记的相关办法。江西省制定了自然资源统一确权登记试点实施方案、工作规则、工作流程和测算方法。贵州省制定了自然资源统一确权登记路径和方法，制定了"自上而下"的统一全省试点标准。

（二）推动形成国土空间规划和用途管理制度

国土空间是指国家主权与主权权力管辖下的地域空间，包括陆地、陆上水域、内水、领海、领空等。国土空间规划从规划层次和内容类型可划分为"五级三类"，其中，"五级"对应我国的行政管理体系，包括国家级、省级、市级、县级、乡镇级；"三类"指规划的类型分为总体规划、详细规划、相关专项规划。福建、江西两省在试点过程中，建立和完善了国土空间规划和用途管制制度，在编制省级空间规划试点、健全国土空间开发保护制度、推进国土空间有序开发和有效管理制度方面取得了一定的成效。

---

① "八大体系"指科学合理的生产生活生态空间体系、生态友好型和环境友好型体系、节约循环高效的资源利用体系、切实可靠的生态环境保护体系、充满活力的生态文明建设创新驱动体系、生态文明法规制度体系、生态文明建设执行体系、生态文明建设的全民参与体系。

（三）初步建立健全多元化的生态补偿机制

生态补偿机制虽然创建多年，但仍然存在生态环境保护范围偏小、标准偏低，保护者和受益者良性互动的体制机制尚不完善的问题。福建、江西、贵州三省在生态补偿机制的建立健全和落地实施方面进行了有益的探索，建立了制度，初步形成了可复制、可推广的模式。福建省建立了多元化的生态保护补偿机制。一是率先开展了重点生态区位商品林赎买改革；二是率先建立覆盖全省 12 个主要流域的生态补偿制度；三是跨省建立了流域生态补偿机制，在福建、广东两省实施了汀江—韩江跨省流域生态补偿试点。江西省积极推进生态补偿机制落地实施。一是在全国率先建立全流域生态补偿机制；二是实施了江西—广东东江流域横向生态保护补偿；三是不断完善资金筹措机制。贵州省进一步健全生态保护补偿机制的实施意见，重点结合赤水河流域探索了相邻省份流域生态补偿的相关机制、跨省补偿监测指标体系与方式，取得了显著的生态成效，形成的制度可为其他类似地区建立生态补偿机制提供可操作模式。一是出台了《贵州省人民政府办公厅关于健全生态保护补偿提供可操作性的实施意见》，逐步完善生态保护补偿制度体系；二是与云南、四川两省共同设立赤水河流域横向生态补偿基金，率先在长江经济带生态保护修复工作中建立跨省横向生态补偿机制；三是建立了跨省补偿检测指标体系、分配权重、资金池，按比例分配清算生态补偿资金。

（四）探索形成生态扶贫、生态脱贫创新制度

贵州、江西两省将生态文明试验区的建设与本省的扶贫攻坚战略紧密结合，创新实施生态扶贫、生态脱贫制度。贵州省积极探索建立大生态与大扶贫深度融合制度。一是完善资产收益扶贫攻坚机制；二是健全易地扶贫搬迁脱贫攻坚机制；三是实施旅游扶贫"百区千村万户"工程和旅游项目建设等九大旅游扶贫工程。江西省在四个生态扶贫试验区当中推行"保""补""转"理念，加大生态保护力度和生态补偿力度，推动了自然资源资产的生态价值转化。一是充分发挥上犹县、遂川县、乐安县、莲花县四个试验区的示范作用；二是通过产业导入，探索形成"公司+基地+农户"等多种精准扶贫新做法；三是在全流域的生态补偿机制中强调责任共担，突出扶贫。

（五）构建严格的生态环境治理和司法保障机制

在环境治理方面，福建、江西、贵州三省聚众打"组合拳"，积极建立健全环境监管机制、环境司法保障机制、农村环境治理机制，对区域环境开展综合治理和保护，成效突出，具有一定的创新性。

福建省通过环境治理体系的有力、有序推进，在流域生态治理、生态司法、农业面源治理等领域积累了可推广的宝贵经验。一是创新水生态系统治理机制；二是建立环保投资工程包机制；三是全面推行河湖长制，探索出"六全""四有"治河、管河新机制；四是开展了生态环保督察、环境资源保护行政执法与刑事司法无缝衔接机制；五是培育发展农业面源污染治理市场主体，制订农村污水垃圾处理市场主体方案，制订农村生活污水、垃圾治理五年提升专项行动计划，举措全面。

江西省建立健全生态环境监测网络和预警机制：一是初步建立健全了条块结合、各司其职、权责明确、保障有利、权威高效的具有江西特色的环境保护管理体制；二是编制完成了《江西省"生态云"大数据平台建设方案》，开展了市、县级生态文明大数据平台试点；三是积极创新生态环保督察和执法体制，确定在赣江新区开展城乡环境保护统一监管和行政执法试点；四是健全了农村环境治理体制机制。

贵州省通过全面实行生态环境损害赔偿制度，完善了环境司法中的恢复性司法制度。一是判决完成了全国首个通过磋商和司法登记确认的"息烽大鹰田违法倾倒废渣案"和首个国家权利人参与处理的"贵州黔桂天能焦化公司大气污染环境案"。二是在全国率先设置环保法庭并推动公检法配套的环境资源专门机构实现全覆盖，成立了生态文明律师服务团和生态环境人民调解委员会，率先发布全国首份生态环境损害赔偿司法确认书。三是率先将河长制纳入《贵州省水资源保护条例》等地方性法规，用法律手段保障河长制的实施。四是率先在全省范围内实现取缔网箱养鱼，乌江、清水江等主要河流水质明显改善。五是实施农村人居环境整治三年行动和推进"厕所革命"三年行动。六是推动工业污染治理，核发完成火电、造纸等13个行业的排污许可证。

（六）创新绿色金融和生态环境治理市场体系

在生态文明试验区建设过程中，福建、江西、贵州三省致力于充分挖掘和体现生态资源环境要素的市场价值，培育市场主体，构建更多利用经济杠杆进行环境治理和生态保护的市场体系，着力解决市场主体和市场体系发育滞后、社会参与度不高等的问题。

福建省深入推进集体林权制度改革，建立资产评估、森林保险、林权监管、收储担保"四位一体"的林业金融发展和风险防控机制。一是在全国率先推出中长期林权抵押按揭贷款、林业收储贷款等创新产品，每年提供林业信贷资金超过200亿元，取得林业生态保护、产业发展得利、林农致富的多方共赢；二是率先对政策性银行、国有大中型银行开展绿色信贷业绩评价；三是率先按照国家核算标准启动运行福建碳排放交易市场。

江西省积极推动绿色金融改革创新，加速聚集绿色机构，加速绿色信贷投放，有效培育绿色市场，完善绿色发展机制。一是江西省成立绿色金融改革创新工作领导小组，建立赣江新区绿色金融工作联席会议制度，并在江西赣江新区设立绿色发展基金；二是江西全面启动赣江新区绿色保险创新试验区建设，在赣江新区开展重点行业企业环境污染责任保险试点，投保企业实现全区覆盖；三是江西省政府先后出台了《江西省加快节能环保产业发展行动计划（2016—2020）》《关于支持节能环保产业加快发展若干政策措施》《江西省排污权有偿使用和交易实施细则试行（试行）》，排污权有偿使用和交易制度基本建立；四是在农村环境整治方面，积极推动政府购买服务改革。

贵州省建立健全绿色金融制度，贵安新区获批国家绿色金融改革创新试验区，探索形成了一套具有可复制、可推广价值的绿色金融标准认证体系、法规体系和产品体系。制定支持绿色信贷产品和抵押品创新政策，稳妥有序地探索发展基于排污权等环境权益的融资工具。在遵义市、黔南州、贵安新区开展环境污染强制责任保险试点。开展企业环境信用评价试点，在环境管理中推行信用承诺制度。设立绿色债券项目库，推动设立大健康绿色产业基金和赤水河流域生态环境保护投资基金，启动组建贵州林业发展投资有限公司。

（七）推动完善绩效评价考核与责任追究制度

福建、江西、贵州三省通过生态文明责任评价考核，离任审计和责任追究，明确了评价考核数据责任，强调"全面审计、突出重点"，确保评价、审计压力层层传导，落到实处。一是初步建立了生态文明目标评价考核制度。福建省对各设区市党委和政府开展绿色发展年度评价和生态文明建设目标五年考核，推动形成促进绿色发展的正确导向。贵州省制订了省级绿色发展指数统计监测方案，注重推进各地体制机制创新工作。江西省进一步修改完善考核办法，实施差别化分类考核，对县（市、区）设置不同的权重。二是逐步推进领导干部自然资源资产离任审计。福建省在具体落实当中明确了领导干部自然资源资产离任审计的目标、内容和方法，围绕"审什么""怎么审"，形成了对干部履行自然资产管理和生态环境保护责任情况的审计评价体系和规范。贵州省创新审计理念，加强与省直行业主管部门的沟通和协作，着力提高审计方案的操作性、针对性和指导性。江西省创新审计方法，积极探索利用大数据开展审计的思路和方法，提升审计的深度、广度和精度。三是建立生态环境损害责任终身追究制度。江西省明确要坚持党政同责、一岗双责、年度追责、主体追责、终身追责；结合省内实际，探索制定了生态环境损害分级制度的标准和依据，具有一定的创新性。贵州省的生态文明建设绩效考核由"软约束"变成"硬杠杆"，在"严重生态破坏责任事件"的定义上严于国家和其他省份的标准，确保破坏生态成为"高压线"。

第二节　生态文明建设的主要成就

进入新时代，我国生态文明建设之所以能取得巨大成就，根本原因是有习近平新时代中国特色社会主义思想特别是习近平生态文明思想的指导。在习近平生态文明思想的指引下，各地区、各部门认真落实党中央、国务院决策部署，从生态文明建设要解决的关键问题出发，勇于实践，敢于创新，生态文明建设重大实践硕果累累。

一、生态文明建设方向进一步明确

习近平生态文明思想得到深入宣传、贯彻和落实。2019 年 4 月 28 日，习近平主席在中国北京世界园艺博览会开幕式上发表了题为《共谋绿色生活，共建美丽家园》的讲话，向全世界传递了人与自然和谐共处的思想和保护优先、绿色发展的理念。

确立生态文明建设新阶段的制度蓝图。党的十九届四中全会通过了《中共中央关于坚持和完善中国特色社会主义制度、推进国家治理体系和治理能力现代化若干重大问题的决定》，其中对生态文明建设进行了系统部署，为生态文明建设新阶段国家治理体系和治理能力现代化描绘了制度建设的蓝图，为 2020 年后继续深入推进污染防治攻坚战奠定了坚实的基础。

生态文明建设和绿色发展的共识进一步得到夯实。习近平总书记 2019 年视察重庆等地时指出，要坚定不移推动高质量发展，扭住深化供给侧结构性改革这条主线，把制造业高质量发展放到更加突出的位置，加快构建市场竞争力强、可持续的现代产业体系。

习近平主席在 2019 年中国北京世界园艺博览会开幕式上指出："生态治理，道阻且长，行则将至。我们既要有只争朝夕的精神，更要有持之以恒的坚守。"

经济基础决定上层建筑，生态环境问题源于经济的增长和社会的发展。同样地，生态环境保护的状况和条件也取决于所处的经济社会发展水平。也就是说，处于什么样的经济社会发展阶段，就有什么样的生态环境问题，也就有什么样的条件和能力解决这个阶段的生态环境问题。发达国家生态环境保护的历史表明，工业化的转型期是最佳的生态环境治理和法治建设时期。目前我国正处于工业化转型期，是生态文明建设和体制改革的最佳窗口期，到了有条件也有能力摒弃"先污染后治理"传统道路的历史阶段。

要解决我国转型期的生态环境问题，需要做到以下两点：一是要有必要的历史紧迫感，抓住国际产业竞争的时间窗口，抓住机遇夯实产业基础、特色，稳中求进，做优、做强制造业和化工业，不断培育新的竞争优势，在高质量发展的进程中统筹解决生态环境保护问题。二是要保持必要的历史耐心。总的来看，我国还是一个发展中国家，我国的生态文明从实力上看还属于发展中阶段的生态文明，离发达阶段的生态文明还有较大的差距。按照党的十九大关于 2035 年美丽中国基本建成和 2050 年美丽中国全面实现的目标部署，全面建成与中等发达国家对标的美丽中国仍需付出长时间的艰苦努力。

2019 年 12 月召开的中央经济工作会议指出我国经济稳中向好、长期向好的基本趋势没有改变。重点打好蓝天、碧水、净土保卫战，再次强调坚持方向不变、力度不减。这些要求，对于坚定全社会打好污染防治攻坚战的信心具有重要的作用。

二、生态环境治理的模式和措施更加成熟

（1）生态环境监管模式更加成熟。在过去的几年，大气污染防治攻坚战取得很大成绩。国家将有关经验移植到水和土壤环境保护的领域，取得了较大成功。如 2019 年 5 月，生态环境部启动水环境治理的"红黑榜"排名制度，层层传导压力，倒逼各地党委和政府加强水环境的保护和治理。

（2）突出精准治污、源头防控。2019 年，中央多次强调反对"一刀切"式的简单粗暴执法。生态环境部等部门积极贯彻落实，《京津冀及周边地区 2019—2020 年秋冬季大气污染综合治理攻坚行动方案》将"调整优化产业结构"作为首要工作任务，对企业开展分类分级环境管理。2019 年 12 月召开的中央经济工作会议要求突出精准治污、科学治污、依法治污，推动生态环境质量持续好转。要重点打好蓝天、碧水、净土保卫战，完善相关治理机制，抓好源头防控。

总的来看，我国的污染防治逐渐从以末端治理为主的环境污染治理阶段转向以源头防控为主的环境治理阶段，既减少生态环境保护成本和无效投资，也促进企业经济的长远发展。

（3）推动区域协同和流域协同。区域协同，能够培育区域产业优势，共同形成和提升区域的产业竞争力。同时，通过区域和流域协同，能够精准治污，合力提升区域和流域生态环境保护的整体成效。2019 年《粤港澳大湾区发展规划纲要》《长江三角洲区域一体化发展规划纲要》等纲领性文件相继发布，区域协调高质量发展模式正在开花结果。2019 年 9 月 18 日，黄河流域生态保护和高质量发展座谈会在河南郑州举行，会议提出了"大保护、

大治理"的要求，为黄河流域生态保护和高质量发展定下了调子，明确了指导思想和努力方向。党的十九届四中全会提出要加强长江、黄河等大江大河生态保护和系统治理，全面开启了我国大江大河流域绿色高质量发展的新格局。

三、生态环境保护督察工作法治化迈出坚实一步

中央生态环境保护督察正从以督促地方端正生态环境保护态度、打击生态环境违法、营造良好守法氛围为主要任务的阶段，步入以强调增强生态环境保护基础、提升绿色发展能力、促进高质量发展为主要任务的阶段。

从督察事项来看，中央生态环境保护督察从侧重环境污染防治向生态保护和环境污染防治并重转型。从督察模式来看，中央生态环境保护督察从全面的督察向全面督察与重点督察相结合转型。从督察方式来看，中央生态环境保护督察从监督式追责向监督式追责和辅导、辅助并举转型。从督察重点来看，中央生态环境保护督察从着重纠正环境违法向纠正违法和提升守法能力相结合转型，既治标也治本。从追责对象来看，中央生态环境保护督察从主要追责基层官员向问责包括地方党政主管在内的各方面、各层级官员转型。从督察体制来看，中央生态环境保护督察正在得到其他机构巡视和督察工作的协同支持，督察的权威性得到进一步增强。从督察规范化来看，中央生态环境保护督察从专门的生态环境保护工作督察向全面的生态环境保护法治督察转变。从督察实效来看，第一轮中央生态环境保护督察及"回头看"解决了老百姓身边关心的环境问题大约15万个，成效巨大。

第一轮中央生态环境保护督察"回头看"结束后，中共中央办公厅、国务院办公厅于2019年6月印发《中央生态环境保护督察工作规定》。按照规定的要求，中央生态环境保护督察包括例行督察、专项督察和"回头看"等，督察对象包括省级党委、政府及其有关部门、承担重要生态环境保护职责的国务院有关部门、从事的生产经营活动对生态环境影响较大的有关中央企业等。该规定对督察的目的、机构、任务、事项、步骤、方式、内容、时间、纪律等做出了具体细致的规定，奠定了督察制度的法制基础。

四、生产方式和生活方式正在实现绿色转型

生态产品价值转化为金山银山正成为各地生动实践。2019年3月，浙江省政府办公厅出台《关于印发浙江（丽水）生态产品价值实现机制试点方案的通知》，要求到2020年，形成多条示范全国的生态产品价值实现路径，形成一套科学合理的生态产品价值核算评估体系，建立一套行之有效的生态产品价值实现制度体系，建立一个面向国际的开放合作平台。2019年5月，《国家生态文明试验区（海南）实施方案》出台，要求将海南打造成生态价值实现机制试验区。总的来说，通过基础设施建设，通过制度创新，通过信息平台构建，通过特色和优势产业培育，各地绿水青山所蕴含的生态产品价值正在有序地实现其经济价值，不断释放生态建设所带来的经济红利和社会红利。

环境友好型和资源节约型的生活方式正在形成。2019年7月1日，上海市全面启动垃圾分类工作，全民参与的垃圾分类工作取得阶段性成效。同年9月，中央全面深化改革委员会第十次会议审议通过了《绿色生活创建行动总体方案》。同年11月，北京市修改了《北

京市城市生活垃圾管理条例》，对全市城乡垃圾分类做出了强制性的规定。这对于在全国弘扬习近平总书记提出的"垃圾分类工作就是新时尚"具有引领作用。

绿色发展方式和绿色生活方式逐渐培育，渐成常态。特别是把碳达峰、碳中和纳入生态文明整体布局，倒逼生产方式和发展方式转型，推动经济发展质量变革、效率变革、动力变革，加快构建现代绿色产业体系、生产体系，建设人与自然和谐共生现代化经济体系，使我国逐渐走出一条不以牺牲环境为代价的绿色现代化新道路。

更加注重 14 亿人生活方式的绿色转向，倡导简约适度、绿色低碳的生活方式，开展垃圾分类，反对奢侈浪费和不合理消费。节约型机关、绿色家庭、绿色学校、绿色社区已成为人民群众重要的价值理念和行为范式。

专栏 4-1　数字环境——福建省级生态环境大数据云平台

福建省自 2015 年起，按照"大平台、大整合、高共享"的集约化思路组织建设省级生态环境大数据平台。该平台是全国首个省级生态环境大数据平台，汇聚了来自省、市、县三级环保系统及部分相关厅局的业务数据，以及物联网、互联网等数据，并在此基础上进行处理分析，初步构建环境监测、环境监管和公众服务三大信息化体系。2018 年 4 月，福建省级生态环境大数据平台正式上线运行。

该平台的建立有效健全了环境监测体系：一是通过接入 167 个大气环境质量监测点、87 个水环境质量监测点、21 个核电厂周边监测点、998 个污染源在线监测点等，实现了对水、大气、土壤、核与辐射环境的统一动态监控。如今，全省流域水质状况都汇集在一张电子地图上，随机点开一个点位，就可以看到该点位当前的水质状况。二是该系统可以在污染出现时，有效通过空间模型进行污染溯源。这不仅能作用在水领域，也能对大气环境有所改善。三是完善了"一企一档"，对污染源进行了全过程监管。998 家企业、1 396 个点位联网在线监控，每天可以接入数据 20 多万条，这些数据通过平台的智能分析实现了自动预警，全面提高了工作人员的调阅效率。值得一提的是，生态云平台还能利用环境案件信息、污染源监测、环评、排污许可、投诉举报、水气土壤环境质量监测等数据，综合比对分析，勾勒出"企业画像"，找出已被处罚对象的数据特征，设定高违法风险企业预警规则，为今后精准定位执法对象提供参考。

第三节　生态文明建设的中国经验

推进社会主义生态文明建设不断攀登新高峰、不断取得新成就、不断迈向新阶段，需要保持战略定力，必须做到"八个坚持"。

一、坚持以"党政同责""一岗双责"落实生态环保责任

"党政同责"强调地方党委和政府对生态文明建设和生态环境保护共同担责，落实党委和政府两个主体的共同责任，地方党委领导也是追责对象。同时，追责与党政领导考核评价、干部选拔任用晋升等制度联动，把追责落实到问责上，与党政领导干部升迁绝对挂钩。

"一岗双责"强调党政机关、企事业单位及其领导和工作人员除了履行自己的业务职责，还要承担本领域有关的生态文明建设和生态环境保护管理或者监管职责，通过明确生态环境保护责任清单，实现管发展必须管环保、管生产必须管环保、管行业必须管环保、管建设必须管环保，形成全方位、全地域、全过程齐抓共管的生态文明建设大格局。

二、坚持以生态红线管控引领绿色发展

通过划定并严守生态保护红线、环境质量底线和资源利用上线，保障国家生态环境和能源资源安全，倒逼发展质量和效益提升。生态保护红线强调实现一条红线管控生态功能重要区域和生态环境敏感脆弱区域等重要生态空间，确保生态功能不降低、面积不减少、性质不改变，维护国家生态安全。环境质量底线的核心是坚持环境质量无劣质、反降级、保安全基本要求，将大气、水、土壤等环境质量"只能更好、不能变坏"作为地方各级政府环保责任红线。资源利用上线要求合理设定全国及各地区资源消耗"天花板"，对能源、水、土地等战略性资源消耗总量实施管控，强化资源消耗总量管控与消耗强度管理的协同。

1. 坚持政治高度"红线"

以习近平同志为核心的党中央一直把治理生态环境作为一项重要的政治责任，不断探索并形成了一系列有关推进生态环境治理、构建生态文明的政策与措施，提高生态环境领域国家治理体系和治理能力现代化水平。习近平总书记曾明确指出："经过三十多年快速发展积累下来的环境问题进入了高强度频发阶段。这既是重大经济问题，也是重大社会和政治问题……我们不能把加强生态文明建设、加强生态环境保护、提倡绿色低碳生活方式等仅仅作为经济问题。这里面有很大的政治。"[①]缺乏政治的高度与力度，仅凭经济、技术等手段进行治理，生态环境可能实现局部的改良，但不可能实现根本性好转，甚至局部的改善是以牺牲他人（包括后代人）的利益为代价。党中央已充分认识到从政治高度推进生态文明建设的重要性、紧迫性，并根据实际情况作出战略安排，明确目标任务，即 2035年"生态环境根本好转，美丽中国目标基本实现"，21 世纪中叶"生态文明将全面提升"。落实既定的战略安排，需要我们时刻保持战略定力。其一，要有始终坚持生态文明建设的政治自觉。生态环境污染具有负外部性，生态环境保护具有正外部性，以及生态文明建设具有投入大、见效慢的长周期性等特征，都决定了抓紧、抓严、抓好生态文明建设任务艰巨。2021 年 1 月，习近平总书记对领导干部这一"关键少数"三提"政治判断力、政治领

---

① 习近平关于社会主义生态文明建设论述摘要[M]. 北京：中央文献出版社，2017：4-5.

悟力、政治执行力"。在生态文明建设领域，党的领导干部同样要有"政治三力"。

我国生态文明建设取得的成就与党中央的坚强领导分不开，与各级领导干部的严抓落实分不开。但与此同时我们也应该注意到，尽管党中央三令五申，部分领导干部仍置若罔闻，阳奉阴违。祁连山环境污染、秦岭北麓违建别墅、木里矿区非法采煤等，均严重破坏生态环境，这些事件的发生都与相关领导干部政治纪律严重缺失密切相关。生态文明建设必须抓好"关键少数"，但不能只抓"关键少数"。广大党员必须身体力行，立足本职岗位做生态文明的践行者、推动者，能否积极推进生态文明建设是是否具有政治意识、是否讲政治的试金石。广大人民群众是生态文明建设的重要参与者，也应以主人翁的政治自觉守护人类共有的家园。

2．狠抓生态环境生产力"绿线"

提到生产力，我们一般讲的是社会生产力。其实，劳动生产力包括劳动的自然生产力与劳动的社会生产力两个不可或缺的组成内容。在马克思主义经典著作中早已有自然生产力的相关论述："可能有这种情况：在农业中，社会生产力的增长仅仅补偿或甚至还补偿不了自然力的减少。""作为资本的无偿的自然力，也就是说，作为劳动的无偿的自然生产力加入生产的。""撇开自然物质不说，各种不费分文的自然力，也可以作为要素，以或大或小的效能并入生产过程。"诚然，由于当时的认识水平仍比较有限，马克思主要将生产工具和劳动对象等自然"资源"考虑进了自然生产力范畴，也就是说，那些不对生产产生直接影响或者说不直接进入生产过程的生态环境对生产力的影响，在当时并没有引起足够的重视。

中国共产党自成立以来，总是想方设法地推动生产力的发展，其中也包括对自然生产力一定程度的关注。毛泽东同志、邓小平同志在领导革命和建设的过程中，十分重视植树造林、绿化祖国、兴修水利、治理水患等，这些其实也是对自然生产力的重视。只不过当时我们提自然生产力不多，相对而言更强调社会生产力的发展，或者说是让自然生产力从属于社会生产力。

如前所述，江泽民同志已认识到"环境"是生产力的构成要素，创新性地提出了资源环境生产力理念；此后，胡锦涛同志、习近平同志对资源环境生产力进行了进一步探讨与完善。胡锦涛同志指出："良好的生态环境是实现社会生产力持续发展和人们生存质量不断提高的重要基础。"习近平总书记进一步指出，"保护生态环境就是保护生产力，改善生态环境就是发展生产力"。生态与资源、环境一起并入生产力范畴，这说明自然生产力不只是资源生产力，而是生态环境生产力。生态环境生产力坚持"保护与改善"生态环境并举，这是对以"征服与改造"自然为要义的传统生产力理论的精准纠偏。从资源生产力—资源环境生产力—生态环境生产力，我们党对生产力的认识不断深化，马克思主义生产力思想得到不断丰富与发展。习近平总书记的"绿水青山就是金山银山"理念是对生态环境生产力的另一种表述，其中"绿水青山"是自然生产力的体现，"金山银山"是社会生产力的概括，"绿水青山就是金山银山"更是说明了自然生产力与社会生产力的内在联系，是生态环境生产力的直观表达。过去，我国在生态环境保护问题上走过一些弯路，其中最根本的原因是在追求经济增长的同时忽视了生态环境的重要性。缺乏生态环境生产力的强有力牵引，经济社会发展就会偏离人与自然"生命共同体"的航道。

3．构建最严制度与法治"高压线"

中华人民共和国成立之后，我们党就开启了用制度与法治保护生态环境的历程，各项制度和法律从无到有、从弱到强，为生态环境治理与生态文明建设提供了有力的支撑。党的十八大报告明确提出："完善最严格的耕地保护制度、水资源管理制度、环境保护制度。"①习近平总书记强调："保护生态环境必须依靠制度、依靠法治。只有实行最严格的制度、最严密的法治，才能为生态文明建设提供可靠保障。"②党的十八届三中全会指出："建设生态文明，必须建立系统完整的生态文明制度体系，实行最严格的源头保护制度、损害赔偿制度、责任追究制度，完善环境治理和生态修复制度，用制度保护生态环境。"习近平总书记的系列论述表明，推进生态文明建设必须用最严制度与法治保驾护航，这是我们党百年实践的经验总结，也是新时代推进生态文明建设的迫切要求。

4．守护生态民生"生命线"

中国共产党始终坚持以人民为中心，始终尽最大努力维护最广大人民的根本利益。我们党推进生态环境治理和生态文明建设，其目的也是通过采取系列举措保护和改善生态环境，进而保障和改善生态民生。只不过，在不同的历史时期，生态民生的地位不尽相同。

在实现"站起来"的历史征程中，因为革命任务异常艰巨，也因为当时我国生态环境相对良好，我们党开展环境治理工作实际上已兼顾了生态民生问题，只是在认识层面，当时的民生还没有明显包含生态环境选项。在谋求"富起来"的历史阶段，求"生存"的强烈愿望让物质民生成了第一位的民生问题，生态民生处于次要与从属地位。但需要指出的是，如果没有中国共产党为保护环境所采取的系列措施，以中国庞大的人口体量和人均资源严重不足的现实国情，生态环境破坏肯定比现实更严重，影响更深远。

中国特色社会主义进入新时代，"强起来"已成为时代强音。随着生产的发展与生活水平的提高，人民对良好生态环境有着殷切的期待。民之所需，政之所向，行之所至，这是中国共产党的执政理念，新时代的民生也被适时赋予了生态底色。"良好生态环境是最公平的公共产品，是最普惠的民生福祉""环境就是民生，青山就是美丽，蓝天也是幸福"，如此等等，不一而足。"最公平""最普惠"说明良好生态环境可以突破"代内"限制而实现"代际"共享，可以超脱地域限制而实现全国甚至全球共享。"环境就是民生"则有力回应了以各种理由有意无意忽视生态民生的种种杂音。

美好生活是当今时代人们的现实诉求，内在包含对良好生态环境的期待。缺乏良好生态环境的支撑，美好生活的含金量无疑要大打折扣。推进生态文明建设，守护生态民生的"生命线"，这是我们党执政为民的生动诠释。

由于自然资源的有限性和人类需求的无限性，推进生态文明建设并非权宜之计，而是一个长期战略，中国共产党始终是推进生态文明建设的坚强领导核心。坚守"红线"，狠抓"绿线"，建构"高压线"，才能守护"生命线"。

① 徐君，等. 建立和完善最严格的环境保护制度[N]. 光明日报，2013-12-17.
② 习近平关于社会主义生态文明建设摘编[M]. 北京：中央文献出版社，2017：99.

三、坚持以协调统筹的生态环保体制支撑环境治理体系现代化

生态环境的治理保护是一项系统工程，"头痛医头、脚痛医脚"很难取得良好的效果，反而容易顾此失彼，最终造成系统性破坏。这就要求建立健全职能科学、权责统一、结构优化、运行顺畅、权威高效的生态环境保护管理体制和组织体系，统筹自然资源监管、生态保护、污染防治等职责，统筹陆海空生态环境建设，统筹城乡生态环境保护，同时明确各地、各部门的生态环保责任清单，建立健全职责明晰、分工合理的责任体系，进行综合管理、统筹监管和行政执法。

专栏 4-2　生态文明建设目标考核不合格将被通报批评、约谈

《2018 年河南省生态文明建设目标考核方案》（以下简称《方案》）指出，将重点考核各省辖市、省直管县（市）2016—2017 年生态文明建设目标任务完成情况。考核结果将作为干部奖惩的重要依据，对考核等级为不合格的省辖市、省直管县（市）将给予通报批评，约谈其主要负责人。

《方案》指出，目标考核对象是各省辖市、省直管县（市）党委和政府。考核内容是重点考查《河南省国民经济和社会发展第十三个五年规划纲要》确定的资源环境约束性指标，以及省委、省政府部署的生态文明建设重大目标任务完成情况。主要包括五个方面：资源利用（28 分）、生态环境保护（42 分）、年度评价结果（24 分）、公众满意程度（6 分）、生态环境事件（扣分项）。

目标考核将按照《河南省生态文明建设目标评价考核实施办法》规定的程序进行，分为地方党委和政府自查、专项考核结果认定、生态环境事件认定、目标完成情况评价、厅际联席会议审查、考核结果公布六个步骤。根据《方案》，各省辖市、省直管县（市）党委和政府需首先对照《生态文明建设考核目标体系》开展自查，形成生态文明建设目标任务完成情况自查报告，报送省委、省政府并抄送省发展改革委。其次，需要完成对各省辖市、省直管县（市）生态环境事件认定。最后，考核结果报告报送省委、省政府审定，经同意后向社会公布。《方案》明确，对考核等级为优秀的省辖市、省直管县（市）给予通报表扬，对考核等级为不合格的省辖市、省直管县（市）给予通报批评，约谈其主要负责人。

四、坚持以行政、民事与刑事司法联动实施有效环境监管

通过行政、民事和刑事司法手段的无缝衔接和高效联动可以形成监管合力，从根本上改变以往环境执法中企业"违法成本低、守法成本高"的状况。对于企业环境违规违法行为，在环境行政执法基础上，通过生态环境损害赔偿制度，由造成生态环境损害的责任者承担赔偿责任，修复受损生态环境，破解"企业污染、群众受害、政府买单"的困局。对

于涉及环境污染犯罪的，以刑事手段追究环境犯罪企业和法人的责任，对环境违法犯罪形成高压震慑，可以有效地推动解决各类突出环境问题，最终促使企业守法成为常态。

五、坚持以联防联控促进区域和流域生态环境治理

区域大气污染联防联控就是通过建立统一规划、统一监测、统一监管、统一评估、统一协调的工作机制来优化区域经济布局，统筹交通管理，发展清洁能源等，推动落实区域大气污染治理控制目标和任务。流域水污染防治联防联控就是流域上下游地方政府按照流域生态环境保护要求，通过建立联合协调机制，实行统一规划、统一标准、统一监测、统一防治措施，打破行政区界限，形成治水合力，预防和解决流域突出水环境问题。

六、坚持以典型示范推广生态文明建设最佳实践

政府通过带头采购节能环保产品、推行绿色办公、建设绿色机关、评选表彰生态文明建设先进组织和个人等树立全社会标杆，营造崇尚生态环保的社会风尚，引领全社会形成社会主义生态文明主流价值观。推行企业环保领跑者制度，组织实施产品环保领跑者制度。国家制定环保领跑者标准和统一标识，发布环保领跑者产品名单，给予名誉奖励和政策激励，鼓励企业大声喊出"我是环境守法者""我是环保领跑者"。总结推广以绿色生产、绿色采购和绿色消费为重点的生态设计和绿色供应链环境管理典型示范。通过生态文明建设示范区创建，总结各地最佳实践，形成可复制、可推广的生态文明建设典型模式。

七、坚持以多元共治推动全社会共同行动

除了强化地方党委、政府及其有关部门的环保责任、严格落实企业依法治理污染的主体责任，并督促其自觉履行更多环境责任，还需要社会公众的有序、有效参与。通过环境信息公开、环保宣传教育等鼓励公众积极参与环保决策和社区环境事务，推动生活方式绿色化，把生态环境意识转化为自觉行动，化环境"邻避"为环境"邻利"，让每个人都成为生态文明建设的参与者、贡献者和受益者，实现生态文明建设的共治和共享。

八、坚持统筹国内国际两个大局，推动生态文明走向世界

在当前我国"走出去"战略的大背景下，一方面，要继续充分借鉴国际经验，为加快生态文明建设提供支持；另一方面，要承担与自身能力相匹配的国际环境责任，在加快解决国内突出资源环境问题的同时，通过绿色"一带一路"倡议、联合国环境保护南南合作平台、国际环境公约履约等向国际社会特别是发展中国家传播、推广和共享生态文明建设的理念、经验和最佳实践，推动生态文明走向世界，展现作为负责任大国的担当和形象，为全球可持续发展提供中国理念、中国道路、中国方案和中国贡献。

复习思考题

1. 简述中国共产党在生态文明建设中的实践探索。
2. 我国生态文明建设取得的主要成就有哪些?
3. 概述生态文明建设的中国经验。
4. 什么是责任追究制度? 请举例说明。

第五章　"五位一体"推进新时代生态文明建设

学习目标

➢ 理解绿色经济发展格局和方式
➢ 了解我国社会主义生态制度体系
➢ 掌握社会主义生态文明观的深刻内涵
➢ 掌握生态治理新格局

"五位一体"总体布局是中国共产党在新时代背景下提出的社会主义现代化建设的任务书，构建了一幅我国经济、政治、文化、社会和生态文明相互协调发展的蓝图。党的十八大以来，我们党关于生态文明建设的思想不断丰富和完善。在"五位一体"总体布局中，生态文明建设地位非常重要。我们党把生态文明建设纳入"五位一体"总体布局是对人类发展和人与自然关系的科学判断，指出了我国未来生态文明发展的道路、方向、目标，是新时代建设生态文明和美丽中国的指导方针和基本遵循。

第一节　发展绿色经济推进绿色发展

在党的十七大提出的建设生态文明的基础上，党的十八大进一步确立了社会主义生态文明的创新理论，构建了建设社会主义生态文明的宏伟蓝图，制定了社会主义生态文明建设的基本任务、战略目标、总体要求、着力点和行动方案，并向全党、全国人民发出了努力走向社会主义生态文明新时代的伟大号召。绿色经济与绿色发展是 21 世纪人类文明演进与世界经济社会发展的大趋势、大方向。据此，建设生态文明、发展绿色经济、实现绿色发展是全人类的共同道路、共同战略、共同目标，是生态文明绿色经济及新时代赋予我们的神圣使命和历史任务。

绿色经济的文明属性不是工业文明的经济范畴，而是生态文明的经济范畴。生态文明经济范畴的绿色经济包含两层含义：一是它作为理论形态是生态文明的经济社会范畴，是生态文明时代崭新的主导经济，我们称为绿色经济形态；二是它作为实践形态是生态文明的经济发展模式，是生态文明崭新时代的经济发展模式，我们称为绿色经济发展模式。①这就决定了建设生态文明、发展绿色经济的双重战略任务，既要形成生态和谐、经济和谐、社会和谐一体化的绿色经济形态，又要形成生态效益、经济效益、社会效益相统一的绿色经济发展模式。

党的十八大首次把绿色发展（包括循环发展、低碳发展）写入党代会报告，使绿色发展成为具有普遍合法性的中国特色社会主义生态文明发展道路的绿色政治表达，标志着实

---

① 高红贵. 绿色经济发展模式论[M]. 北京：中国环境出版社，2015.

现中华民族伟大复兴的中国梦所开辟的中国特色社会主义生态文明建设道路，是绿色发展与绿色崛起的科学发展道路。绿色发展是高质量发展的基本内涵，也是解决突出环境问题的根本之策。习近平总书记指出："我们强调推动形成绿色发展方式和生活方式，就是要坚持节约资源和保护环境的基本国策，坚持节约优先、保护优先、自然恢复为主的方针，形成节约资源和保护环境的空间格局、产业结构、生产方式、生活方式，为人民创造良好的生产生活环境。"①

一、推进形成绿色空间格局

推动区域绿色协调发展。一是深入实施主体功能区战略。主体功能区是对国土空间开发的战略设计和总体谋划，是对各类空间主导功能的明确定位，体现了国家空间管控的战略意图，是空间规划与空间管控的基础。要加快实施主体功能区战略，推动各地区按照主体优化开发、重点开发、限制开发、禁止开发的功能定位有序发展，坚持生态优先、绿色发展。二是促进西部、东北、中部、东部四大区域绿色协调发展。西部地区自然资源丰厚，要以生态恢复和保护为主，坚持生态优先，强化生态环境保护，有序开发石油、煤炭、天然气等战略性的资源。东北地区是我国重要粮食主产区，必须强化农用地土壤环境保护，守住东北黑土地的质量意义重大。重点加强大小兴安岭、长白山等森林生态系统保护，维护北方生态安全屏障。中部地区是我国新增长极，要以自然环境承载能力为基础，有序承接产业转移，推进鄱阳湖、洞庭湖生态经济区和淮河、汉江生态经济带建设，加强水环境保护和治理。东部地区是我国创新发展、绿色转型的先行区，要加快探索实现生产发展、生活富裕、生态良好的文明发展道路，为全国提供绿色创新发展模式和经验。

科学谋划生产空间、生活空间和生态空间的布局。科学有序布局生产空间、生态空间、生活空间，其目的是给自然留下更多休闲空间，为子孙后代留下天蓝、地绿、水净的美好家园，更好地满足人民美好生活需要。为此，我们的重要抓手：一是要完善空间开发保护制度。实施主体功能区战略，必须把禁止开发、限制开发与划定生态保护红线、完善生态补偿机制结合起来，把重点开发与控制行业污染排放总量结合起来，把优化开发与提升行业生产效率标准结合起来，基于环境承载能力，确定产业布局和总量，形成竞争化的国土空间开发格局。健全自然资源和生态空间的用途管制制度，建立开发许可制度。二是要统筹生产、生态、生活空间。坚持生态优先，促进城镇化建设速度、规模与区域自然环境承载能力相匹配相协调，深入推进绿色城镇化建设。大力提高城镇土地利用效率、城镇建成区人口密度；高度重视生态安全，扩大森林、湖泊、湿地等绿色生态空间比重，增强水源涵养能力和环境容量，控制开发强度，增强抵御和减缓自然灾害能力，提高历史文物保护水平。减少工业用地，适当增加生活用地特别是居住用地，切实保护耕地、园地、菜地等农业空间，划定生态红线。将农村废弃地、其他污染土地、工矿用地转化为生态用地，在城镇化地区合理建设绿色生态廊道。三是科学制定城市规划。城市是人口集聚的重点，也是生活空间的重点。这就需要根本扭转城市"摊大饼"式的无序增长、低效率开发的空间格局，把创造优良人居环境作为中心目标，遵循自然规律、城市发展规律，强化传承历史、

① 中共中央文献研究室. 习近平关于社会主义生态文明建设论述摘编[M]. 北京：中央文献出版社，2017：35-36.

绿色低碳等理念，努力把城市建设成为人与人、人与自然和谐共处的美丽家园。提高城乡宜居性，在城市规划过程当中要留白增绿，让城市与山水林田湖草等绿色空间有机结合，体现城市精神、特色、魅力。通过大力开展生态文明建设，让城市再现绿水青山。

完善空间规划体系。国土是美丽中国建设的物质基础、资源来源、空间载体和构成要素。空间规划是国土空间发展的指南，是各类开发建设活动的基本依据，为经济社会发展、城镇产业空间布局、生态环境保护等各类规划提供空间管制保障。因此，要站在社会主义现代化建设全局的角度，统筹城乡发展、区域发展、人与自然和谐发展，建立统一科学的国土空间规划体系。推进市县"多规合一"，统一编制市县空间规划，逐步形成一个市县一个规划、一张蓝图。推进完善空间规划体系，整合各类空间规划及管控手段，将国民经济和社会发展规划、城乡规划、土地利用规划等多个规划融合到一个区域，把该开发的地方高效集约开发好，该保护的区域严格保护起来，实现一个市县一个规划，一张蓝图干到底。

强化生态环境空间管控。绿色发展，首先要坚持尊重自然、顺应自然、保护自然的基本理念，以资源环境承载能力为基础，明确生态环境资源的底线，制定生态环境准入负面清单，强化生态环境空间管控和布局调整，守底线，优发展。"生态保护红线、环境质量底线、资源利用上线，生态环境准入清单"简称"三线一单"。"三线一单"是生态环境保护和空间布局的基础，也是生态环境管理的重要依据，在对重点区域、重点流域、重点行业和产业布局开展规划环评和环境管理时，要确保发展战略与相关规划不突破"三大红线"，对不符合生态环境功能定位、不符合"三线一单"要求的产业布局、规模和结构要进行调整优化。解决生态环境问题，将源头性、基础性的空间格局确定好，树立底线思维，立好规矩，明确哪些空间是不能触碰的"高压线"，哪些是需要坚定守住的"底线"，才能使发展更高效，保护更充分。通过"三线"框定了资源环境生态的自然本底和承载力的开发利用阈值，通过生态环境准入清单这"一单"规范开发建设的行为，从而为正确处理经济发展与环境保护提供基本依据，为推动形成有利于生态环境保护和资源节约的空间布局、产业结构、生产方式和生活方式提供重要抓手。

二、推进产业结构绿色转型

产业结构是指社会生产活动在各生产部门之间以及内部的构成。产业结构转型升级是指精简、调整、巩固和提高区域产业结构效率的过程，即发展和提高适应功能，提高相关水平，其中更加注重产业素质、联系方式和产业之间相对地位的协调度。产业结构高级化，是指在产业结构合理协调的基础上将产业素质和产业效益向更高处发展，反映了产业结构由低级到高级、由简单到复杂、由小规模到大规模的动态发展过程。产业结构合理化本质上指产业部门之间，产业结构转型对产业实现绿色发展起到直接作用，产业结构转型是发展的必然结果，因为随着收入的增加，人们的产品需求结构也会发生转变，收入弹性更高的产品需求份额会随之提高。产业结构的转型可以实现高效率企业进行市场扩大和兼并吸收其他低效率企业，从而形成资源利用效率更高、能源结构更加环保以及产业结构更加轻盈的绿色发展模式。推进绿色产业结构转型，就是要深化供给侧结构性改革，坚持传统制造业改造提升与新兴产业培育并重、扩大总量与提质增效并重，抓好生态工业、生态农业、生态旅游，促进一二三产业融合发展，让生态优势变成经济优势。

持续推动化解落后和过剩产能。党的十九大报告把深化供给侧结构性改革摆在贯彻新发展理念、建设现代化经济体系这一重大战略布局的第一位，符合国际发展大势和我国发展阶段性要求，也是推进绿色发展的重点任务。坚持去产能、去库存、去杠杆、降成本、补短板（"三去一降一补"）是深化供给侧结构性改革的重点任务，尤其是持续化解污染重、资源消耗大、达标无望的落后与过剩产能，对推动绿色发展、改善生态环境质量意义重大。一是紧盯推进化解产能的重点行业。总体来看，电力热力生产和供应业、煤炭开采和洗选业、房屋和土木工程建筑业、黑色金属冶炼及压延加工业、化学原料及化学制品制造业、非金属矿物制品业、有色金属冶炼及压延加工业、汽车制造业等主要工业行业产能仍处于过剩区间。尤其是一些环境污染重、资源消耗量大的基础原材料产业的落后与过剩产能，仍是去产能的重点。二是坚决淘汰和退出污染重、消耗大的落后产能。落实等量或减量置换方案等措施。产能严重过剩行业项目建设，必须制订产能置换方案，实施等量或减量置换，在京津冀、长三角、珠三角等环境敏感区域，实施减量置换。结合产业发展实际和环境承载力，通过提高能源消耗、污染物排放标准，严格执行特别排放限值要求，加大执法力度，深化落后产能淘汰工作。引导产能有序退出，完善激励和约束政策，研究建立过剩产能退出的法律制度，引导企业主动退出过剩行业，鼓励地方提高淘汰落后产能标准。

推进产业体系绿色升级。坚持化解产能与产业升级相结合，充分发挥生态环境保护的倒逼作用，以新技术、新产业、新业态、新模式为核心，在农业、制造业、服务业领域中激发生态资源禀赋产业化的新功能，强化知识、技术、信息、数据等新生产要素的支撑作用，持续推动传统产业的改造升级，提高质量和效率。一是"生态+农业"模式的创新发展。深入推进农业绿色化、优质化、特色化、品牌化，推动农业由增产导向转向提质导向，实施产业兴村强县行动，培育农产品品牌，保护地理标志农产品。大力发展绿色生态健康养殖，打造生态农场，做大做强民族奶业，科学布局近远海养殖和远洋渔业，建设现代化海洋牧场。因地制宜创建一批特色生态旅游示范村镇和精品线路。二是发展先进制造业，推动传统产业升级。先进制造业既包括新技术催生的新产业、新业态、新模式，也包括利用先进适用技术、工艺、流程、材料、管理等改造提升落后的传统产业，要坚持做强增量和调优存量两手抓。做大做强新兴产业。突出抓好大飞机、航空发动机和燃气轮机、集成电路新材料、新能源汽车、5G 等重点领域创新突破。加强规划和政策引导，有计划建设一批开发区和特色工业园区，把重点放在培育和建设先进制造业上面。改造提升传统产业。引导企业积极开发新产品，不断提高产品性能，持续改进生产工艺，实现优质制造，更好地适用和引领消费需求。以深化制造业与互联网融合发展为重心，大力形成数字经济时代的新型供给能力。打造服务业竞争性优势，统筹规划发展现代物流，加快建设现代物流市场体系、设施网络体系和信息服务体系。深度融入全球服务分工体系，优化和提升服务供给结构和层次。

加快发展节能环保产业。当前推动供给侧结构性改革，尤其需要培育壮大新动能，加快新旧动能转换。党的十九大报告提出壮大节能环保产业、清洁生产产业、清洁能源产业，这既是支撑生态环境治理的产业基础，也是国家大力发展战略性新兴产业、建设绿色低碳循环发展产业体系的重要领域。一要加大投入带动节能环保产业发展。重大环保基础设施建设、生态保护与修复工程、资源循环低碳产业、节能环保技术领域的各项投资等绿色产业成为引领经济发展的重要引擎。结合"十三五"规划重点领域和"一带一路"建设、京津冀协同发展、长江经济带发展、粤港澳大湾区建设等重大区域战略，积极规划和实施清洁能源、空气质量改善、水系统治理、土壤环境保护、生态保护与修复、废弃物资源循环利用、美丽乡村农村建设、智慧环保等节能环保、清洁生产、清洁能源重大工程，以节能环保大投入带动产业大发展。二是加快推进节能环保产业市场化进程。积极探索构建金融清洁生产水平差异化金融服务体系，从政策和资金两方面夯实产业发展基础。加强对环境第三方治理、政府购买环境服务、环境监测社会化服务、环境 PPP 制度的引导、培育和支持。探索水价、污水处理、垃圾处理等税费标准改革，增强环保产业盈利能力。严格规范市场，建立环境服务企业绩效考核机制和诚信机制。

三、推进形成绿色生产和生活方式

绿色生产方式是供给侧结构性改革的基本要求，为了实现中国经济全面、稳定、健康、持续的科学发展，必须将绿色生产方式作为绿色发展的首要任务。该任务的提出是我国对经济社会发展规律以及生态文明建设认识与实践不断深化的结果。所谓绿色生产方式，就是一种注重人与自然和谐共生、经济发展与环境保护共赢的绿色循环低碳发展方式。这种发展方式是对传统工业文明的粗放型发展方式的超越，表征人类社会发展的新趋势。绿色生产方式是以生态文明为价值取向，追求人与自然和谐发展。绿色生产方式体现了"生态主导型的现代化发展"基本战略。绿色生产方式主导下生产的物质产品是一种能够满足绿色消费需求的生态化产品。

生态文明所倡导的绿色生活方式是对传统工业文明生活方式的重新审视和彻底变革，它使得人类生活方式沿着绿色发展理念的要求来运行，使人类生活行为在自然生态系统阈值范围内进行选择，促进人与自然以及人与社会的和谐发展。绿色发展是一种科学、全面、协调和可持续发展，是一种人们认识和处理人与自然关系的基本态度以及方式，这就从根本上决定了当今人类的生活方式必须践行绿色生活方式，而绿色生活方式必定会带来新的消费需求，又会加快绿色生产的结构调整，促进生产方式的改革。因此，我们要走一条绿色生产和绿色生活相和谐的发展道路。绿色生活方式是科学发展观的必然要求，是生态文明的呼唤；科学发展观既是科学的生产发展观，也是科学的生活发展观。绿色生活方式是促进生态文明建设和美丽中国建设的必然要求。

推行绿色生产方式和生活方式，必须坚持尊重自然、顺应自然、保护自然，坚持生态优先、绿色发展，坚持树立人与自然和谐相处的生态原则。

坚定尊重自然、顺应自然、保护自然的信念。只有坚信尊重自然的发展道路才是有前途的发展道路。人类与自然是平等的，人类不是自然的奴隶，人类也不是自然的主宰者。人类不能凌驾于自然之上，人类的行为方式应该符合自然规律。只有树立这样的理念原则并为之付诸行动，合理地开发、利用、保护自然资源，自然才能给予我们相同的回报和馈赠。

坚持节约优先、保护优先、自然恢复为主的方针。坚持节约优先，在资源上把节约放在首要位置，着力推进资源节约和高效利用，提升资源的单位产出；保护优先，就是在环境上把保护放在首位，加大环境的保护力度，始终坚持预防为主、综合治理的方针，减少污染物的排放，改善环境质量；自然恢复为主，就是在生态上将人工建设为主转向自然恢复为主，加大环境自身的修复能力，做到从源头出发，保护生态环境。

坚持人与自然和谐共生的生态原则。人与自然和谐共生，追求的是人类实践活动及人类经济社会发展不能超越自然界生态环境的承载能力，以保护生态系统运行的生态合理性。保护生态环境就是保护生产力，改善生态环境就是发展生产力。让"绿水青山"源源不断带来"金山银山"，实现良好的经济效益、社会效益与生态效益，实现人与自然和谐共处、和谐发展。

第二节 推进形成生态保护新体制和机制

"五位一体"中生态文明建设不仅是我国社会主义现代化建设的内容之一，也是各项建设和改革发展的新背景和新趋势。政治文明建设必须与生态文明建设相结合，既要为生态文明建设提供坚实的政治制度保障和良好的制度与管理环境，也要按照生态文明建设的根本要求，推动形成生态保护新体制和机制。

一、树立绿色政绩观

绿色发展是科学发展，随着科学发展理念深入人心，干部考核的政绩标尺正在发生改变，除了经济增长指标，生态环保指标、节能减排指标、民生福祉指标等都成为新的考核标准。这种新政绩考核被称为"绿色政绩考核"。

"绿色政绩考核"是生态文明建设中的基础性思想观念，是生态文明发展观在行政管理领域的具体运用，也是实现我国生态文明建设目标的一个重要驱动力。树立绿色政绩观，必须以习近平生态文明思想为理论基础。绿色政绩观不仅是指导各级干部从事环境保护工作的思想观念，更是政治、经济、社会和生态环境保护各方面执政观念的全面更新和升级。因此，必须坚定树立绿色政绩观，完善领导干部政绩考核机制。

（一）建立科学的生态文明建设考核评价机制

科学的考评机制能够科学评价领导班子和领导干部的工作实绩，引导广大干部尤其是领导干部形成正确的施政导向。生态文明建设作为"五位一体"总体布局中重要的不可或缺的内容，符合人民意愿，符合可持续发展的要求。因此，牢固树立起绿色政绩观，就是把人民利益放在第一位，就是把推动科学发展与促进人民群众生活水平和生活质量提高结合起来，最大限度地实现好、维护好、发展好人民群众的根本利益。

传统的"GDP 考核"，注重"发展至上"，留下不少"GDP 后遗症"，如"黑色经济""污染经济""高耗能经济"等。我们得到了辉煌产值，却将青山绿水弄成了白山黑水；我们有钱了，精神质量、生活质量和幸福保障却严重滞后。各地、各部门政绩考核评价制度的一个普遍问题，就是过分偏重经济指标的考核，考核评价指标体系片面、单一，没有很好地解决政绩评价"唯 GDP"的倾向。此外，多头考核、重复考核、繁琐考核、"一票否决"泛化、基层迎考、迎评负担沉重等问题也比较突出。针对这些问题，党的十八大和十八届三中全会进一步提出，要完善干部考核评价制度，改革和完善发展成果考核评价体系，纠正单纯以经济增长速度评定政绩的偏向。近年来，习近平总书记先后多次强调，"再也不能简单以国内生产总值增长率来论英雄了"，并要求中央组织部抓紧研究提出落实意见。2013年12月10日，中央组织部印发《关于改进地方党政领导班子和领导干部政绩考核工作的通知》（以下简称《通知》），就是为了更好地贯彻落实中央的要求。《通知》规定今后对地方党政领导班子和领导干部的各类考核考察，不能仅仅把地区生产总值及增长率作为政绩评价的主要指标，不能搞地区生产总值及增长率排名，对限制开发和生态脆弱区域取消地区生产总值考核。随后，全国很多地方积极落实对党政干部的绿色政绩考核，如沈阳市、浙江新添市、河北鹿泉区、苏州市。政绩考核不以 GDP 论英雄，看好山、守好水、种好树、保护好生态，就是最大的政绩、最辉煌的政绩，也能得到提拔和重用。实际上，不"唯 GDP 论英雄"的要求更高、任务更重。

科学的绿色政绩考评机制，要求把环境保护和脱贫攻坚统一在最基本的民生之中。生态环境是公共物品，是关系民生的重大社会问题，保护和修复生态环境则是公共服务，目的是使环境质量改善和提升的成果为全社会共享。脱贫攻坚同样具有公共性，这项工作直接面向贫困地区和贫困群众，直接同人民群众打交道，其成果表现为全社会福利的共同提高。生态环境保护和脱贫攻坚都是民生的核心构成要素，在脱贫攻坚战中无法回避生态环境保护的问题，环境底线对于地区而言尤为重要。良好的生态环境蕴含着取之不尽、用之不竭的经济价值，是脱贫攻坚的物质保障，用脱贫攻坚的经济成果反哺生态环境，是贫困地区生态文明建设的基本思路。开展脱贫工作需要从经济建设、政治建设、文化建设、社会建设、生态文明建设"五位一体"各个层面切入，这样才能保障脱贫攻坚的实际成效，而生态环境是关系脱贫攻坚可持续性的一个重要方面，只有高度重视生态环境保护，才能为脱贫攻坚开拓新的发展实践领域。

科学的绿色政绩考评机制要求把生态文明建设作为政绩考核的核心内容。解决环境问题，保护和改善生态环境，根本和关键在于加强对生态文明建设的总体设计，持续完善相关的制度建设。其中，保障生态文明建设在政绩考核体系中占有相当权重。政绩考核是民生问题。政绩考核是一根"指挥棒"，这根棒子指向哪儿，决定了公务员把心事挂在哪儿。由此可知，政绩考核从根本上影响国家发展和人民生活。政绩考核是动态的，其影响因素也是不断变化的。如果政绩考核失实失真，政绩观发生扭曲，对民生就是灾难。现实中，政绩考核有弄虚作假的现象，"报喜者得喜，报忧者得忧"。政绩考核如果变成只重视物质的、有形的东西，就容易"拍脑袋决策"。如果人民生活质量的改善和提升凭借这样的政绩考核来推动的话，那只会沙地起高楼，越高越危险。正是在这个意义上，本次改革确立了领导干部考核"新规"，以科学发展观为导向，坚持以人为本，加大民生问题在领导干部政绩考核中的比重，把民生改善、生态文明建设作为考核评价的重要内容，把人民群众的根本利益作为政绩考核工作的基本导向。

（二）增强生态产品生产能力的制度推进机制

党的十八大报告集中论述大力推进生态文明建设，其中在提到加大自然生态系统和环境保护力度时强调，"要增强生态产品生产能力"。"生态产品"是党的十八大报告提出的新概念，是生态文明建设的一个核心理念。过去我们定义产品，是从市场的角度，现在我们必须从生态的角度来定义产品。也就是在物质产品生产过程中不再破坏生态，关于什么是生态产品,现在没有权威和定型的定义,百度百科的定义是指"维系生态安全、保障生态调节功能、提供良好人居环境的自然要素,包括清新的空气、清洁的水源和宜人的气候等。生态产品的特点在于节约能源、无公害、可再生"。随着人民生活水平的提高,老百姓对优质生态产品、优质生态环境的需求越来越迫切。

社会主义现代文明不仅是一种社会意识的制度安排,而且是一种生态创新和满足社会对生态产品需要的能力。这种满足人类对生态产品需要的能力,并不是人类对自然界的一种单纯的索取,而是一种在协调人与自然关系的过程中,不断地进行生态创新,加强生态环境资本的存量和再生产能力的一个过程。增强生态生产能力,这里是指完全生态系统的一种生产能力,我们无法探讨,但我们可以探讨进行什么样的制度安排让自然生态系统休养生息。我们现在讨论准生态产品的问题,探讨物质生产中的生态化制度安排、设计,通过制度安排来提高绿色产品的生产能力,提高产品科技含量的同时,提高产品的生态含量。在产品的生态安全责任化下,再来谈产品的生态化、绿色化的问题。由于生态系统总体上是公共所有或全民共享的,所以,生态产品一般具有公共产品的性质,从这个意义上来说,很多生态产品适合由政府来制造和提供。当然,政府也要提供制度安排来激励生态产品的私人提供者。因此,生态产品的供给不能依靠市场化运行机制,而需要一个制度层面的强力推进机制,如绿色投资、生态补偿等。

增强生态产品的生产能力亟须绿色投资。进行绿色投资,保护资源环境是每个国家和地区政府的责任。政府可以直接利用财政资金投资环境资源保护领域,也可以通过合作方式投资入股对投资项目进行绿色投资。企业绿色投资是在利益的驱使下进行的。政府应该通过环境法律法规和相关的政策措施引导企业把资金投入生态产品的生产上,力求让企业从源头上向人们提供信得过的生态产品。特别是通过财税、金融等政策激励、引导民营企业的绿色投资,推进清洁生产和资源循环利用的生态化生产方式的实施,提高生态产品的供给能力。政府可以通过补贴、给予一定年限的产权等方式来激励私人投资绿色公共服务产业。

增强生态产品的生产能力亟须加快建立生态补偿机制。生态补偿机制是这样的一种经济制度:通过制度创新实行生态保护外部性的内部化,让生态"受益者"付费;通过体制创新增强生态产品的生产能力;通过机制创新激励投资者从事生态投资。这一制度的实施,既离不开市场机制,又离不开政府的强制力和执行力。因此,必须按照责、权、利相统一、共建共享、政府引导与市场调控相结合和因地制宜积极创新的原则,建立健全生产补偿长效机制,出台生态补偿办法,具体落实相关政策措施,实施生态补偿保证金制度,增强生态产品的供给。

(三)建立和完善生态环境责任追究制度

"资源环境生态红线"是中共中央、国务院在《关于加快推进生态文明建设的意见》(以下简称《意见》)中首次提出的概念,"资源环境生态红线"是各级地方政府的环保责任红线。通俗易懂的一句话就是"只能更好、不能变坏"。为了实现这一目标需要守住环境质量的底线,在资源环境承载能力之内进行各类开发活动。

在我国过去的经济发展中,基本上没有自然资源核算,只要 GDP 搞上去了,城市建设搞得漂亮了,就提拔走了,至于留下的荒山、污染的水体,就不管了。一些地方领导为了政绩，一味地追求 GDP 而损害环境，损害环境的官员们离开这个工作岗位，就把堪忧的环境问题留给当地老百姓。鉴于生态和环境保护工作具有周期长、专业性强、涉及面广等特点，《意见》首次提出，要建立生态环境损害责任终身追究制。所谓建立生态环境损害责任终身追究制，可以理解为一任领导在任时，环境退化没有显现出来，但如果是由于他在任时的决策造成的，即使离任了也要进行问责。为了更好地促进绿色经济发展，必须以资源环境生态红线管控等为基线，建立生态环保问责制。"资源环境生态红线管控"，主要是从资源、环境、生态三个方面进行控制。具体还要划出三条线：第一条是决定资源开发的上限，也就是要划出"天花板"；第二条是严守环境质量的底线，环境质量"只能更好、不能变坏"；第三条是划定生态保护的红线，要坚决遏制生态环境退化的势头。只有同时控制住资源、环境、生态的红线范围，才能有效地倒逼经济内涵式发展，形成生产、生活、生态"三生"空间维持稳定的发展格局。

如何追责和保障责任落实到位，必须重视以下重点工作：一是多元主体、多层次主体的参与和问责。所谓多元主体，是指全社会各类组织及个人，包括政府、社会组织、公民等；所谓多层次主体，不仅是指行政机关，还包括立法机关、司法机关等。也就是说，建立生态环保问责制，进行生态环境损害责任终身追究制，不能仅仅针对地方政府主要领导，对造成生态环境损害的企业和个人，也应当终身追究其责任。毕竟直接造成生态环境损害的，通常不是地方政府及其主要领导，而是相关企业和个人。把生态环境损害责任完全推到前者身上，也有失公允。同时，只有明确相关企业和个人对生态环境损害应当承担的责任，才能厘清地方政府及其主要领导的责任。只有相关主体各负其责，生态环境损害责任终身追究制才能行之有效，成为保护生态环境的"法宝"。建立生态环境责任终身追究制，让生态损害者"无路可逃"。二是要建立问责长效机制。问责必须入法，法就是制度、规矩，因此问责当然要入法。从责任的角度看，我们不仅有法律问责，还有政治问责、行政问责，甚至还有绩效问责等。比如，绩效不好，我们可以公开、通报、诫勉谈话、约谈、责令其限期整改，这些其实都是问责的手段，但不一定是法律问责。当然，各种问责之间不能发生冲突，尤其是下位法不能与上位法冲突。解决这一问题，仍然需要进一步规范问责体系，区分各种问责的功能，明确各种问责之间的关系。

二、健全组织保障

科学完善的体制机制，是建设生态文明的组织保障，对生态文明建设和环境保护意义重大。我国生态环保管理体制逐渐完善，但生态文明建设顶层设计滞后，统筹协调机制不健全，环保职能分散、交叉，体制机制不顺，编制总量不足，技术支持不强等问题仍然比较突出，影响环保事业科学发展。必须按照"四个全面"要求，坚持"五位一体"总体布局，坚持"山水林田湖"一体化思路，坚持问题导向、理论导向和目标导向，进一步突出环境保护在生态文明建设中的主阵地、主力军作用，积极研究和推进体制改革，建立完整的生态文明制度体系、高效的自然资源资产管理和用途管制以及生态环保管理体系、多元主体共治的治理体系。

一是遵循生态系统整体性的科学规律，以污染防治、生态与资源保护、核安全监管等职能为核心，建立和完善严格监管所有污染物排放的环境保护管理制度，独立进行环境监管和行政执法；建立污染防治区域联动机制；完善污染物排放许可制，实行企事业单位污染物排放总量控制制度；对造成生态环境损害的责任者严格实行赔偿制度，依法追究刑事责任。

二是针对生态环境部门薄弱职能领域，争取强化农村环保、生物多样性保护、环境监察监测、环境应急指挥协调等机构能力建设，建立国家环境监察专员制度，增强监管能力，推进全国生态文明建设目标体系发布实施，加快划定生态保护红线，研究完善国家公园管理体制，完善生态修复和补偿制度，推动建立陆海统筹机制，建立资源环境承载能力监测预警机制，对水土资源、环境容量和海洋资源超载区域实行限制性措施，做大做强技术支撑体系。

三是研究并积极推动建立生态文明建设考评制度，制定生态文明建设目标考核评估办法，把评估结果作为各地经济社会发展评价和领导干部政绩考核重要内容。建立生态文明建设党政同责制，明确地方党委及其部门在生态文明建设中的责任。推动生态环境资产核算研究和环境审计。

四是坚持政府主导、市场推进、多方参与、协同治理原则，合理界定政府、市场、社会主体行为边界，形成三者相互制约相互支撑的合作治理框架。积极推行排污权有偿使用和交易、环境污染第三方治理、向社会购买监测服务，创新政府环保投资管理机制。健全环境信息公开制度，健全举报制度，加强社会监督。

三、建立和完善社会主义生态制度体系

建立和完善中国特色社会主义生态制度体系，必须以马克思主义生态自然观为依据，以克服当前生态危机和维护长远生态安全为现实考量。

（一）中国特色社会主义生态制度的特征

社会主义生态制度是坚持人民性与遵循科学性相统一的制度，人民的生态需要满足要以科学性为基础，科学性也要以人民的需要为目的。

生态制度是制度中的一种类型，主要调整人与自然关系，规范人们对待自然的行为方式，以维护好人与自然和谐共生。它作为中国特色社会主义制度体系中的一项重要内容和不可分割的有机组成部分，对人民美好生活的追求具有重要意义，其中，人民性与科学性是其本质要求。保障人民共享生态成果，即人民性，体现于坚持人民在生态保护与生态发展中的主体地位，依靠人民，为了人民，让人民共享生态利益。尊重自然规律，即科学性，就是要保护有机生命力，保护自然力的延续，节约资源，提高治理水平，合理利用，减少污染。只有在人民性和科学性基础上，才能真正实现人与自然和谐共生。没有科学性就不可能满足人民的利益。科学性是保护人民的长远利益与根本利益的基础。没有人民性也不能保护好生态环境，生态环境的保护需要人民共同参与。

中国特色社会主义生态制度的特征就是按照公平、节制和效率的原则，协调和平衡自然生态系统本身、人与自然之间、社会与自然之间关系的社会规则体系，是科学性与人民性、全局性与长期性、自律性与强制性的统一。其基本特征表现在：

一是中国特色社会主义生态制度是科学性与人民性的统一。任何科学的生态制度都必

须以自然规律为基础，通过规范人的行为，包括控制人口增长、限制科技应用的负面影响等，使人类主动适应不断变化的生态环境，解决人与自然的矛盾和冲突，化解生态环境危机，实现生态系统本身的动态平衡和良性循环，这是生态制度自然性的表现。我国生态制度以遵循生态规律为前提，以追求生态平衡以及人与自然的和谐相处为目标，因而是一种科学的生态制度。中国特色社会主义生态制度坚持以人民利益为本，以国家和市场的双重调节为根本途径和关键手段，以提升民众生活质量为出发点和归宿。

二是中国特色社会主义生态制度是全局性与长期性的统一。当前中国环境污染具有全方位、立体化、交叉性等特征。它不仅带来生态灾害，而且造成巨大的国民经济损失；不仅影响人民生活质量，而且威胁社会稳定；不仅是区域性问题，而且也是整体性问题；不仅制约国内经济社会可持续发展，而且成为与国家利益紧密关联的新安全问题。生态问题的全局性和长期性决定了生态制度的全局性和长期性，决定了中国海陆河统筹修复及区域间密切合作的必要性，也决定了将生态制度建设融入经济建设、政治建设、文化建设、社会建设各方面和全过程的必然性。

三是中国特色社会主义生态制度是自律性与强制性的统一。生态制度通过建立人与自然相互交往的基本规则而实际影响人们的行为选择，因而其本身就具有动力塑造与凝聚整合功能，能够为生态制度对象提供更有效率地组织生态活动的途径，使人类赖以生存的自然基础引发结构性调整，从而大大降低交易成本，增加社会福利。中国特色社会主义生态制度不仅具有上述功能，而且还具有协调和处理当前利益与长远利益、局部利益与整体利益矛盾关系的天然制度优势。

（二）中国特色社会主义生态制度体系的构建和完善

中国特色社会主义生态制度既不是单一性制度，也不是孤立性制度，而是一个植根于特定社会结构，并受中国特色社会主义经济政治制度影响和制约的生态制度体系。其中包括政府统一规划的管理制度、归属清晰的资产产权制度、自然资源的有偿使用制度、防治结合的从严治理制度。这几个方面制度的地位和作用各不相同而又相互配合，共同服务于中国特色社会主义生态制度的总体目标。

建设生态制度的目的则是在于维护与建设良好的生态环境，在社会化的前提下合理调节人与自然的关系，进而规范与约束人们的行为，促使现实向人们所希望的方向发展。它通常以法律法规的形式出现，保障人们的环境权，规定相应的行为规范和违反那些行为规范的法律责任。它合理限制人们的经济建设和开发行为，防止不合理的开发和建设活动造成生态环境的恶化和破坏；它保护和建设生态环境，对违反制度的行为和个人进行严惩，用制度的强制性将人们的行为引导到对自然有利的一面，为我国的生态环境保护事业提供强有力保障。

同时，生态制度的建设必须遵守根本原则。生态制度建设必须承认并尊重自然客观规律的存在，必须以对自然客观规律的认识与利用为手段，否则，制度的合理性和有效性将沦为空谈。合规性是生态制度建设的根本原则。人们想要从自然界中完全解放，不受自然规律的限制，或许能够在短时间内得到一定程度的满足。长久以往，迟早会破坏人与自然之间应有的和谐共生关系，招致大自然无情的惩罚与报复的恶果。因此，生态制度的建设必须以相信自然、尊重自然为前提，在尊重自然规律和服从自然规律的基础上，不断深化对自然规律的理解和认识，使制度建设与自然规律相一致、相统一，才能有助于人与自然的和谐发展，扭转生态环境问题日益严峻的现状与趋势，从而起到对自然环境的保护作用。

第三节　推进培育社会主义生态文明观

一、生态文明观

生态文明观是伴随人类社会经济发展过程中不断出现的生态恶化、环境危机和社会危机而逐渐发展起来的对整个人类与生态环境关系的重新的系统认识。生态文明一词是我国充分重视生态环境问题的产物，是我国对科学发展观的进一步延伸。从整个人类的角度来讲，生态文明是继工业文明之后的文明形态，要求人类遵循人、自然、社会和谐发展这一客观规律，标志着人类文明发展进入了一个新的阶段。当前研究对生态文明本身的定义还不明确，根据党的十八大报告的内容，可以将生态文明定义为"人类为保护和建设美好生态环境而取得的物质成果、精神成果和制度成果的总和"，这是一个贯穿于经济建设、政治建设、文化建设、社会建设全过程和各方面的系统工程，反映了一个社会的文明进步状态。从广义说，生态文明观是一种将人类社会系统纳入自然生态系统从而形成广义的生态系统的努力。广义的生态文明观要求人与人、人与自然之间的双重和谐。从这一意义上讲，广义的生态文明观是可持续发展的观念，它努力实现物质文明、精神文明和生态文明之间的协调发展。狭义的生态文明观定位于人类经济发展过程中保护和恢复自然生态平衡，减少自然资源破坏，减缓自然生态危机，努力实现人类社会和自然生态系统的平衡。生态文明观包括生态价值观、生态经济观、生态政治观、生态科技观。

二、社会主义生态文明观的内涵和特质

社会主义生态文明观是对我们党在推进生态文明建设实践中形成的理论成果的集中概括。社会主义生态文明观既源于对马克思主义哲学关于人与自然、人与社会辩证发展规律的深刻认知，也源于中国共产党人多年来开展生态文明建设的经验总结。党的十七大、十八大报告不仅要求牢固树立生态文明的观念，而且提出了应当从经济、政治、文化、社会、生态文明建设"五位一体"总体布局出发，通过坚持走生态文明发展道路，实现中国梦。党的十九大报告明确指出，"我们要牢固树立社会主义生态文明观，推动形成人与自然和谐发展现代化建设新格局，为保护生态环境作出我们这代人的努力"。[①]党的十九届五中全会公报进一步指出，"推动绿色发展，促进人与自然和谐共生……构建生态文明体系，促进经济社会发展全面绿色转型，建设人与自然和谐共生的现代化"。[②]

---

① 习近平. 决胜全面建成小康社会　夺取新时代中国特色社会主义伟大胜利[M]. 北京：人民出版社，2017.
② 中国共产党第十九届中央委员会第五次全体会议公报[N]. 人民日报，2020-10-30.

（一）社会主义生态文明观的内涵

党的十八大以来，习近平总书记站在坚持和发展中国特色社会主义、实现中华民族伟大复兴中国梦的战略高度，就生态文明建设提出了一系列新理念、新思想、新战略，形成了习近平生态文明思想，这是习近平新时代中国特色社会主义思想的重要组成部分。习近平生态文明思想指明了新时代社会主义生态文明建设的方向、目标、原则和路径，丰富和发展了社会主义生态文明观。

在思想认识上，习近平总书记对人与自然关系的本质问题作出了深刻回答，提出"人与自然是生命共同体"的重要论断，树立了尊重自然、顺应自然、保护自然的社会主义生态文明理念，将"坚持人与自然和谐共生"作为新时代坚持和发展中国特色社会主义的基本方略。

在发展理念上，习近平总书记关于"绿水青山就是金山银山"的科学论述是社会主义生态文明观最典型、最生动、最集中的表述，阐明了保护生态就是发展生产力的道理，要求探索生态优先、绿色发展的新路子，为新时代社会主义生态文明建设找到了一条重塑人与自然关系、社会与自然关系的现实路径。

在价值取向上，习近平总书记立足于人的全面发展提出了"环境就是民生"的重要论断，体现了中国共产党一以贯之地以人民为中心的发展思想，反映了社会主义生态文明建设的政治立场和价值目标，是我们党治国理政理念的具体落实。所谓"环境民生论"就是强调向人民群众提供良好的生态产品和优美的生态环境，就是提升人民群众的幸福感、满足感，以及改善民生的重要途径。"良好生态环境是最公平的公共产品，是最普惠的民生福祉。对于人的生存来说，金山银山固然重要，但绿水青山是人民幸福生活的重要内容，是金钱不能代替的。"[①]

（二）社会主义生态文明观的特质

1. 社会主义生态文明观的生态文化体系

社会主义生态文明观的生态文化体系以习近平生态文明思想为指引，具有其独特的内涵和理论特质。一是以习近平生态文明思想为代表的社会主义生态文明观，坚持"山水林田湖草生命共同体"的原则，表征的是人和自然所构成的生命共同体各要素之间的相互联系、相互制约和相互影响关系，以及人类与自然之间的保证统一关系，要求人类的实践行为必须尊重自然、顺应自然和保护自然。二是以习近平生态文明思想为代表的社会主义生态文明观反复强调，中国传统文化中"贵和"的文化价值观对于保护生态环境的现代价值和树立"和"的生态文化价值观重要性。中国传统文化的理想就是以"天人合一"的观念为基础，强调"和谐、和平、中和"等，"合"指的是汇合、融合、联合等。三是生态文明建设不仅包括生产方式的变革，而且包括绿色生活方式的养成，这就需要在全社会展开生态文明教育，树立以珍爱自然为核心的生态文化价值观。

---

① 习近平. 决胜全面建成小康社会 夺取新时代中国特色社会主义伟大胜利[M]. 北京：人民出版社，2017.

2. 社会主义生态文明观的生态制度体系

生态文明制度是否健全，关系到生态文明建设是否能够真正落到实处，这本质上是一个如何建设生态文明的问题。对于这个问题，社会主义生态文明观分别以系统论和整体论为指导，坚持"德法兼备"的社会主义生态治理观，从如何改革自然资源资产的管理体制、健全自然资源的监管体制、自然资源使用的考核机制、自然资源的分配与补偿机制等方面展开了深入探索，形成了社会主义生态文明观的制度体系，科学回答了"怎样建设生态文明"这个重大理论和实践问题。社会主义生态文明观所坚持的生态制度建设主要内容包括：建立严格的自然资源资产使用权制度，明晰自然资源使用的责、权、利三者的有机统一关系；建立完善的生态补偿制度，切实保障环境受损人的环境权益；建立严格的环境追责制度和绩效考核体制，树立正确的发展观和政绩观；新冠肺炎疫情的发生和流行凸显了加强生物安全和保护生物多样性对生态文明建设的重要性，补齐生物安全法律法规制度体系和生态制度体系建设的短板。

3. 社会主义生态文明观的生态经济体系

生态文明的经济体系主要是指以生态文明和绿色发展理念为指导，如何理解发展的本质、怎样发展以及如何理解发展、技术运用和生态文明建设的关系等问题。社会主义生态文明观强调以满足人民基本社会需要以及真正实现整体利益、长远利益的可持续发展；或者强调"以人民为中心"的发展，把满足人民的需要及其对美好生活的追求看作发展的目的、归宿和本质。强调树立以"创新、协调、绿色、开放、共享"为主要内容的新发展理念和"绿水青山就是金山银山"的生态文明理念；要求正确处理经济发展与生态文明建设之间的关系；肯定生态文明建设与经济发展的内在有机统一性；肯定"绿水青山既是自然财富、生态财富，又是社会财富、经济财富"。

三、培育社会主义生态文明观

提高公民的生态文明素质，树立培育社会主义生态文明观，需要从以下四个方面重点推进。

1. 培育生态文化

现代工业文明在创造史无前例的物质繁荣的同时，也对我们赖以生存的环境造成了史无前例的破坏。在对现代生产生活方式中存在的过度生产、过度消费和过度排放等问题进行深刻反思的过程中，生态文化作为一种人与自然和谐相处、协同发展的新型文化形态应运而生。中华民族向来尊重自然、热爱自然，绵延五千多年的中华文明孕育丰富的生态文化。而今，面对生态危机等全球性挑战，培育生态文化更是关乎人类前途命运的重大议题。党的十八大以来，以习近平同志为核心的党中央高度重视生态文化培育工作，习近平总书记多次强调要牢固树立和全面践行"绿水青山就是金山银山"理念，倡导绿色发展方式和生活方式。我们要以此为引领，加快建立健全以生态价值观念为准则的生态文化体系，加强生态文化的宣传教育，倡导勤俭节约、绿色低碳、文明健康的生活方式和消费模式，健全生态文化培育引导机制，提高全社会生态文明意识。

2. 培养生态道德

在人与环境的关系上，生态伦理学表现为生态道德对人与自然、人与环境之间关系的调节作用。生态道德倡导生态价值观、生态良心、生态正义和生态义务。生态价值观的确立，能帮助人们为维护自然环境而自觉行动；生态良心包括人们对生态环境、生物的责任感与同情感；生态正义指个人或社会集团的行为符合生态平衡的原理，符合可持续发展观。通过生态道德的培养，可以引导人民群众树立生态幸福观，进而使人们在享有生态权利的同时，具有生态责任意识，履行生态义务，使践行生态美德成为公民的一种自觉行为，使环境保护的自觉意识从美好愿景化为真正实践。

3. 开展生态教育

一个国家国民生态文明意识和生态道德的形成，有赖于国家生态教育体系的建立和生态教育的全面开展。生态教育是全民教育、全程教育和终身教育，关系到全民生态文明意识的形成和热爱自然、保护环境行为规范的形成。通过开展生态教育，能够鼓励公众自觉参与环境保护，在社会中倡导生态伦理和生态行为，使生态意识上升为全民意识。同时，开展生态教育，需要各级领导干部发挥带头示范作用，创新教育方式手段，促进形成勤俭节约、节能环保、绿色低碳、文明健康的社会风尚，为建设生态文明和美丽中国作出贡献。

4. 倡导绿色消费

习近平总书记在主持十八届中央政治局第四十一次集体学习时指出，"生态文明建设同每个人息息相关，每个人都应该做践行者、推动者。要强化公民环境意识……推动形成节约适度、绿色低碳、文明健康的生活方式和消费模式，形成全社会共同参与的良好风尚"。在全国生态环境保护大会上，习近平总书记指出，"推进资源全面节约和循环利用，实现生产系统和生活系统循环链接，倡导简约适度、绿色低碳的生活方式，反对奢侈浪费和不合理消费"。当前，我国正在推进供给侧结构性改革，这为提供更多更好的生态产品、绿色产品，满足人民日益增长的美好生活需要提供了契机。我们还要通过探索构建绿色金融体系，发展绿色产业，建立先进科学技术研究应用和推广机制等，倡导和推动绿色消费。

第四节　推进形成生态治理新格局

一、倡导绿色生活方式

"天人合一，道法自然；见素抱朴，少私寡欲。"中华民族自古就有朴素绿色生活意识，也一直在践行取之有度、用之有节的生活理念。这样的意识和理念在当今中国更显重要，因为要在人均拥有资源量极少的情况下，实现中华民族的伟大复兴，就必须践行绿色生活方式。习近平总书记在十八届中央政治局第四十一次集体学习时强调："要充分认识形成绿色发展方式和生活方式的重要性、紧迫性、艰巨性，把推动形成绿色发展方式和生活方式摆在更加突出的位置。"倡导绿色生活方式，就需要在衣、食、住、行、游等方面遵循勤俭节约、绿色低碳、文明健康要求的生活方式。绿色生活方式要求人们充分尊重生态环境，重视环境卫生，确立新的生存观和幸福观，倡导绿色消费，以达到资源永续利用、实现人类世世代代身心健康和全面发展的目的。

1. 勤俭节约的生活方式

"历览前贤国与家，成由勤俭破由奢。"勤俭节约不仅是中华民族的传统美德，而且也是我国大多数资源的平均占有量远低于世界平均水平的客观要求，任何时候我们都要提倡并坚持节约、反对浪费。但是，我们今天所说"节约"，与改革开放初期特别是中华人民共和国成立初期所说的"节约"已有不同含义。我们今天的物质丰富了、人民富裕了，不能要求像从前"缝缝补补又三年"那样的凄惨式的节约，也不提倡"一粥一饭，当思来之不易"式的过度克制，更不能以"节约"为名要求甚至强迫人们回到 1949 年前的生活状态。这不仅违背了我们追求发展的目的，而且也违背了广大人民的要求。我们应追求"节约适度"的生活方式。习近平总书记指出："生态文明建设同每个人息息相关，每个人都应该做践行者、推动者。要加强生态文明宣传教育，强化公民环境意识，推动形成节约适度、绿色低碳、文明健康的生活方式和消费模式，形成全社会共同参与的良好风尚。"

我们应该在现代生态观指引下、在人与自然和谐共处的前提下，适度提高消费层次、适度改善生活质量、扭转粗放消耗模式、杜绝奢侈浪费的消费方式，倡导节约适度的生活新方式。这种新的生活方式，关键在"适度"二字。要点有三：一是要与生态环境相适应，以不给环境添乱、不给生态添麻烦为首要标准；二是要与正常的收入水平适应，不能过分"赤字"消费，不能挤占和破坏子孙后代的生存空间；三是要与社会的文明程度匹配，生活方式与水平不能同道德伦理格格不入，消费水平既不能超出平均水平线过多、扎人眼球，也不能如守财奴般抠门。

2. 绿色低碳的生活方式

绿色低碳的生活方式是指生活作息时所耗用的能量要尽力减少，从而减少含碳物质的燃烧，特别是减少二氧化碳的排放量，从而减少对大气的污染，减缓生态恶化，减缓温室效应。党的十八大以来，在习近平总书记的倡导和引领下，绿色发展观和绿色低碳生活方式渐渐深入人心。"绿色出行""义务植树""观鸟护鸟""光盘行动"等绿色低碳行动在祖国大地如春潮涌动，倡导节约绿色低碳生活的理念犹如一股清泉，正在渗入社会的方方面面。习近平总书记指出："建设生态文明，关系人民福祉，关乎民族未来。党的十八大把生态文明建设纳入中国特色社会主义事业五位一体总体布局，明确提出大力推进生态文明建设，努力建设美丽中国，实现中华民族永续发展。这标志着我们对中国特色社会主义规律认识的进一步深化，表明了我们加强生态文明建设的坚定意志和坚强决心。"

绿色低碳生活，对于我们普通人来说是一种生活态度，并不是一种特殊或超常的能力，因此，每个人都可以做到。"从人之欲，则势不能容，物不能赡。"绿色低碳生活的核心内容是低污染、低消耗和低排放，以及多节约。只要我们践行绿色生态观，从自己做起、从现在做起，从节约电、水、油、气、食品、衣物，到多栽花、植树这些点滴做起就可以。只要有低碳意识，我们随处随时都可以为保护生态环境做贡献。习近平总书记指出："节约资源是保护生态环境的根本之策。要大力节约集约利用资源，推动资源利用方式根本转变，加强全过程节约管理，大幅降低能源、水、土地消耗强度，大力发展循环经济，促进生产、流通、消费过程的减量化、再利用、资源化。"

3. 文明健康的生活方式

生活方式是指人们在生活上和活动上较稳定的习惯、方式。生活方式在很大程度上取决于人们的价值取向、嗜好和追求。有什么样的价值观，就会选择什么样的生活方式。"居安思危，戒奢以俭"是我们共产党人的选择，"穷其所欲，以俟于死"则是我们反对的生活方式。"俭，德之共也；侈，恶之大也。"俭能立人，奢能毁人。俭与奢，关系到个人的事业成败、荣辱沉浮、家庭成破，也关系到政党兴衰、政权兴废。一个国家、一个民族、一个政党，如果奢靡之风盛行，后果将不堪设想。习近平总书记指出："浪费之风务必狠刹，要加大宣传引导力度，大力弘扬中华民族勤俭节约的优秀传统，大力宣传节约光荣、浪费可耻的思想观念，努力使厉行节约、反对浪费在全社会蔚然成风。"

我们倡导的文明健康的生活方式，主要是指有正确的理想追求、道德操守高尚、既勤奋又节俭适度的生活方式。它以明礼诚信、操守高洁、情趣高尚、家庭和美、富而勤俭、富而思进、自强不息、奉献社会为主要特征。这样的生活方式，对自己、对他人、对社会都有益处，是共产党人和人民大众应该选择的生活方式，也是构建文明社会和实现民族伟大复兴必须提倡的生活方式。

"苟得其养，无物不长；苟失其养，无物不消。"人依赖自然万物而生，又受到自然的制约。践行绿色生活理念，让全社会形成积极向上的精神追求和健康文明的生活方式，让绿色生活成为我们自觉自律的行为与习惯，美丽中国就会早日到来。习近平总书记指出："走向生态文明新时代，建设美丽中国，是实现中华民族伟大复兴的中国梦的重要内容。"

专栏 5-1 生活垃圾分类在全国地级及以上城市全面启动

2019 年 2 月 21 日，在上海召开的全国城市生活垃圾分类工作现场会指出：自 2019 年起，全国地级及以上城市将全面启动生活垃圾分类工作，到 2020 年年底，46 个重点城市要基本建成垃圾分类处理系统。近年来，46 个重点城市先行先试，推进垃圾分类取得了积极进展，收运处理配套设施不断完善，上海、厦门、深圳、杭州、宁波、北京、苏州等城市，已初步建成生活垃圾分类收集、运输、处理体系。46 个重点城市已开展垃圾分类主题宣传和实践活动 4.3 万次，入户宣传 1 200 多万次，志愿者参与人数超过 70 万；有 27 个城市实现了垃圾分类教育在辖区内学校的全覆盖；33 个城市编印垃圾分类教材或知识读本。同时，在 2025 年年底前，全国地级及以上城市要基本建成垃圾分类处理系统。时任住房和城乡建设部部长王蒙徽指出："当前，在推进垃圾分类中仍面临着一些问题，思想认识需进一步提高，一些城市对垃圾分类工作的认识仍然停留在技术层面；全国总体上垃圾分类覆盖范围还很有限，推进力度还需加大；此外，设施短板依然存在，目前只有少数沿海发达城市的垃圾分类收集、分类运输、分类处理设施比较完备。"

注：根据住房和城乡建设部等部门发布的《关于在全国地级及以上城市全面开展生活垃圾分类工作的通知》（2019）和相关报道改编。

二、形成全社会共建给力

建立健全生态环境治理体系，奠定实现绿色发展的现实基础。党的十八大向全党、全国人民发出"努力走向社会主义生态文明新时代"的伟大号召，意味着中国特色社会主义文明发展要努力迈向生态文明绿色经济与绿色发展新时代。党的十八届三中全会提出的全面深化改革总目标是完善和发展中国特色社会主义制度，推进国家治理体系和治理能力现代化。制度是关乎党和国家事业发展的根本性、全局性、稳定性和长期性问题，而国家治理体系和治理能力是一个国家制度和制度执行能力的集中体现。生态环境问题是人民群众关心的突出问题，是我党完善国家治理体系和治理能力的重要出发点。构建现代环境治理体系是实现国家治理体系和治理能力现代化的重要内容。2018 年 5 月 18 日，习近平总书记在全国生态环境保护大会上指出，"要加快构建以治理体系和治理能力现代化为保障的生态文明制度体系"。2019 年 10 月 31 日党的十九届四中全会通过的《中共中央关于坚持和完善中国特色社会主义制度 推进国家治理体系和治理能力现代化若干重大问题的决定》明确提出，"生态文明建设是关系中华民族永续发展的千年大计。必须践行'绿水青山就是金山银山'的理念，坚持节约资源和保护环境的基本国策，坚持节约优先、保护优先、自然恢复为主的方针，坚定走生产发展、生活富裕、生态良好的文明发展道路，建设美丽中国"。[①]

现代生态环境治理体系可理解为政府、市场和社会在法律规范和文化习俗基础上，依照生态系统的基本规律，运用行政、经济和社会管理的多元手段，协同保护生态环境的体制、制度体系及其互动合作过程，既强调体制、制度和机制建设，也强调治理能力、过程和效果，既重视普适的生态环境价值观，也重视特定的历史文化条件。我国现行的生态环境治理体系仍存在很多问题，政府、企业和社会共治合作格局尚未建立，生态环境统一监管体系和协调合作机制尚未形成，还没有符合实际需求的生态环境法律体系。因此，构建生态环境治理体系对我国的生态文明建设具有至关重要的作用。

1. 健全生态环境治理体系是从工业文明走向生态文明的实践进程中的必经之路

健全生态环境治理体系，是国家治理体系的部分内容之一，是国家治理体系在生态环境保护领域的具体体现。党的十八届三中全会对生态环境领域作了一系列部署，提出"紧紧围绕建设美丽中国深化生态文明体制改革，加快建立生态文明制度，健全国土空间开发、资源节约利用、生态环境保护的体制机制，推动形成人与自然和谐发展现代化建设新格局"的重要指导思想，还进一步提出"建立系统完整的生态文明制度体系，实行最严格的源头保护制度、损害赔偿制度、责任追究制度、完善环境治理和生态修复制度，用制度保护生态环境"。

坚持和完善生态文明制度体系是一项复杂的社会系统工程，必须明确其总体要求，加强顶层设计。2019 年 11 月 26 日，中央全面深化改革委员会第十一次会议审议通过了《关于构建现代环境治理体系的指导意见》（以下简称 《意见》）。2020 年 3 月初中共中央办公厅、国务院办公厅正式印发了《意见》。《意见》对环境治理体系作出了顶层设计和战略部署，对现代环境治理体系的目标要求、构建思路与实施路径提出了系统性安排，要求建立健全领导责任体系、企业责任体系、全民行动体系、监管体系、市场体系、信用体系、法律政策体系，落实各类主体责任，形成导向清晰、决策科学、执行有力、激励有效、多元参与、良性互动的环境治理体系，为推动生态环境根本好转、建设美丽中国提供有力的制度保障。《意见》体现和深化了党的十九届四中全会关于生态环境治理体系的重要内核，

[①] 中共中央关于坚持和完善中国特色社会主义制度 推进国家治理体系和治理能力现代化若干重大问题的决定[N].
人民日报，2019-11-06（1）.

整合集成了党的十八大以来我国在环境治理体系和治理能力方面的制度探索和制度经验，优化了生态环境治理体系的逻辑结构和内容体系，吸收借鉴了一些行之有效的制度政策改革创新实践，确立了生态环境治理体系的治理主体、治理机制、治理载体等核心要素，推动生态环境治理进入体系化、规范化轨道，也对完善生态文明建设制度体系具有重要的指导意义。

不仅如此，健全生态环境治理体系，要求建立自然资源产权制度和用途管制制度体系，充分发挥市场在配置生态环境资源上的作用，完善资源性产品价格形成机制；健全生态环境法律法规体系，构建分权制衡、相互协调、上下联动的行政管理体制。生态环境治理体系与经济、政治、文化、社会等领域的治理体系相互协调、相互作用，形成解决生态破坏、应对气候变化、环境与发展冲突等问题的制度体系。

2. 建立健全生态环境治理体系，有赖于强有力的法治保障

当前制约我国生态环境治理能力提升的一个短板，还体现在治理制度的系统化、法治化水平与当前治理实践的快速发展不相匹配。将生态文明建设的制度优势转化为制度效能、治理效能，把各项制度政策真正落实到位。要进一步完善生态环境法治政策，将不符合生态文明体制改革目标与要求的法律法规及时修改，将当前实践探索和经验推广比较成熟的生态环境保护政策措施及时通过立法法定化，通过立法不断将生态环境监管执法体制改革成果予以固化和制度化。

环境保护领域的法律制度，必须从生态文明建设和生态环境治理的角度，重新考虑立法目的和思路，调整现行的以环境污染排放浓度达标和总量控制为核心的法律制度体系，以环境风险评价为基础，以环境质量保护和管理为基本导向，加快建立起保护公众身体健康和以实现区域、流域环境质量改善为导向的法律制度体系；进一步明确和落实政府、企业和公众的环境保护权利和义务，构建起包括各种社会主体的权利和义务体系；强化有关产业结构调整和资源、能源利用方面的调控措施，增补有关财税、排放权市场与交易、价格、金融等方面的经济制度措施；加大对环境污染的行政处罚力度，完善有关环境损害赔偿和责任追究的规定，有效解决"守法成本高、违法成本低"的问题，为扭转环境质量继续恶化的局面，创造必要的法律制度保障。

资源利用领域的法律制度，必须根据党的十九届三中、四中全会精神，从当前资源利用领域有关立法的基本情况来看，有两个基本的调整方向：一是修改完善现行各项法律中有关自然资源产权及其资产管理的各项规定，逐步形成适应社会主义市场经济发展和生态文明建设要求的自然资源产权制度和资产管理制度体系；二是修改完善各项法律中有关资源节约和资源保护的规定，形成有效限制资源消耗和鼓励资源节约的、行政的、经济的与社会的管理制度体系，包括有关自然资源资产核算、自然资源资产审计和考核等制度，使现行各项"资源利用法"和"资源管理法"真正转化为"资源保护法"和名副其实的"资源基本法"。

在绿色转型发展和国土空间规划领域的法律制度，必须从绿色发展、循环发展、低碳发展等发展理念出发，深入开展相关领域的重大立法项目和重大法律制度的研究论证工作，总体规范经济社会发展和国土空间开发布局。我国现行的循环经济促进法、清洁生产促进法的可操作性不强、措施执行不得力、实施效果不明显。而现行的国土空间规划的各项法律法规之间有关规划的规定重叠交叉，规划体系混乱、层次不清，结果造成各种规划过多过滥，这不仅浪费了大量行政资源，也增加了社会负担。因此，必须修改完善相关领域的法律规范。

3. 改革生态环境保护管理体制，加快推进生态文明的绿色发展

党的十九大要求，应加快生态文明体制改革，建设美丽中国，构建政府为主导、企业为主体、社会组织和公众共同参与的生态环境共治体系。有效的国家生态环境治理涉及"谁来治理""如何治理""治理得怎样"三个问题，分别对应"多元参与""治理机制""监督考核"三大要素。我国现行的生态环境保护管理体制，是在传统的土地、自然资源国有和集体所有制框架下，以及计划经济体制和资源开发计划管理体系下建立的，逐步发展形成现在的以政府主导和行政监管为特征的体系。随着环境问题日益凸显，传统意义上的政府职能已远不能满足现代管理和绿色经济发展的需要，因此，必须理顺生态环境管理各部门之间、各级政府之间的关系，转变政府职能。

多元参与。一是以政府为主导。生态环境治理要发挥政府主导作用。政府在生态环境治理中的主导作用主要体现在：制定相关生态环境治理法规、政策和标准体系，制定与实施生态环境建设总体规划和专项规划，提供生态环境治理基础设施和公共产品服务，依法行政和依法监管，维护良好秩序、保障公共安全等。二是以企业为主体。在市场经济条件下，企业具有创新的内生动力，应在生态环境治理的多元参与中占有一席之地。生态环境治理要将企业作为重要主体，发挥企业以追逐利润为目标，以符合市场需要为导向，以技术创新为核心竞争力的优势，在经济活动和竞争中优胜劣汰出最适合市场及消费者需要的产品及服务，从而形成良性循环。三是社会组织和公众共同参与。充满活力的社会组织、有现代公民精神的社会公众是生态环境治理的活力所在。社会组织在治理中发挥公益、高效和灵活的作用。

治理机制。治理机制即解决"如何治理"的问题，特别是解决如何实现善治良治的问题。治理机制是治理主体和客体之间的衔接桥梁，善治良治的前提是主客体之间关系的科学认知。当前中国生态环境治理在机制和模式选择上应着力突出两个方面：一是根据依法治理理念，严格遵守国家已有的法律和法规，同时依法审慎地利用地方立法权，形成良好的法制环境；二是系统梳理和统筹整合制度、体制、机制、工具并实现相互之间的有机衔接，综合判别各种治理工具的优劣，高效集成治理工具箱，实现治理方法的智慧选择和有机组合。

监督考核。监督考核是要解决"治理得怎样"的问题，即如何确保生态环境治理按照既有方针及政策施行。监督考核首先是依法治理的重要抓手。为加强生态环境治理能力，需要强化生态环境监督考核机制，从而将权力关进制度的笼子，加强对权力运行的制约和监督。同时，监督考核也是生态环境治理的有效途径，要通过健全和完善生态环境考核评价机制，建立起激励机制和容错纠错机制，形成积极倡导和实施良治的氛围。

复习思考题

1. 论述我国应如何发展绿色经济并促进绿色发展。
2. 如何大力推动形成绿色生产方式和生活方式？
3. 论述我国应如何推进生态保护新体制的形成。
4. 我国社会主义生态文明观的内涵是什么？
5. 我国应如何推进形成生态治理新格局？

第六章　新时代推进生态文明建设的原则

学习目标
➢ 掌握生态文明建设的基本原则
➢ 掌握"绿水青山就是金山银山"理念的核心内涵
➢ 理解中国在全球生态文明建设中的重要地位

在 2018 年全国生态环境保护大会上，习近平总书记提出新时代推进生态文明建设必须坚持的六项重要原则：坚持人与自然和谐共生；绿水青山就是金山银山；良好生态环境是最普惠的民生福祉；山水林田湖草是生命共同体；用最严格制度最严密法治保护生态环境；共谋全球生态文明建设。这六项重要原则构成一个紧密联系、有机统一的思想体系，深刻揭示了经济发展和生态环境保护的关系，深化了对经济社会发展规律和自然生态规律的认识，是新时代推动我国生态文明建设迈上新台阶的行动指南，为建设美丽中国提供了基本遵循。

第一节　坚持人与自然和谐共生

坚持人与自然和谐共生，蕴含了马克思主义人与自然关系的基本原则，反映了道法自然的东方智慧，是绿色发展的基础和结果，也是现代化理论的新发展。

一、人与自然和谐共生的内涵

人与自然的关系问题是人与自然和谐共生要解决的首要问题。党的十八大以来，以习近平同志为核心的党中央高度重视人与自然关系，并就新时代如何正确认识与处理人与自然关系提出了许多新论断和新要求，如"人因自然而生，自然是生命之母"；"人与自然是生命共同体"等，并在党的十九大报告中提出"要坚持人与自然和谐共生，我们要实现的现代化是人与自然和谐共生的现代化"，并将坚持人与自然和谐共生作为新时代中国特色社会主义的基本方略之一，深刻阐释了人与自然和谐共生对于社会主义现代化建设的重要性。

人与自然和谐共生是正确认识人与自然关系的科学理念。"人与自然和谐共生"是人与自然关系的理想状态。一是人与自然和谐共存。人是自然的一部分，人类不能凌驾于自然之上。二是人与自然和谐共通。万物皆有生命，要相通相知，友好相处。三是人与自然和谐共荣。人与自然应同向同行，没有良好的生态环境就没有人类的进步，良好的生态环境就是人类的进步。坚持"人与自然和谐共生"是以习近平同志为核心的党中央在新的历史发展时期提出的生态文明理念，是习近平生态文明思想的重要组成部分。坚持人与自然和谐共生的具体内涵包括如下内容：

1. 坚持人与自然和谐共生即坚持人与自然是生命共同体的理念

习近平总书记将人与自然有机地联系在一起，认为人与自然乃是生命共同体，是一种共生关系。这一理念，也是践行马克思主义关于正确处理人与自然关系的具体体现。马克思主义生态观认为："人类只有一个地球，人来自自然界，人是自然的一部分。"[①]恩格斯指出："我们连同我们的肉、血和头脑都是属于自然界和存在于自然之中的。"[②]习近平总书记提出的人与自然是生命共同体理念，是中国传统生态文化与生态智慧的高度凝结，是马克思主义生态观的最新注解，也是新时代生态文明建设的逻辑起点。人与自然是生命共同体，这是新时代的声音。坚持人与自然和谐共生即坚持人与自然是生命共同体。

2. 坚持人与自然和谐共生是推进生态文明建设的必然选择

对于生态文明的内涵，当代环境伦理学家认为，它是以新的文明思想、文明方式和文明态度，对人与自然的关系加以探究、审视与调整，以达成"人与自然和谐共生的文明形态"。简言之，生态文明的本质特征，就在于人与自然处于和谐共生的理想状态。这并不是要求人类文明回归到原始文明形态，而是致力于探究人类文明在转型与跃迁方面的路径。对于生态文明建设，习近平总书记更是给予高度重视，视之为新时代的重要任务与民族发展的千年大计。生态兴则文明兴，坚持人与自然和谐共生是生态文明的应有之义，也是生态文明建设中应当持之以恒、贯穿始终的理念。

3. 坚持人与自然和谐共生是推进美丽中国建设的内在需求

党的十九大报告指出，我国已经进入新时代。新时代的主要特征之一是社会主要矛盾的变化。过去人们盼温饱，求生存；现在人们盼环保，求生态，对于美好生活环境的需求也日臻强烈，深入人心。2019 年 2 月，习近平总书记在《推动我国生态文明建设迈上新台阶》一文中，对美丽中国的时间表和路线图作出了规划——确保美丽中国这一目标在 2035 年得以基本实现，并于 21 世纪中叶真正建成美丽中国。坚持人与自然和谐共生，矢志不渝地走生态文明发展道路，建成美丽中国这一宏伟目标必将为时不远、指日可期。

二、人与自然和谐共生是正确处理人与自然关系的行为准则

习近平同志关于人与自然和谐共生的阐述，在科学分析人与自然辩证统一关系的基础上，还相应地回答了人类应该如何正确处理人与自然关系的问题，是正确处理人与自然关系的行为准则。

1. 人与自然和谐共生是人与自然相处时应遵循的道德准则

道德意义上的人与自然和谐共生，是人类通过对自身实践活动的理性反思从而实现人与自然关系的理性升华，要求人们对待自然界应秉持的理性态度，对自然界施以道德关怀，与自然界互动互利、共生共存。对此，习近平同志对人与自然间的道德准则提出了新的要求，他指出：人类在处理人与自然关系时"必须尊重自然、顺应自然、保护自然"，否则就会受到大自然的报复。这个规律谁也无法抗拒。人因自然而生，人与自然是一种共生关

---

① 马克思. 1844 年经济学哲学手稿[M]. 北京：人民出版社，2000.

② 马克思，恩格斯. 马克思恩格斯全集（第 4 卷）[M]. 北京：人民出版社，1995.

系，对自然的伤害最终会伤及人类自身。只有尊重自然、顺应自然、保护自然，才能有效防止在开发利用自然上走弯路。才能在经济建设不断取得新发展的同时，保持良好的环境和完备的生态系统，为当代和后代留下天蓝、地绿、水净的美好家园。

2. 人与自然和谐共生是人与自然相处时应遵守的法律规范

道德和法律同为人类行为的社会规范，道德的约束为人类行为的标准线，法律的制约为人类行为的底线，人类在与自然相处的过程中不仅要受到道德的约束，还要受到法律的制约。因此，人与自然和谐共生不仅是处理人与自然关系的道德准则，还是法律规范。把人与自然和谐共生作为一种道德要求加以提倡，以努力升华人们的道德理想和道德境界，把人与自然和谐共生作为一种法律规范加以强调，以依靠国家的强制力来调节人与自然的关系，以保障个人的生态权益以及保证个人履行对生态环境的法律责任和法律义务。一方面，人与自然和谐共生强调要保护个人的生态权益；另一方面，权利和义务是对立统一的关系，法律层面上公民拥有生态权利，相应地，也要履行保护环境的义务。

三、人与自然和谐共生是新时代生态文明建设的基本方略

中国特色社会主义进入新时代，以习近平同志为核心的党中央领导集体从我国的基本国情出发，既秉承以往的生态理念，又从更全面的战略高度上，基于我国新时代经济、政治、价值层面的现实状况，提出了"人与自然和谐共生"的科学理念。

坚持人与自然和谐共生为基本原则的生态文明建设是"五位一体"总体布局的重要组成部分。"五位一体"总体布局重在"一体"，缺少任何一个环节都不能称其为"一体"。以往制定经济社会目标的着力点往往聚焦在经济的发展水平问题上，其深层次的指向是促进经济的大力发展。而新时代的"五位一体"总体布局是强调促进我国的经济文明、政治文明、精神文明、社会文明及生态文明彼此协调一致、可持续发展。在物质生活满足、精神生活丰富、社会法制日益健全的环境下，生态文明建设的相对脱节显得尤为突出。"五位一体"总体布局中其他方面的建设过程也为人与自然和谐共生的实现提供策略支撑和物质保障，为生态文明建设目标的达成提供了不竭的动力和现实可能性。

人与自然和谐共生理念始终站在人民的立场上，增进民生福祉，是对马克思生态民生思想的丰富和发展。马克思一生致力于人的解放问题，一方面，马克思关于自由与必然的辩证关系分析，包含有遵循自然规律的潜在意蕴。人是自然界的产物，从自然中获得生存所需，只有遵循自然规律，才能使人们实现真正的"自由"。另一方面，马克思关于人的"解放"理论不仅关涉人自身的解放，而且关涉自然的解放。处于一定社会关系中的人作为自然界的一部分，追求自身自由而全面发展，不仅意味着解放自身，也意味着解放自然。人的实践活动作为人与自然之间进行物质交换的中介，与环境的改变具有一致性，生存环境是否合乎人性很大程度上取决于人的实践活动。在上述人与自然辩证关系的论述中，马克思始终把人的发展作为最终目的。人与自然和谐共生思想是在继承和发展马克思主义的基础上、结合我国的具体实际提出的，它追求经济、社会与环境的和谐发展，坚持绿色发展、循环发展、低碳发展，始终站在人民的立场上，坚持发展为了人民，发展依靠人民，发展成果由人民共享。

新时代的人与自然和谐共生观，依然以人民利益作为至高至上的风向标，为当今时代

的生态文明建设提供了新思路，构建了"人与自然的和谐和人与社会的和谐将达到高度的统一"的宏伟蓝图。

四、推进实现人与自然和谐共生的实践保障

人与自然关系的演进不是一蹴而就的，而是"人与自然之间关系动态的、历史的辩证发展结果"。它不仅需要从全体社会成员的生产、生活、思想意识等各个方面循序渐进地做出改变，而且需要经过一代又一代人的不懈努力。因此，在当下乃至今后很长一段时间我国生态文明建设的实践中，贯彻落实人与自然的和谐共生观，需要强有力的制度作为保障。

坚持基本国策和方针，建立责任追究制度。党的十八届四中全会将"全面推进依法治国"作为我国的一项重要战略思想，不仅为我国推进中国特色社会主义建设提供了保障，也为包括生态文明建设在内的一系列总体布局提供了坚实有力的后盾。具备至高权威性和约束力的法律法规的存在，使得生态文明建设相关制度的建立更加顺利，也促使各项制度在制定的过程中更加注重科学性、严谨性、完整性和系统性。其中，要特别注重责任追究制度的建立和完善。当下的生态环境治理中遇到的很多难题，往往是因为责任落实不到位，各个环节对责任分工不明晰、责任追究难以展开造成的。当某种自然资源的开采利用没有受到明确的约束，当某个地区的生态环境无法得到有效的保护，其对生态环境造成的损失往往是难以估量的。只有明确了生态责任，实行责任分工明确的制度，并在此基础上对责任追究制度加以完善，才能起到有效的约束作用，保障生态文明建设的任务顺利完成。

加快生态制度创新，强化制度执行力度。新时代的生态制度不仅仅是一种冷冰冰的约束框架，在更多的情况下是一套有温度的制度体系。我国的生态文明制度体系注重创新建设，在法律和法规之外，还衍生出了积极正面的宣传教育制度和引导广大人民群众积极参与的奖励制度，力争做到"外在约束力与内在驱动力并行"。在警示破坏生态环境等负面行为的同时，通过正向的宣传，号召百姓参与到我国的生态文明建设中来，树立起广泛的生态环保意识，提高公众的整体生态素养。同时，借助积极的宣传教育，将建设美丽中国的目标变得具体形象，强化人民群众的主人翁意识和责任感，更有助于生态文明建设相关制度的落实。当然，一项好的制度成效还要看这个制度的执行情况。如果制度仅仅停留在口头表面，那么就会导致大范围流于形式的应付，一切设想的成效都无从谈起。因此，生态文明建设要想顺利步入制度化轨道，还需要在执行的过程中保持高度的执行力，为人与自然实现和谐共生保驾护航。

面对气候变化、生物多样性丧失、荒漠化加剧等日益凸显的人与自然深层次矛盾，必须坚持人与自然和谐共生，坚持以人为本、系统治理和绿色发展。人类应该以自然为根，按照生态系统的内在规律，统筹考虑自然生态各要素，顺应当代科技革命和产业变革大方向，抓住绿色转型带来的巨大发展机遇，推动形成人与自然和谐共生的现代化建设新格局。

专栏 6-1　一路"象"北，云南野生亚洲象群体迁徙

云南省林业和草原局介绍，2021 年 4 月 16 日，原生活栖息在西双版纳国家级自然保护区的 17 头亚洲象群从普洱市墨江县迁徙至玉溪市元江县。4 月 24 日，其中 2 头象返回普洱市墨江县，其余 15 头象继续向北迁移，途经红河哈尼族彝族自治州石屏县，进入玉溪市峨山县。5 月 27 日晚，象群一度进入峨山县城游荡。29 日晚，监测团队证实，象群已进入玉溪市红塔区境内。红塔区和峨山县正密切监控象群动态。监测显示，该象群由成年雌象 6 头、雄象 3 头、亚成体象 3 头、幼象 3 头组成。象群从"老家"西双版纳一路北上峨山县，迁徙近 500 km，几乎跨越了半个云南省。

国家一级重点保护野生动物、旗舰物种亚洲象罕见地一路北迁，引发社会广泛关注。有关部门和地方高度重视，采取措施全力防范象群北迁带来的公共安全隐患，确保人象安全。40 余天时间里，该象群在元江县、石屏县共肇事 412 起，直接破坏农作物达 842 亩，初步估计直接经济损失近 680 万元，当地群众的正常生活生产秩序受到影响。

象群为何会北迁？专家指出，栖息地承载力下降可能是重要原因。云南省亚洲象分布区的 11 个自然保护区中，10 个属森林生态系统保护类型。随着保护力度不断加大，森林郁闭度大幅提高，亚洲象的可食植物反而减少，不少象群逐步活动到保护区外取食，频繁进入农田和村寨，增加了与人类的接触。据统计，有 2/3 的亚洲象已走出了保护区生活，增加了管理和保护的难度。此外，随着亚洲象种群数量增长，其分布范围不断扩大，常年活动于村寨、农田周围，并根据不同农作物、经济作物成熟时节，往返于森林和农田，主要取食农户种植的水稻、玉米等作物，在食物匮乏时节，还会取食农户存储的食盐、玉米等，出现"伴人"活动觅食现象。

为缓解"人象冲突"，政府部门采取了为大象建"食堂"、为村民修建防象围栏、开展监测预警等措施，同时引入社会力量致力于让村民在保护中受益，让社区参与保护，推动保护监测、栖息地修复。针对野象造成的人身伤害和财产损失，政府为群众购买了野生动物公众责任保险，尽力弥补野象造成的损失。与此同时，近年来实施的亚洲象预警监测，也有效避免了多起野象伤人事件。

注：根据新华社 2021 年 8 月 11 日报道《大象奇游记——云南亚洲象群北移南归纪实》改编。

第二节　坚持绿水青山就是金山银山

"绿水青山就是金山银山"的重要论断，从生产和消费、供给和需求两端丰富了发展理念、拓展了发展内涵，对提高发展质量和效益、促进经济持续健康发展具有重大的理论意义和现实意义。

一、"绿水青山就是金山银山"的核心内涵

"绿水青山就是金山银山"是重要的发展理念，也是推进现代化建设的重大原则。其核心内涵主要包括以下几个方面。

（一）"绿水青山就是金山银山"阐述了生态环境与经济发展的关系

2005 年 8 月 15 日，时任浙江省委书记的习近平同志在湖州市安吉县天荒坪镇余村考察时指出，不能以牺牲生态环境为代价来发展经济。他明确指出："我们过去讲既要绿水青山，也要金山银山，其实绿水青山就是金山银山。"时隔不久，习近平在《浙江日报》（2005 年 8 月 24 日）上发表了题为《绿水青山也是金山银山》的文章，他指出："我们追求人与自然的和谐，经济与社会的和谐，通俗地讲，就是既要绿水青山，又要金山银山。"他强调，"如果能把良好的生态环境优势，转化为生态农业、生态工业、生态旅游等生态经济的优势"，那么"绿水青山也就变成了金山银山"。这反映了人类发展理念、发展方式的深刻变革，揭示了经济社会发展与生态环境保护的关系。2013 年 5 月 24 日，习近平总书记在主持十八届中央政治局第六次集体学习时发表讲话指出，"要正确处理好经济发展同生态环境保护的关系，牢固树立保护环境就是保护生产力，改善生态环境就是发展生产力的理念"，"绝不以牺牲环境为代价去换取一时的经济增长，决不走'先污染后治理'的路子"。在习近平总书记看来，生态与生命是等量齐观的。他在参加十二届全国人大三次会议江西代表团审议时强调，环境就是民生、青山就是美丽、蓝天也是幸福；要像保护眼睛一样保护生态环境，像对待生命一样对待生态环境；对破坏生态环境的行为，不能手软，不能下不为例。这就要求我们绝不能用极大的生态代价和经济成本换取经济的发展。

2013 年 9 月，习近平总书记在哈萨克斯坦那扎尔巴耶夫大学发表演讲时，再次表达其绿色发展思想，他提出"我们既要绿水青山，也要金山银山。宁要绿水青山，不要金山银山，而且绿水青山就是金山银山"，非常全面地阐述了"绿水青山"与"金山银山"的关系。这种全新的经典表述，厘清了生态环境保护与经济社会发展的关系，进而论述了一旦经济发展与生态保护发生矛盾冲突时，"宁要绿水青山，不要金山银山"，必须毫不犹豫地把保护生态放在首位，不能损害和破坏"绿水青山"来换取"金山银山"。在习近平总书记的心中，生态环境保护是一条不可逾越的底线，是要用实际行动来捍卫的，而不是用来做表面文章和用来说漂亮话的。

（二）"绿水青山就是金山银山"阐述了保护生态环境就是保护生产力

2015 年 1 月 20 日，习近平总书记在云南考察时强调："经济要发展，但不能以破坏生态环境为代价。生态环境保护是一个长期任务，要久久为功"，明确了中国必须把生态环境保护放在更加突出的位置。保护生态环境是一项重要国策，是利国利民利子孙后代的一项重要工作，决不能说起来重要，喊起来响亮，做起来"挂空挡"，必须花大力气扎扎实实干实事。习近平总书记在 2014 年年初考察北京时指出："要加大大气污染治理力度，应对雾霾污染、改善空气质量的首要任务是控制 $PM_{2.5}$。"习近平总书记强调："如果经济发展了，但生态破坏了、环境恶化了，大家整天生活在雾霾中，吃不到安全的食品，喝不

到洁净的水，呼吸不到新鲜的空气，居住不到宜居的环境，那样的小康、那样的现代化不是人民希望的。"所以，彻底消除雾霾必须把生态文明建设摆在全局工作的突出地位，保护蓝天就是守望幸福，为人民群众提供更多更好的大气、水和更高的绿色覆盖率，为人民创造更美好的生产生活环境。

（三）指明了实现发展和保护协同共生的新道路

"绿水青山和金山银山"是绿色和发展的内在统一，但也有矛盾。拥有良好的生态优势，如果能够把这些生态资源优势转化为生态经济的优势，那么"绿水青山"就能变成"金山银山"，只要我们保护好了"绿水青山"就一定能够带来"金山银山"，但是"金山银山"却不能买回"绿水青山"。保护生态环境，正在成为一种新的时代精神、一种新的精神追求，是精神的财富。总之，要辩证地看待经济发展和 GDP 增长，绿水青山金不换。"金山银山"和"绿水青山"既是矛盾的，也是相互依存的，是对立统一的双生概念，"绿水青山"和"金山银山"既具有本质上的区别，又有相互转化的可能，而这种转化的途径必然是绿色发展。只有通过绿色发展，才能实现"绿水青山"源源不断地向"金山银山"转化，否则都是"竭泽而渔"式的暂时利益。同时，"绿水青山"持续不断地转化为"金山银山"，需要良好的生态环境的支持，因此，兼顾生态环境的绿色发展成为满足人类社会发展需求的先决条件和必要途径。"绿水青山就是金山银山"是对如何正确处理快速发展与持续发展关系所作出的理性考量。因此，要想实现"绿水青山"就是"金山银山"的转变，建设人类与自然高度和谐的生态文明社会，就必须坚持走既有生机盎然的"绿水青山"，又有物质丰富的"金山银山"的绿色发展道路。

二、"绿水青山"向"金山银山"的价值转化

"绿水青山"是自然资源和生态环境的综合体，"金山银山"则是人类物质财富的结合体，它们分别体现了自然环境的生态属性和经济属性，是推动人类社会可持续发展的两个重要因素。因此，"绿水青山就是金山银山"的本质是如何使生态产品转化为生态资产，如何评估生态资产的生态价值，如何使生态价值带来经济价值。

"绿水青山"具有以下价值：一是为物质产品的生产提供原材料的生产要素，如土地、森林、矿产资源等，这种产品化程度已经成熟的"绿水青山"可以直接在产品市场中进行销售；二是通过排他的生态消费品媒介将优质的自然资本转化为生态消费品的生产要素，从而直接进入市场体系，通过价格衡量，借助市场经济手段实现价值；三是无法直接创造"金山银山"的公共性生态产品，如生态保护区、国家公园等，其价值难以直接通过市场手段进行核算，必须借助影子价格法、条件价值评估法等价值评估手段进行核算。

《生态文明体制改革总体方案》中提出的自然资源资产产权、资源总量管理、自然有偿使用和生态补偿等制度设计，为搭建"绿水青山"向"金山银山"的价值转化通道指明了方向：①明确了自然资源产权，产权明晰是市场交易的根本前提；②借助现代化的价值核算手段科学测算了生态系统的货币价值；③探寻生态产品价值实现机制，找到生态农产品、生态旅游产品等"桥梁媒介"，实现生态价值向经济价值的转化；④对不能实现市场经济价值的生态服务进行补偿，再通过制度保障、技术保障实现生态价值提升，从而提高

社会的整体福祉。价值转化的具体途径如下：

一是要建立"绿水青山"的价值评估核算机制，将生态产品价值进行货币计量，为实现生态产品价值提供客观参考依据，解决"生态产品值多少钱"的问题。货币化的核算要建立在实物量的基础之上，根据其使用价值和稀缺程度进行定价。在此基础上编制自然资产负债表，摸清生态家底，完成生态产品"算成钱"的步骤。

二是健全"绿水青山"的市场交易机制。近年来，我国碳排放权交易市场、水权交易市场等生态资产市场的发展呈现良好态势。事实证明，市场这只"无形的手"有能力实现"绿水青山"这种资源的有效配置。为此，应当进一步加快培育生态产品市场交易体系，充分发挥市场在资源配置中的决定性作用，实现生态产业化和产业生态化经营，探索作为生产要素的生态产品的市场化进程，实现"绿水青山"的市场价值。

三是要完善生态产品价值补偿机制。在缺少政府干预的情况下，生态补偿由于利益主体数量庞大而难以达成最终协议，因此需要政府这只"看得见的手"建立一系列生态补偿制度，通过财政资金专项转移支付的方式购买生态产品，激发生产和保护生态产品的积极性。按照"谁保护、谁受益"的原则建立系统完善的生态补偿机制，使生产"绿水青山"和创造"金山银山"的两大分工群体的利益趋于公平合理，激发人民群众的生产积极性。

专栏 6-2　生态产品价值实现

生态产品价值实现体现为双向循环的两次转化：第一次转化为生态系统生产总值（GEP）向国内生产总值（GDP）的转化。在维持生态系统的稳定和平衡的前提下，通过促进"产业生态化、生态产业化"，积极发展生态旅游、生态农业、生态制造业、生态服务业和生态高新技术产业，利用生态技术将生态系统服务流中的一部分转化为生态产品，从而实现"绿水青山"向"金山银山"的转化。第二次转化为 GDP 向 GEP 的转化。在第一次转化的基础上，为保障"绿水青山"源源不断地带来"金山银山"，必须加大对生态系统的投入，通过环境保护、生态修复和生态建设增强生态系统服务功能，在更大规模和更高层次上产出更多更好的生态产品，借助生态消费市场"让好产品卖出好价钱"，从而实现"金山银山"向"绿水青山"的转化。两次转化相互支撑、循环往复促进 GEP 与 GDP 之间双转化、双增长、可循环、可持续，进而构建起高质量绿色发展的现代化生态经济体系。生态产品价值实现途径的核心是市场化机制，即通过社会资本的投入，基于市场化运作，使生态产品得到市场消费者的认可而得以实现价值。生态产品价值实现，对于已有市场的生态产品而言（如文化服务类），关键在于生态产品品牌的创建；对于尚无市场的生态产品（如湿地生物多样性生态效益），关键在于生态产品市场的创建。

资料来源：石敏俊. 生态产品价值的实现路径与机制设计[J]. 环境经济研究，2021，6（2）：6.

三、"绿水青山"向"金山银山"转化的实现路径

生态产品的价值实现既是使用价值与价值在买卖双方之间反方向的转移，也是一个完整的生产、分配、交换和消费的过程。通过探索生态产品价值的实现机制，有助于实现"绿水青山"和"金山银山"的辩证统一。

（一）根据自然禀赋实施差异化的政策

生态产品大多具有公共产品和经营产品的双重属性，因而可以分为经营性生态产品和公共性生态产品两种类型。经营性生态产品具有与传统农产品、工业产品基本相同的属性特点，公共性生态产品除具有公共产品该有的非排他性、非竞争性等特点外，往往还具有多重伴生性、自然流转性和生产者不明等特性。[①]因此，生态产品的价值实现与一般商品或者公共物品存在较大差异。

由于"绿水青山"向"金山银山"转化的机制没有贯通，可借鉴的成功案例不多，所以在一些地方，对于生态产品的价值实现存在怀疑甚至存在认识上的误区。例如，只看到了生态产品的公共性属性，而忽视了其经营性属性，将生态产品的价值实现简单地等同为上级政府的转移支付；更有甚者，把"绿水青山"与"金山银山"对立起来，认为保护"绿水青山"就是不能发展经济，将保护生态环境作为经济发展不力的"挡箭牌"，长期封育违反了生态规律，易造成生态产品供给不足。与之相反的情况是过分强调生态产品的经营性属性，过度进行生态产业开发，破坏了生态环境。总而言之，生态产品的价值实现应根据自然禀赋差异，明确生态产品供给的属性定位，平衡好公共性生态产品和经营性生态产品的关系。

（二）创新"绿水青山"向"金山银山"转化的举措

探索生态产品的价值实现路径既有个性又有共性，需要根据地区实际情况制定相应的对策。

（1）夯实基础设施。生态产品主产区大多分布在偏远的贫困地区，以政府为主体加大基础能力建设投入是生态产品价值实现的重要保障。加快基础设施建设力度有助于拉近"绿水青山"与经济发达地区的距离，有助于引导人才、技术、产业的流入，推动产品"走出去"，打造具有地域特色的品牌，让生态产品真正走向市场。

（2）发挥资源优势和比较优势。特殊的地理环境、气候、水文特征铸就一个地区特有的自然禀赋和风土人情。探索"绿水青山"向"金山银山"转化，必须尽可能地围绕具有地区特色的资源优势、人文优势做文章，根据自身特点因地制宜地发展特色优势绿色产业，充分依托生态资源优势，并将其转化为经济优势和发展优势。

（3）延长产业链。传统的生态产品主要以农、林、牧、渔产品为主。这些产品直接在市场上销售，附加值比较小、产品同质化问题严重，难以卖个好价钱，并且受其生产方式的限制，产品生产周期长，抗风险能力差，在市场竞争中难以占据优势。为此，必须通过

① 虞慧怡，张林波，李岱青，等. 生态产品价值实现的国内外实践经验与启示[J]. 环境科学研究，2020（3）.

延长产业链条的方式进行资源整合，实现第一产业、第二产业、第三产业的联动融合发展，以提高生态产品附加值。在传统农、林、牧、渔产业的基础上挖掘生态旅游、休闲康养、文化创意等产业的开发潜力，实现整个产业布局的合理化与规范化。

（4）形成品牌效应。近年来，在各地党委和政府的大力倡导下，探索生态产品价值实现机制的实践活动逐渐增多，仅有有形的生产要素投入并不够，还应当重视生态产品的"无形资产"建设，打造具有地域特色、有效对接市场需求的品牌，避免同质化竞争和拥挤效应。通过品牌效应在消费者心中建立对产品的认知和态度，从而形成消费习惯、消费记忆，提高消费者的重复购买概率。同时，优质品牌本身也是生态产品的"无形资产"，有助于进一步提高产品的溢价。

（5）借助外部力量。实现"绿水青山"向"金山银山"的转化是一项艰巨的工作，需要多主体、多部门的通力合作。应当充分发挥政府这只"看得见的手"或市场这只"看不见的手"的各自优势，提高转化过程中的资产配置效率。近年来，一些地方借助知名企业集团雄厚的资金实力、先进的技术以及成熟的商业开发模式，开创了"绿水青山"向"金山银山"转化的路径。

（三）"绿水青山"向"金山银山"转化的政策机制

构建产权清晰、多元参与、激励约束并重，系统完整的生态文明制度体系是促进"绿水青山"向"金山银山"转化的制度保证。

（1）明确产权。产权问题是市场交易的核心问题，明确产权是一切市场行为的先决条件。近年来，随着制度和科学技术的进步，我国的基础设施建设不断完善，明确产权所需要的成本也在不断降低，这使发挥市场在资源配置当中的决定性作用、进一步创新商业模式成为可能。明确的产权有助于使生态资源作为生产要素而形成自然资本。

（2）明确自然资源是有价值的。目前，国内除了个别地区已经形成良好的商业模式和成熟的品牌，大部分地区的生态产品价值转化机制还不成熟，市场依然处于"蓝海市场"（产业发展不成熟、存在未知的市场空间）阶段。特别是许多优质的生态资源还是公共的生态产品，难以直接形成价值，必须以生态要素的形式投入客观载体（如文化、旅游）的生产过程中。因此，创新商业模式最为关键。目前，生态产品价值实现的商业模式依然较为单一，如果能够找到有效对接市场需求的商业模式必然会极大地促进生态产品的价值实现。

（3）政府的推动作用。在"绿水青山"向"金山银山"转化的过程中，政府的作用毋庸置疑。因为《中华人民共和国宪法》规定了自然资源的公有制属性。不仅如此，在制度建设、顶层设计、执法巡查、平台构建、生态补偿等领域，政府的作用尤为明显。政府严格的环境规制能够有效地遏制负外部性的行为，并对正外部性行为进行嘉奖，使企业的私人成本与社会成本相一致。此外，政府还可以通过前瞻性的布局，有目的、有意识地倡导绿色生产意识，并通过制度建设提高各级政府官员对生态文明建设的重视程度，从而使各部门齐管共抓，发挥政策合力。

（4）生态环境领域建设具有明显的公共属性。那些承担重大生态职能的生态保护区、国家公园等生态脆弱地区或开发收益较低的地区，不宜大规模地进行包括生态产品开发在内的经济活动。对于此类地区，要通过建立生态补偿机制，加强财政转移支付在生态环境领域内的补偿力度，特别是要积极探索跨区域、跨流域的横向生态补偿机制。

（5）加强民众生态意识。生态产品价值实现是我国生态文明建设的一项创新性的战略合作，是一项涉及经济、社会、政治等相关领域的系统性工程，关键在于唤醒广大人民群众的生态意识，将生态文明建设落实为全民自觉行动，这是实现"绿水青山"向"金山银山"转化的根本保证。为此，必须进一步强化公众在环境保护中的作用，既要发挥人民群众的"主人翁"意识，又要建立起现代化的生态文明价值观，为构建政府、企业、社会共建、共治、共享的环境治理体系打下良好的社会基础。

专栏 6-3 "绿水青山"就是"金山银山"湖州样本

作为"绿水青山就是金山银山"理念的诞生地，浙江省湖州市以生动的实践在"绿水青山"与"金山银山"间画出优美的"符号"，呈现出丰富立体的湖州样本。

（1）从粗放加工到产业集聚——"绿水青山"逼出"金山银山"。从 2004 年开始，长兴县将同质低端无序化竞争的 175 家蓄电池企业重组提升为 16 家蓄电池企业。形成以新型电池为核心，涵盖新能源汽车、装备、材料等较为完整的新能源产业链，孕育出两家市值超百亿元的企业。

（2）从低端生产到高端投资——"绿水青山"引来"金山银山"。安吉逐步关停矿石开采，将其打造成矿山公园，生态经济之路越走越宽。以全国 1.8%立竹量创造了全国 20%竹产值，"中国大竹海""中国竹子博览园"等竹子景区每年接待游客近 2 000 万人次。吴兴区东林镇清空 2 600 多个龟鳖大棚，养殖户转而实施特色莲藕、"茭白+泥鳅"套养等生态高效农业项目，良好的生态环境吸引了江南影视城和康养小镇两个百亿级投资项目入驻。

（3）从卖山林到卖风景——"绿水青山"换来"金山银山"。过去德清人守着莫干山靠伐竹砍树挣钱，破坏了生态，村民们的生活却只能维持温饱。后来，废弃在深山中的民房偶然间被发现价值，以"定位高端、经营生态、消费低碳"为开发思路，发展无景点度假休闲旅游"洋家乐"。一张床位一年可以创造税收 10 万元以上，德清县农民人均年收入已经达到 3 万元。

（4）从无尽索取到全力整治——"金山银山"反哺"绿水青山"。有了坚定的决心和充足的资金投入，湖州市推行"一根管子接到底，一把扫帚扫到底"的城乡一体化环境治理模式，率先在全省实现镇级污水处理设施全覆盖、一级 A 类排放标准全覆盖、污泥无害化处置设施全覆盖，农村 7 072 套生活污水治理终端辐射全市 80%以上的农村；实现城乡生活垃圾无害化收集和处理全覆盖。

走进湖州，天目山告诉我们，保护生态环境就是保护生产力；太湖水告诉我们，改善生态环境就是发展生产力；特色小镇中崛起的新兴产业告诉我们，优美的生态环境才是高端产业最好的背景；美丽乡村中的"农家乐"告诉我们，"绿水青山"既是自然财富、经济财富、社会财富，又是老百姓真正的"钱袋子"。

资料来源：全国干部培训教材编审指导委员会组织编写. 推进生态文明 建设美丽中国[M]. 北京：人民出版社，2019：32-33。

第三节　良好的生态环境是最普惠的民生福祉

良好生态环境是最普惠的民生福祉，因为清新的空气、干净的水、安全的食物是生命之必需、福祉之根基。

民生问题是与人民群众的幸福安定关联最紧密的问题，也是历届党中央领导集体都十分关注的问题，而生态环境是民生问题的重中之重。对生态环境问题的重视，符合人民群众对民生问题得到改善的期待。2013年，习近平总书记在海南考察时强调："良好生态环境是最公平的公共产品，是最普惠的民生福祉。"这一科学论断深刻揭示了生态与民生的关系，既阐明了生态环境的公共产品属性及其在改善民生中的重要地位，同时也丰富和发展了民生的基本内涵。

一、良好的生态环境是最普惠的民生福祉原则的内涵

（一）良好生态环境是公共产品

经济学理论认为，公共产品是指能够满足社会成员共同需求的产品和服务，最突出的特点是效用的不可分割性、受益的非排他性和消费的非竞争性。良好的生态环境是保障人类生存和发展的重要物质基础，可以为我们提供清新的空气、清洁的水源、安全的食品、丰富的物产、优美的景观，这些生态服务和产品都是我们生产生活中所必需的，具有典型的公共产品属性。

良好生态环境也是最为公平的公共产品。人民群众作为良好生态环境的直接受益者和享用者，无论男女老幼、贫富贵贱、国别肤色，人人都可以平等消费、共同享用生态环境所提供的产品和服务。如果生态环境遭到破坏，其生态系统服务功能就会丧失，人民群众正常的生产生活就会受到影响。《2012年中国人权事业的进展》白皮书提出，要保障和提高公民享有清洁生活环境及良好生态环境的权益。这充分说明公平享受良好生态环境已经成为人们的一项基本权益。

（二）生态环境与民生的关系

生态环境是人类生存和发展的根基。生态兴则文明兴，生态好才能文明旺，国家美才能事业昌。古今中外，生态环境的变化直接影响文明的兴衰演替。古代埃及、古代巴比伦、古代印度、古代中国四大文明古国，均发源于森林茂密、水量丰沛、田野肥沃、生态良好的地区。正是先有了"生态兴"，当地勤劳智慧的人民才能创造出闻名世界的灿烂文化，实现了"文明兴"。

环境就是民生，青山就是美丽，蓝天也是幸福。发展经济是为了民生，保护生态环境同样也是为了民生。既要创造更多的物质财富和精神财富以满足人民日益增长的美好生活需要，也要提供更多优质生态产品以满足人们日益增长的优美生态环境需要。要坚持生态惠民、生态利民、生态为民，重点解决损害群众健康的突出环境问题，加快改善生态环境质量，提供更多优质生态产品，努力实现社会公平正义，不断满足人民日益增长的优美生

态环境需要。

二、环境问题既是重大经济问题，也是关系民生的重大政治问题

环境污染是民生之患。我国生态环境矛盾有一个历史积累过程，不是一天变坏的。生态环境特别是大气、水、土壤污染严重，已成为建设美丽中国的突出短板。扭转环境恶化、提高环境质量是广大人民群众的热切期盼。建设美丽中国要求经济更加发展、民生更加健全、科教更加进步、文化更加繁荣、社会更加和谐、人民更加殷实。要在坚持以经济建设为中心的同时，全面推进经济建设、政治建设、文化建设、社会建设、生态文明建设，促进现代化建设各环节、各个方面协调发展。以习近平同志为核心的党中央高度重视环境问题，自党的十八大以来不断强调生态文明建设与经济建设同等重要，可谓抓住要害、切中积弊。如果我们不大力推进形成绿色发展方式和生活方式，污染会成为民生之患、民心之痛。即使经济增长了，收入增加了，老百姓的幸福感也会大打折扣，甚至会产生强烈的不满。

环境问题通过发展来解决。实践经验表明，发展是解决我国一切问题的基础和关键，生态环境问题也必须通过发展来解决。发展经济不能对资源和生态环境竭泽而渔，保护生态环境也不是要舍弃经济发展。"绿水青山就是金山银山"，改善生态环境就是发展生产力。良好生态本身蕴含着无穷的经济价值，能源源不断地创造综合效益，实现经济社会可持续发展。从根本上解决生态环境问题，必须贯彻落实新发展理念，加快形成节约资源和保护环境的空间格局、产业结构、生产方式、生活方式，把经济活动、人的行为限制在自然资源和生态环境能够承受的限度内，给自然生态留下休养生息的时间和空间。

环境也是民生。这个民生，一头连着百姓生活质量，一头连着社会和谐稳定，从改善民生的着力点看，生态文明也是民意所在。中央提出的"调结构、转方式"，正是与老百姓的想法一致。民生问题就是最大的政治。把保护生态环境作为践行党的使命宗旨的政治责任。生态环境是关系党的使命宗旨的重大政治问题，也是关系民生的重大社会问题。党的十八大以来，我国生态环境保护之所以能发生历史性、转折性、全局性变化，最根本的就在于不断加强党对生态文明建设的领导。实践证明，建设生态文明，保护生态环境，必须增强"四个意识"，坚决维护党中央权威和集中统一领导，坚决担负起生态文明建设的政治责任。要全面贯彻党中央决策部署，严格落实"党政同责、一岗双责"，努力建设一支政治强、本领高、作风硬、敢担当，特别能吃苦、特别能战斗、特别能奉献的生态环境保护铁军。

把解决突出生态环境问题作为民生优先领域。人民群众从"盼温饱"到"盼环保"，从"求生存"到"求生态"，生态环境在人民群众生活幸福指数中的地位不断凸显。不断满足人民日益增长的优美生态环境需要，必须坚持以人民为中心的发展思想，把解决突出生态环境问题作为民生优先领域。当前，不同程度存在的重污染天气、黑臭水体、垃圾围城、农村环境问题依然是民心之痛、民生之患。要从解决突出生态环境问题做起，为人民群众创造良好的生产生活环境。

三、如何保障人民的环境福祉

生态文明是人民群众共同参与、共同建设、共同享有的事业，要把建设美丽中国转化为人民自觉行动。每个人都是生态环境的保护者、建设者、受益者，没有哪个人是旁观者、局外人、批评家，谁也不能只说不做、置身事外。

满足人民美好生活需要，行经济与生态共赢之举。新时代的人与自然和谐共生观并不是要求我们将人的需要放在次于生态环境的地位，更不是置人类自身发展于不顾，而是既保证生态环境的良好发展，又满足人类自身的美好生活需要。换言之，在践行新时代人与自然和谐共生观的过程中，要努力实现二者的统筹兼顾。首先，要大力推广绿色发展方式，实现产品生产绿色化。我国的许多经济产业，在过去的经济发展模式中往往秉持一种经济至上的发展理念，常常忽视产业发展对现有生态环境的负面影响。而现在，随着我国总体经济发展方式向高质量、低碳化的绿色发展方向的转变，越来越多的环境友好型的优质产品也逐渐占据了市场的主导地位，为经济发展方式的优化升级奠定了基础。其次，要坚持环境就是民生、青山就是美丽的发展理念。人民的美好生活从来不是单纯地对发达物质文明的追逐，经济的飞速发展也无法囊括民生的全部方面。只有生活在优美的环境中，人民群众才能真正地充满幸福感。保护"绿水青山"，建设美丽中国，将我国生态文明建设落到实处，是实现民生福祉的要义所在。

增强全民生态意识，开展全民绿色行动。良好的生态环境不仅仅是某个人或某个群体的需要，也不仅是存在于当下现实的需要，而是广大人民群众的热切期盼，是功在千秋的长远规划。因此，生态文明建设不能只依靠一部分人的努力，而是需要全民的共同参与。首先，要在全社会形成良好的生态意识，提高广大人民群众的生态素养。现实条件的日新月异，对当代公民的生态意识和素养也相应有了更高的标准和要求。它不仅是一些常见的环保意识、节约意识的简单累加，而是更综合、更全面，强调对整个自然生态的责任感。其次，要广泛开展绿色行动，呼吁全社会参与到行动中来。生态文明建设的成果归根结底还是体现在百姓的周围，它与每个人的自身行动是分不开的。全民绿色行动，只有全民行动起来，踊跃为低碳循环的绿色发展贡献自己的力量，才能在全社会蔚然成风。这就需要广大人民群众以身边的零星小事为起点，无论是处于日常活动的生产环节还是消费环节，都能够真正地落实到行动中去，共同维护好我们的生态环境。

发挥社会主义制度优越性，让更多的人共享生态福祉。社会主义制度具有集中力量办大事的优势和统筹规划的优势，这为社会主义生态文明建设提供强有力的保障。党坚持全国一盘棋，统一指挥、统一行动，防止各自为政，减少内耗。能集中全国之力，调动全国之资源，形成合力，做出有利于人民的生态制度安排。社会主义制度能确保国家在短期内调集资源，为解决生态难题提供条件，这有利于生态整体利益、长远利益的健康发展。社会主义制度的优势还体现在能妥善处理个人与集体利益的关系。个人从局部理性出发，但局部理性不会导致整体理性，社会主义生态制度可以通过政府来规划，通过集体智慧解决个人局部理性问题，用统筹规划来约束个人短期理性。

在生态利益共享制度方面，政府应支持龙头企业打造生态品牌，通过"企业+农户"等形式，推进品牌标准化生产。探索村民入股分红模式，推进集体产权股权化改革，加大对生态旅游、森林康养、避暑养生、温泉养生等产业的支持力度。建立以绿色生态为导向的农业补贴制度，构建生态产品生态资料引导激励机制。探索建立优质生态环境资源共享机制，推进有条件的城市近郊风景名胜区等逐步免费向公众开放等。

第四节　山水林田湖草是生命共同体

山水林田湖草是生命共同体，揭示了生态要素的关联性和系统整体性，因为绿色不是孤立存在的，必须系统、整体地把控。

一、山水林田湖草是生命共同体原则的科学内涵

党的十八大以来，习近平总书记从新时代自然资源和生态系统管理的宏观视野提出了山水林田湖草是生命共同体原则。这一原则是习近平生态文明思想的重要组成部分，具有丰富的科学依据和理论基础。一是科学吸收了可持续发展理论和生态系统管理理论的思想，凝聚了广泛的国际共识；二是承接了历代共产党人对生态系统管理的实践探索经验和理论总结。

山水林田湖草生命共同体是由山、水、林、田、湖、草等多种要素构成的有机整体，是具有复杂结构和多重功能的生态系统。生命共同体各要素之间是普遍联系和相互影响的。习近平总书记用"命脉"把人与山水林田湖草生态系统、把山水林田湖草生态系统各要素之间连在一起，生动形象地阐述了人与自然、自然与自然之间唇齿相依、共存共荣的一体化关系。人的命脉在田，田的命脉在水，水的命脉在山，山的命脉在土，土的命脉在树和草，充分揭示了生命共同体内在的自然规律和生命共同体内在的和谐关系对人类可持续发展的重要意义。

山水林田湖草生命共同体，从本质上深刻地揭示了人与自然生命过程之根本，是不同自然生态系统间能量流动、物质循环和信息传递的有机整体，是人类紧紧依存、生物多样性丰富、区域尺度更大的生命有机体。田者出产谷物，人类赖以维系生命；水者滋润田地，使之永续利用；山者凝聚水分，涵养土壤；山水田构成生态系统中的环境，而树草依赖阳光雨露，成为生态系统中最基础的生产者。山、水、林、田、湖、草作为自然生态系统，与人类有着极为密切的共生关系，共同组成了一个有机、有序的"生命共同体"。

二、山水林田湖草生命共同体的基本特征

山水林田湖草生命共同体具有整体性、系统性和综合性三个基本特征。

1. 整体性

对于影响国家生态安全格局的核心区域、濒危野生动植物栖息地的关键区域，要将山水林田湖草作为一个整体，破除行政边界、部门职能等体制机制影响，开展整体性保护。

2. 系统性

对于生态系统受损严重、开展治理修复最迫切的重要区域，要将山水林田湖草作为一个陆域生态系统，在生态系统管理理论和方法的指导下，采用自然修复与人工治理相结合、

生物措施与工程措施相结合的方法，开展系统性修复。

3. 综合性

对于环境问题突出、群众反映强烈的关键区域，要将山水林田湖草作为经济发展的一项资源环境硬约束，开展区域资源环境承载能力综合评估，合理调整产业结构和布局，强化环境管理措施，开展综合性治理。

三、山水林田湖草生命共同体的实践要义

秉持山水林田湖草生命共同体的理念，就是要从系统工程和全局角度寻求治理修复之道，不能头痛医头、脚痛医脚，必须按照生态系统的整体性、系统性及其内在规律，整体施策、多措并举。

1. 必须正确处理好人与自然、局部与整体、发展与保护的关系

人类必须处理好人与自然的关系。山水林田湖草是生命共同体，人与自然也是生命共同体。山水林田湖草生态系统是人与自然、自然与自然普遍联系的有机躯体。山水林田湖草生态系统既给人类提供物质产品和精神产品，又给人类提供生态产品。人类不仅需要更多的物质产品和精神产品，还需要更多的生态产品。人类如果只注重开发自然资源，从自然界获取物质产品，忽视了对自然界的保护，就会破坏山水林田湖草生命共同体。人类必须处理好生态系统中局部与整体的关系。山水林田湖草生态系统是一个有机整体，山、水、林、田、湖、草等自然资源、自然要素是生态系统的子系统，是整体中的局部，而整个生态系统是由多个局部组成的整体。

2. 要运用系统论的思想方法统筹管理自然资源和生态系统

习近平总书记指出，要用系统论的思想方法看问题，统筹山水林田湖草系统治理。如果种树的只管种树、治水的只管治水、护田的只管护田，就容易顾此失彼，最终造成生态的系统性破坏。也就是说，要运用系统论的思想方法管理自然资源和生态系统。山水林田湖草生态系统，既具有山、水、林、田、湖、草等各类丰富的自然资源，又具有强大的调节气候、保持水土、涵养水源、保护生物多样性的生态环境功能。要根据生态系统的多种用途、人类开发利用保护自然资源和生态环境的多重目标与我们所处时代的约束条件，运用系统的、整体的、协调的、综合的方法做好山水林田湖草自然资源和生态环境的调查、评价、规划、保护、修复和治理等工作，保持和提升生态系统的规模、结构、质量和功能。新时代组建自然资源部和生态环境部，其目的就是要按照习近平总书记提出的"山水林田湖草是生命共同体"等六大推进生态文明建设的原则，建立生态文明五大体系，统筹兼顾、整体施策、多措并举，促进生态系统的整体保护、系统修复、综合治理，全方位、全地域、全过程推进生态文明建设。运用系统论的思想方法管理自然资源和生态系统，需要改革自然资源和生态环境监管体制，完善自然资源和生态环境管理制度，统一行使全民所有自然资源资产所有者职责，统一行使所有国土空间用途管制和生态保护修复职责。[①]

---

① 严金明，王晓莉，夏方舟. 重塑自然资源管理新格局：目标定位、价值导向与战略选择[J]. 中国土地科学，2018，32（4）.

第五节　用最严格制度最严密法治保护生态环境

党的十八大以来，习近平总书记围绕生态文明建设提出了一系列新理念、新战略，形成了习近平生态文明思想。其中，用最严格的制度、最严密的法治来保护生态环境是习近平生态文明思想的一个重要内容。习近平总书记指出："只有实行最严格的制度、最严密的法治，才能为生态文明建设提供可靠保障。"

一、最严格制度的基本内涵

（一）用制度保护生态环境重在建设

首先，要建立和完善有利于环境保护的经济制度，通过转变经济发展方式从源头上解决环境问题。《中共中央关于全面深化改革若干重大问题的决定》（以下简称《决定》）提出，"企业投资项目，除关系国家和生态安全、涉及全国重大生产力布局、战略性资源开发和重大公共利益等项目外，一律由企业依法依规自主决策，政府不再审批。强化节能节地节水、环境、技术、安全等市场准入，建立健全防范和化解产能过剩长效机制""健全自然资源资产产权制度、实行资源有偿使用制度和生态补偿制度、加快资源税改革"等，这些规定都符合"使市场在资源配置中起决定性作用和更好发挥政府作用"的改革方向，更好地处理经济增长与环境保护的关系。

其次，要建立和完善以干部考核评价机制为核心的政治制度，贯彻生态文明理念，树立各级领导干部正确的政绩观。《决定》提出，"完善发展成果考核评价体系，纠正单纯以经济增长速度评定政绩的偏向""探索编制自然资源资产负债表，对领导干部实行自然资源资产离任审计，建立生态环境损害责任终身追究制"等，正是这一改革关系的具体体现。

最后，改革生态环境保护管理体制。这包含了两层意思：一是以"制度"而不是"政策"来全面、系统、完整地保护资源环境；二是要对现行的生态环境保护管理体制进行改革。当前，我国生态环境保护管理体制还存在许多不健全、不顺畅的地方，如治污难以形成合力、环境监管难以到位、环保违法成本过低等，这些都影响了环保工作的深入有效开展。为此，《决定》明确提出，划定生态保护红线，建立和完善严格监管所有污染物排放的环境保护管理制度，独立进行环境监管和行政执法。完善污染物排放许可制，实行企事业单位污染物排放总量控制制度。对造成生态环境损害的责任者严格实行赔偿制度，依法追究刑事责任。

（二）最严格的制度要求

对最严格的制度并没有一个通行的定义，但通过对该概念的纵向和横向分析，可以将其内涵概括如下。

从纵向看，最严格的制度体现在自上而下的动态管理。主要包括十个方面：一是"严防"，即用最严格的制度来预防环境污染和生态破坏行为的发生；二是"严保"，即对生态环境采取最严格的保护措施；三是"严标"，即实行最严格的生态环境保护标准，强化环境保护、自然资源管控、节能减排等约束性指标管理，推进生态环境和自然资源统一调查、评价、监测工作；四是"严禁"，针对破坏生态、污染环境的情况，设置严格的禁令，通过禁止性规范设定行为边界；五是"严谕"，即以严肃的态度和方式告示民众、教示民众、宣传民众，让民众知晓这些制度和法律规范，明白如一旦违反将要承担的法律后果；六是"严管"，即对生态环境全领域、全过程，特别是在重点环节、重点区域实行严格管理；七是"严治"，即对破坏环境或者妨碍生态环境的行为，如直排、偷排超标污水，在海岸、长江沿岸擅自筑坝、筑堤、拦截取水、挖沙等行为进行专项整治、从严治理；八是"严查"，即对违反环境保护相关法律法规的行为要主动履职，依法从严查处；九是"严究"，即对违反环境保护相关法律法规的行为要依法从严追究，以最严厉的问责严格落实企业主体责任和政府监管责任，实行生态环境损害责任终身追究制；十是"严处"或者"严惩"，即对破坏生态环境、污染环境的行为要从严惩处，让违法行为人依法承担相应的法律责任。

从横向看，最严格的制度体现在制度本身的完整性和自洽性。主要包括四个方面：一是要构建产权清晰、多方参与、激励约束并重、系统完整的制度体系，形成绿色发展、循环发展、低碳发展的制度体系目标。二是要在制度体系内部构建有机统一、统一协同的制度群。最严格的制度并不是具体的、孤立的一个制度，而是由不同的、相互配合的制度构成制度群。只有这些制度相互协同、相互配合，最严格的制度才得以实施。三是要构建强有力的利益导向机制，形成提高违法成本、减轻或消除守法成本的利益导向，确保制度体系能够有效实施。四是要构建具有刚性的惩戒体系，让制度能够成为刚性的约束和不可逾越的高压线。只要有人违反制度规定，则必然受到追究。

二、最严密法治的内涵和要求

（一）最严密法治的基本内涵

"法治"意味着严格依照法律来治理国家。法治的基本功能在于，通过制定法律形成普遍认同的规则，进而规范人们的行为，从而建构人类生存和发展所需遵守的秩序。

最严密的法治与最严格的制度一样，也没有统一的定义，通过梳理，其丰富的内涵主要体现在以下几个方面。

一是建立严格的生态环境保护和污染防治法律规范体系。从生态环境保护的规范对象角度落实严密的法治主要体现在两个方面：一方面是对生态环境保护和恢复的规范。自然资源虽然多样，但具有脆弱性和不可替代性，一旦遭到破坏则极难恢复，因此，要通过建立具有修复导向的生态环境保护法律规范。另一方面是对环境污染防治的规范。环境本身具有一定的环境容量，当人类的活动超过环境所能承载的容量范围，则会产生环境污染。因此，要通过建立源头预防、过程监管、结果管控导向的污染防治法律规范，形成涵盖生态保护和污染防治两方面的严密法治体系。要加快建立健全国土空间规划和用途统筹协调管控制度，统筹划定落实生态保护红线、永久基本农田、城镇开发边界等空间管控边界以及各类海域保护线，完善主体功能区制度。要完善绿色生产和消费的法律制度和政策导向，构建以排污许可制为核心的固定污染源监管制度体系，完善污染防治区域联动机制和陆海统筹的生态环境治理体系，加强农业农村环境污染防治。

二是建立法律规范的行为模式和法律后果相互对应的严密法律规范体系。一般来说，从立法技术上，一个完整的法律规范往往由假定条件、行为模式和法律后果三方面组成。其中假定条件给出法律规定的适用条件；行为模式指出人们应具体如何行为，即在假定条件下，行为人应该做什么、可以做什么以及不得做什么；法律后果则是法律对行为人行为后果的法律评价。只有行为模式而没有法律后果是"不长牙齿的老虎"；只有法律后果但没有科学的行为模式，就有可能滥用国家强制力。因此，严密的法律规范体系要求每一个微观的法律规范都必须做到行为模式和法律后果的完备和协调；一个完整的法律规范也一定包括相互联系、相互对应的行为模式和法律后果。

三是建立涵盖山水林田湖草各环境要素的法律规范体系。2013 年 11 月习近平总书记在《中共中央关于全面深化改革若干重大问题的决定》的说明中，向十八届三中全会第一次正式提出"山水林田湖是一个生命共同体"。2017 年 7 月 19 日，中央全面深化改革领导小组第三十七次会议审议通过的《建立国家公园体制总体方案》中，首次将"草"纳入山水林田湖同一个生命共同体。2017 年 10 月 18 日，党的十九大报告中要求"统筹山水林田湖草系统治理"。至此，形成了包括各环境要素在内的系统治理规范体系。因此，最严密的法治在考虑生态环境保护和污染防治的时候，必须建立统筹考虑山水林田湖草系统治理的法律规范体系，加强森林、草原、河流、湖泊、湿地、海洋等自然生态保护，加强对重要生态系统的保护和永续利用，构建以国家公园为主体的自然保护地体系，加强长江、黄河等大江大河生态保护和系统治理，开展大规模国土绿化行动，加快水土流失和荒漠化、石漠化综合治理，保护生物多样性，筑牢生态安全屏障。

四是建立源头治理、系统治理、综合治理、依法治理的法律规范体系。生态环境的特性决定了"破坏/污染—保护—修复—破坏/污染"循环往复的治理路径，因此，"最严密的法治"旨在对破坏生态、污染环境的行为在源头上严防、在过程中严管、破坏了严惩来倒逼保护的关口前移。此外，通过打破治理路径的分割性，能够实现保护—修复—治理—预防齐头并进的综合治理、依法治理路径。

五是建立立法、守法、执法、司法环环相扣的法律规范体系。最严密的法治是一个动态的法律治理过程。要构建科学民主立法、全民普遍守法、严格规范执法、公正高效司法的法治体系。推动建立生态文明建设目标评价考核制度，健全生态环境监测和评价制度，推进生态环境保护综合执法，落实中央生态环境保护督察制度，完善生态环境公益诉讼制度，落实生态补偿和生态环境损害赔偿制度，真正做到立法无漏洞、守法无特权、执法无死角、司法无偏袒。

（二）贯彻"最严法治观"必须重点关注的问题

最严格的制度、最严密的法治强调系统思维和目标导向，与此同时，囿于资源的有限性，在解决问题时还须注意问题导向，不能"眉毛胡子一把抓"。要通过解决重点问题，达到"各个击破、全面获胜"的效果。

完善环境司法相关配套制度。落实"最严法治观"，必须建立和完善与之相适应的配套制度，主要包括以下几方面：一是建立健全跨区划集中管辖制度；二是完善举证责任制度；三是构建生态环境的恢复制度。

三、制度的生命力在于执行，关键在真抓严管

保护生态环境制度依靠法治。我国生态环境保护中的种种困难大多与体制不完善、机制不健全、法治不完备有关。例如，由于部分地区生态环境保护的责任机制不完善，搞口号环保、数字环保、假治理、走过场，平时不用力、临时"一刀切"的行为仍频频发生，屡禁不止，导致一些地区环境质量恶化、风险加剧。因此，建设生态文明，重在建章立制。

目前，我国已经出台一系列改革举措和相关制度，法规制度的生命力在于执行，贯彻执行法规制度的关键在真抓，靠的是严管。一项制度出台往往有很深层次的现实意义，而这意义就是我们切实执行此项制度的前提。有制度不执行或不严格执行，产生的后果往往比没有制度还要坏。对破坏生态环境的行为，要下大力气抓住破坏生态环境的反面典型，释放出严加惩处的强烈信号，绝不能让这个规定成为没有牙齿的老虎。党员干部必须要进一步强化法规制度意识，进一步形成尊崇制度、遵守制度、捍卫制度的良好氛围，坚持法规制度面前人人平等、遵守法规制度没有特权、执行法规制度没有例外。对于法规制度，必须要加大贯彻执行力度，让禁令生威，确保各项法规制度落地生根。同时要加强监督检查的力度，落实监督制度，用监督传递压力，用压力推动落实，使之成为刚性的约束或不可触碰的高压线。

第六节 共谋全球生态文明建设

一、全球是人类命运共同体

（一）人类命运共同体的内涵

人类只有一个地球，各国共处一个世界。2012 年，党的十八大首次明确提出"要倡导人类命运共同体意识，在追求本国利益时兼顾他国合理关切"。之后，习近平总书记多次在外交活动中论述坚持推动构建人类命运共同体。

人类命运共同体旨在追求本国利益时兼顾他国合理关切，在谋求本国发展中促进各国共同发展。当今世界面临百年未有之大变局，政治多极化、经济全球化、文化多样化和社会信息化潮流不可逆转，各国间的联系和依存日益加深，但也面临诸多共同挑战。粮食安全、资源短缺、气候变化、网络攻击、人口爆炸、环境污染、疾病流行、跨国犯罪等全球非传统安全问题层出不穷，对国际秩序和人类生存都构成了严峻挑战。不论人们身处何地、信仰如何，实际上已经处在一个命运共同体中。人类命运共同体这一全球价值观包含相互依存的国际权力观、共同利益观、可持续发展观和全球治理观。

构建人类命运共同体思想的内涵极其丰富、深刻，其核心就是党的十九大报告所指出的"建设持久和平、普遍安全、共同繁荣、开放包容、清洁美丽的世界"，[①]要从政治、安

---

① 中共中央文献研究室. 习近平关于社会主义生态文明建设论述摘编[M]. 北京：中央文献出版社，2017.

全、经济、文化、生态五个方面推动构建人类命运共同体。在政治上要相互尊重、平等协商，坚决摒弃"冷战"思维和强权政治，走对话而不对抗、结伴而不结盟的国与国交往新路。在安全上，要坚持以对话解决争端、以协商化解分歧，统筹应对传统和非传统安全威胁，反对一切形式的恐怖主义。在经济发展上，要同舟共济，促进贸易和投资的自由化、便利化，推动经济全球化朝着更加开放、包容、普惠、平衡、共赢的方向发展。在文化上，要尊重世界文明多样性，以文明交流超越文明隔阂、文明互鉴超越文明冲突、文明共存超越文明优越。在生态上，要解决好工业发展与环境保护的矛盾，走绿色、低碳、循环、可持续发展之路，合作应对气候变化、海洋塑料污染等新的挑战，积极推进全球 2030 年可持续发展议程，开拓生产发展、生活富裕、生态良好的文明发展道路，构筑尊崇自然、绿色发展的全球生态体系。

（二）生态文明建设是构建人类命运共同体的重要抓手

20 世纪中叶，人类开发和利用自然资源的能力得到了极大的提高，但过度工业化导致了人与自然的关系空前紧张，一系列环境污染和极端事件给人类造成巨大的灾难，如 1943 年美国洛杉矶光化学烟雾事件、1952 年伦敦烟雾事件、20 世纪 50 年代日本水俣病事件等，引发了整个西方世界对传统工业文明发展模式的反思。20 世纪 60 年代，美国海洋生物学家蕾切尔·卡逊的著作《寂静的春天》在全世界引起了关于发展观的争论。1984 年，联合国成立世界环境与发展委员会，对此进行专题研究。该委员会于 1987 年发表了《我们共同的未来》报告，正式提出可持续发展观。1992 年，联合国环境与发展大会将可持续发展定义为"既能满足当代人需要，又不对后代人满足其需要的能力构成危害的发展"，并将其写入联合国大会政治宣言。此后，可持续发展成为国际社会的共识。

面对严重的资源、环境、能源危机，我国提出了生态文明建设理念，坚持人与自然和谐共生，并将建设生态文明作为实现中华民族永续发展的千年大计。特别是党的十八大以来，我国生态环境保护从认识到实践发生了历史性、转折性和全局性的变化，生态文明理念成为中国政府的行动纲领和具体计划，生态文明建设取得显著成效，国内山水林田湖草生命共同体初具规模，绿色发展理念融入生产、生活，经济发展与生态改善实现良性互动有了良好开端。同时，我国已批准加入 30 多项与生态环境有关的国际多边公约和议定书，积极引导应对气候变化国际合作，成为全球生态文明建设的重要引领者。

生态文明建设是构建人类社会生命共同体的有力抓手。首先，中华传统文化中的天人合一论、和谐生态伦理观、天道人道融通论为全球生态治理提供了来自东方的智慧，有助于推动人类社会超越制度、种族、信仰、政治意识形态的藩篱，进行人类命运共同体的对话。生态文明是最容易引起共鸣、凝聚共识的执政理念，针对西方社会对我国的非议和误解，可以从生态文明的角度切入，传播中华文明中的"中道""包容""和合"理念，讲清楚中国崛起为什么是绿色崛起与和平崛起的历史原因。其次，生态文明是最容易凝聚共识的发展理念。新时代中国特色社会主义的绿色发展必定依靠自力更生实现自身发展，必定会以生态文明理念引领"一带一路"倡议，必定会为全球生态环境治理提供中国方案，也必定会因构建人类命运共同体而凝聚国际共识。作为世界上最大的发展中国家，中国已经成为全球生态文明建设的引领者。2013 年 3 月，联合国环境规划署第 27 次理事会通过决定，在世界各地推广中国的生态文明理念。面对当今世界的复杂形势和全球性的问题，必须坚持推动构建人类命运共同体，共同尊崇自然、绿色发展的生态体系。打造一个人与自然和谐共生的人类命运共同体需要我们有更加宽阔的胸怀，不同民族、不同国别、不同洲际的人民共同携起手来解决我们需要共同面对的问题。

（三）全球生态文明建设国际合作的重要领域

世界各国人民应该秉持"天下一家"的理念积极开展国际合作，努力建设一个山清水秀、清洁美丽的生态文明世界。

一是积极合作应对气候变化。人类可以利用自然、改造自然，但归根结底是自然的一部分，必须呵护自然，不能凌驾于自然之上。建设生态文明关乎人类未来。要解决好工业文明带来的矛盾，就应以人与自然和谐共处为目标，实现世界的可持续发展和人的全面发展。要牢固树立尊重自然、顺应自然、保护自然的意识，坚持"绿水青山就是金山银山"。要坚持走绿色、低碳、循环、可持续发展之路，平衡推进 2030 年可持续发展议程，采取行动应对气候变化等新挑战，不断开拓生产发展、生活富裕、生态良好的文明发展道路，构筑尊崇自然、绿色发展的全球生态体系。

二是共建绿色"一带一路"。通过在"一带一路"倡议下践行绿色发展理念，倡导绿色、低碳、循环、可持续的生产生活方式，致力于加强生态环保合作，防范生态环境风险，增进沿线各国政府、企业和公众的绿色共识及相互理解与支持，共同实现联合国 2030 年可持续发展目标，沿线客户需努力将生态文明和绿色发展理念，全面融入经贸合作，形成生态环保与经贸合作项目相承的绿色良好发展格局。各国需不断开拓生产发展、生活富裕、生态良好的文明发展道路。制定落实生态环保合作支持政策，加强生态系统保护和修复。探索发展绿色金融，将环境保护、生态治理有机融入现代金融体系当中。

三是共同防治环境污染问题。全球城市化和经济高速增长也带来了固体废物污染、持久性有机物污染、大气环境污染、森林保护及生物多样性保护等一系列环境问题，给人类的可持续发展埋下了潜在的"定时炸弹"。环境污染防治是现今我们每一个人都应该关心的全球性问题，低效的环境污染防治不仅威胁我们的健康和社会发展，也影响其他物种的繁衍和生存。当前面临的全球性污染问题必须由所有国家共同努力解决，否则将会给人类健康和全球环境带来负面影响。

二、中国是全球生态文明建设的重要参与者、贡献者、引领者

联合国环境规划署发布的《绿水青山就是金山银山：中国生态文明战略与行动》报告称，中国生态文明建设是对可持续发展理念的有益探索和具体实践，为其他国家应对经济、社会和环境挑战提供了宝贵的经验。中国通过"一带一路"倡议等多边合作机制，形成世界环境保护和可持续发展的解决方案，已成为全球生态文明建设的重要参与者、贡献者、引领者。

（一）中国是全球生态文明建设的重要参与者

党的十八大以来，中国生态文明建设越来越成为人类命运共同体的重要推动力。中国积极承担应尽国际义务，为应对气候变化做出了重要的贡献；生态文明领域国际交流合作

积极开展，推动成果分享，在携手应对能源资源安全和重大自然灾害等方面令全球瞩目。单位国内生产总值能耗和二氧化碳排放显著下降；中国宣布建立规模为 200 亿元人民币的气候变化南南合作基金，用于支持其他发展中国家；清洁能源、防灾减灾、生态保护、气候适应型农业、低碳智慧型城市建设等领域的国际合作继续前进；加强野生动物栖息地保护和拯救繁育工作，严厉打击野生动植物及象牙等珍稀动物产品非法贸易，取得显著成效；高度重视荒漠化防治工作，取得了显著成效，为国际社会治理生态环境提供了中国经验。从习近平主席出席气候变化巴黎大会签署《巴黎协定》到波兰卡托维兹全球气候变化大会，从联合国《2030 年可持续发展议程》到 G20 杭州峰会，在推进《巴黎协定》进程、支持发展中国家应对气候变化、实现全球 2030 年可持续发展目标方面，中国一直是忠实的履行者和重要的参与者。

（二）中国是全球生态文明建设的重要贡献者

正确对待人与自然的关系是生态文明建设的首要问题。基于对人类文明发展规律、自然规律、经济社会发展规律的深刻把握，习近平总书记提出了"人与自然是生命共同体"的理念，开启了一场涉及价值观念、思维方式、生产方式和生活方式的革命性变革。揭示人与自然和谐共生的客观规律。实行最严格的生态环境保护制度。推动生产生活方式的绿色转型。

正确认识经济社会发展与生态保护之间的平衡问题。习近平总书记提出"绿水青山就是金山银山"理念，突破了经济发展与生态保护二元对立思维，给出了符合新时代发展与人民利益的回答："我们既要绿水青山，也要金山银山。宁要绿水青山，不要金山银山，而且绿水青山就是金山银山。"创新发展马克思主义自然辩证法，科学把握生态文明建设规律。

生态兴文明兴，生态衰文明衰。面对全球生态环境危机，中国积极承担生态保护的国际义务，以宽广的胸怀和强烈的生态责任感，坚持走绿色、低碳、可持续发展道路，与世界各国同筑生态文明之基，同走绿色发展之路，为维护全球生态安全，建设清洁美丽世界提供中国智慧和中国方案，彰显了中国积极参与全球治理，为构建人类命运共同体不断做出贡献的显著优势。积极应对国内环境挑战。深度参与全球环境治理。努力推动全球可持续发展。[①]

（三）中国是全球生态文明建设的重要引领者

生态文明建设是世界潮流，人心所向，大势所趋，处在复兴时代的中华民族走在前列、垂范世界、引领示范。放眼全球，进入 21 世纪，人类社会已经逐步迈向一个新的文明时代，即生态文明新时代。这是不以人类意志为转移的客观存在。恰如习近平总书记所指出的，人类经历了原始文明、农业文明、工业文明，生态文明是工业文明发展到一定阶段的产物，是实现人与自然和谐发展的新要求。生态文明是相较于工业文明更高级别的社会文明形态，符合人类文明演进的客观规律。遵循人类文明演进规律，人类越来越深刻地意识到，不论是发达的工业化国家还是尚未完成工业化的发展中国家，都需要摒弃——或用生

---

① 蒋伟. 新时代生态文明建设的中国贡献[N]. 人民日报，2019-11-12.

态文明加以改造和提升——工业文明下的伦理价值认知、生产方式、消费方式，以及与之相适应的体制机制。从现实看，西方发达国家意识形态领域有较强的戴着有色眼镜看问题的传统。中华民族的伟大复兴，一个显著的标志，是要形成具有普遍适用性、最大包容性的价值体系和国际话语体系，从而为世界所接受、所认同，引领人类命运共同体建设。生态文明无疑具有这个良好的属性。由中国明确倡导并大力实践的生态文明理念及其发展道路，本质上是对传统工业文明的扬弃，为世界工业文明向生态文明发展转型探索了方向和路径。

中国引领全球生态文明建设的新目标和新要求。目前我国正向着"两个一百年"目标奋力前进，建成美丽中国便是其中的重要一环，这也将是我国向世界展示的一张亮丽名片，为全球生态环境治理体系和治理能力现代化提供助力。但前途是光明的，道路是曲折的。我国正面临经济下行、人口老龄化、收入差距拉大等突出问题，经济和人力成本的提升可能会对我国生态环境治理造成障碍。因此，需要抓住改革开放以来的物质财富红利，进一步加大绿色技术创新和能源转型力度，早日完成美丽中国的目标。在党的十九大报告中，习近平总书记提出要全面推进中国特色大国外交，形成全方位、多层次、立体化的外交布局，而深入参与全球生态文明建设便是其中重要的一部分。目前，世界正经历百年未有之大变局，全球生态环境治理体系在未来将会发生深刻变革，以美国为首的发达国家在应对气候变化、保护生物多样性等生态环境领域的"退缩"和"失语"为其未来前景蒙上了一层阴影，但未来的全球生态环境治理模式演变绝不会原地踏步。未来的世界将会是一个命运共同体，无论是哪个国家都不能独善其身。作为一个负责任大国，中国需要继续保持积极参与全球生态环境治理的战略定力，也需要在这一关键时刻为人类永续发展贡献中国智慧，使我国的国际影响力、感召力、塑造力进一步提升，为世界和平与发展做出新的重大贡献。

专栏 6-4　库布齐治沙成为世界典型

一度死寂的沙海，如今绿进沙退，生机勃发，"库布齐"声名远扬。2017 年 7 月，习近平总书记在致第六届库布齐国际沙漠论坛的贺信中指出："中国历来高度重视荒漠化防治工作，取得了显著成就，为推进美丽中国建设做出了积极贡献，为国际社会治理生态环境提供了中国经验。库布齐治沙就是其中的成功实践。"库布齐治沙带头人、亿利集团董事长王文彪在接受采访时表示，库布齐治沙成果是践行总书记"绿水青山就是金山银山"理念的最好例证和经典样本。

那么，到底是什么在创造神奇？库布齐治沙的历程可总结为如下几个方面：①生态修复：依托种质、技术、工艺包这三项核心优势，修复库布齐沙漠 1.86 万 km^2。②生态牧业：按照"不开荒、少用水"的理念和"宜草则草、草畜平衡、静态舍养、动态轮牧"的原则，依托沙柳、柠条、甘草、紫花苜蓿等高蛋白沙生植物资源，创新生物菌技术，规模化发展了蛋白有机饲料产业。同时以"公司+农户"的合作模式，在生态修复区适度发展牛、羊、地鵏等本土化畜禽养殖。③生态健康：库布齐种植甘草、肉苁蓉、当归、黄芪等，并利用这些中药材，开发了甘草良咽、复方甘草片等药品系列和沙小甘等食品系列。同时，库布齐利用沙漠无污染、无农药残留的绿色土壤，实施规模化节水有机果蔬农业。④生态旅游：依托库布齐国家沙漠公园的自然风光和生态建设成果，对库布齐进行保护性的旅游开发，打造了大漠星空、赛马、野生动物、沙漠古海洋温泉等特色生态旅游项目。⑤生态光能：利用沙漠日照的光热资源，大力发展生态光伏和光热产业。同时，亿利集团也在全球范围内寻求合作伙伴，与全球有实力的公司签订光能发电项目。

库布齐沙漠治理模式，为许多备受荒漠化困扰的土地带来了绿色希望。库布齐防沙治沙技术和经验已被引入中国 20 多个省份、200 多个县市，累计治沙 100 多万亩。库布齐沙漠治理模式已经为中国其他沙漠地区带来真金白银。随着中国日益走近世界舞台中央，中国理念、中国智慧、中国方案、中国机遇日益受到全球关注，库布齐治沙模式点亮了国际社会的"眼睛"，治沙的中国方案和中国智慧获得广泛的国际认同，它不仅来自当代中国人对历史规律、未来走向的精准洞察，更是中华传统文化"己所欲之，必有当施"的生动体现与绝好诠释。

资料来源：郭红松，高平的. 库布齐的绿色之路[N]. 光明日报，2018-08-12。

复习思考题

1. 概述我国推进生态文明建设的基本原则。

2. 新时代生态文明建设的基本方略是什么？为什么？

3. "绿水青山就是金山银山"理念的核心内涵是什么？如何实现"绿水青山"向"金山银山"的转化？

4. 如何理解"保护生态环境就是保护生产力"？

5. 为什么说环境问题既是经济问题又是政治问题？

6. 我国应该如何实行"最严格制度最严密法治"？

第七章 推进生态文明建设实现美丽中国梦

学习目标
- ➤ 掌握美丽中国的深刻内涵
- ➤ 掌握美丽中国建设的意义和现实困境
- ➤ 了解天蓝、地绿、水净战略
- ➤ 了解天蓝、地绿、水净战略的实施策略

推进生态文明、建设美丽中国，是我们党把握发展规律审时度势卓越的战略决策，对建设中国特色社会主义具有重大现实意义和深远历史意义；对进一步深化巩固我国生态文明建设的成果具有重大影响。习近平总书记多次对美丽中国作出明确指示和形象描述，要求贯彻创新、协调、绿色、开放、共享的发展理念，推动形成绿色发展方式和生活方式，改善环境质量，建设天蓝、地绿、水净的美丽中国。美丽中国是生态文明建设的目标与结果，在中国特色社会主义现代化建设的宏伟征程中，我们要将生态文明建设纳入"五位一体"总体布局。新时代新征程，不断推动形成人与自然和谐发展的现代化建设新格局。

第一节 美丽中国的提出与发展

一、美丽中国的提出

"美丽中国"是生态文明建设的目标与结果。党的十八大作出"大力推进生态文明建设"的战略部署，首次明确"美丽中国"是生态文明建设的总体目标，提出"建设生态文明，是关系人民福祉、关乎民族未来的长远大计。面对资源约束趋紧、环境污染严重、生态系统退化的严峻形势，必须树立尊重自然、顺应自然、保护自然的生态文明理念，把生态文明建设放在突出地位，融入经济建设、政治建设、文化建设、社会建设各方面和全过程，努力建设美丽中国，实现中华民族永续发展"。党的十九大进一步将"美丽中国"写入社会主义现代化强国的目标，提出"坚持人与自然和谐共生"的基本方略，要求"加快生态文明体制改革，建设美丽中国"。党的十九大报告提出"加快生态文明体制改革，建设美丽中国"，并确定了两个阶段的奋斗目标：第一阶段，从 2020 年到 2035 年，生态环境根本好转，美丽中国目标基本实现；第二阶段，从 2035 年到 21 世纪中叶，在基本实现现代化的基础上，再奋斗十五年，把我国建成富强、民主、文明、和谐、美丽的社会主义现代化强国。习近平主席在 2019 年中国北京世界园艺博览会开幕式上发表重要讲话，深刻总结了中国推动生态文明建设的生动实践，深入阐释了弘扬绿色发展理念的深刻内涵，

向世界展示了建设美丽中国的坚强决心，指出"建设美丽中国已经成为中国人民心向往之的奋斗目标"。党的十九届五中全会确定了到 2035 年基本实现社会主义现代化远景目标，提出要广泛形成绿色生产生活方式，碳排放达峰后稳中有降，生态环境根本好转，美丽中国建设目标基本实现。

二、建设美丽中国的意义

（一）建设美丽中国是解决新时代社会主要矛盾的关键环节

党的十九大提出我国已经进入了社会主义的新时代。在新时代里，我国的主要社会矛盾已经由"人民日益增长的物质文化需要同落后的社会生产力之间的矛盾"转化为"人民日益增长的美好生活需要和不平衡不充分的发展之间的矛盾"，这一转变具有全局性、根本性和变化性，是新时代中国的基本国情。美丽中国美好生活离不开美好环境，当前我国生态环境保护形势处于"三期叠加"时期，既是城镇化、工业化、农业现代化尚未完成，资源、能源消耗还在持续，主要污染物排放仍处于高位的生态环境保护压力叠加、负重前行的关键期，又是需要提供更多优质生态产品以满足人民日益增长的优美生态环境需要的攻坚期，更是有条件、有能力解决生态环境突出问题的窗口期。生态文明建设和生态环境保护在国家发展中处于"短板"和"弱项"地位，是解决当前主要矛盾的关键之一。

当前，需要依据社会主要矛盾的变化对各方面工作的着力点进行调整，针对发展不平衡不充分的问题，大力提升发展质量和效率，更好地满足人民在经济政治文化社会生态等方面日益增长的需要，在生态环境领域优质生态产品供给，已经成为人民对美好生活环境的最大需要，因此着力解决我们国家突出的环境问题，建设美丽中国以满足人民对优质生态产品日益增长的需求，是解决新时代、新阶段社会主要矛盾的关键环节。环境问题是社会问题也是民生问题，它将直接影响我国生态文明建设的进程，影响社会的稳定，也影响人民群众的满足感、获得感、幸福感，直接影响中华民族伟大复兴和永续发展的实现。

（二）建设美丽中国是中华民族对世界可持续发展的伟大贡献

人类是命运共同体，建设绿色家园是人类的共同梦想，习近平总书记在致生态文明贵阳国际论坛 2018 年年会的贺信中，提出了全面落实 2030 年可持续发展议程，共同建设清洁美丽世界的倡议。可持续发展理念是当今世界各国经过 20 多年的发展演化与广泛传播，逐步形成的包括经济发展、社会进步和环境保护三个支柱在内的，以消除贫困、保护自然、转变不可持续的生产和消费方式为核心要素的综合发展框架。与此同时，全球正面临着严峻的挑战，尽管世界各国在实现千年发展目标方面取得了一定进展，但环境保护和发展仍然面临着新的困境——人口快速增长、贫困、气候变暖、环境污染、资源和能源供需矛盾等问题不可回避。构筑尊崇自然、绿色发展的生态体系，推动全球生态环境治理，表明了中国在解决全球环境问题方面的责任与担当。

中国是最早参与可持续发展行动的国家之一，无论在发展理念、制度建设、实践探索与国际合作方面，还是在减少贫困、节能减排、发展循环经济等方面，都为全球可持续发展做出了实质性的贡献。近年来，通过深入实施大气、水、土壤三大污染防治行动计划，中国大力提高森林覆盖率和湿地生态系统的整体性和完整性，努力保护生物多样性，有效控制温室气体排放，消耗臭氧层物质的淘汰量超过发展中国家总量的一半，为全球生态文明建设做出了重要贡献。美丽中国建设目标的提出，进一步将中国传统哲学思想升华为人与自然和谐统一、和平共处的行为遵循，进一步为全世界可持续发展提供了中国理念、中国道路、中国制度、中国模式、中国经验。

第二节　美丽中国的内涵与特征

一、美丽中国的内涵

美丽中国作为一个特定的历史概念，涵盖的内容极其广泛，不仅指自然环境层面、人文层面和社会层面的美丽，而且融入了时代内涵、伦理要求。其拓展研究深入到了生态学、经济学、政治学、旅游学、伦理学、心理学、教育学等学科，综合研究的趋向越来越明显。

从"五位一体"的角度来全面把握美丽中国。"美丽"与"中国"结合，表达出一种奋斗目标，美丽中国代表的是人与自然、人与社会的和谐发展，包含了经济、政治、文化、社会、生态文明建设五位一体。"生产空间集约高效、生活空间宜居适度、生态空间山清水秀，给自然留下更多修复空间，给农业留下更多良田，给子孙后代留下天蓝、地绿、水净的美好家园。"[①]这是党的十八大报告对美丽中国具体形象的描述。在原环境保护部部长周生贤的视野里，"美丽中国"是中国的大美。他认为，"美丽中国，是时代之美、社会之美、生活之美、百姓之美、环境之美的总和""美丽中国是科学发展的中国，是可持续发展的中国，是生态文明的中国"，并指出"美丽中国是生态文明建设的目标指向，生态文明建设是美丽中国的必由之路"。科学发展观为建设生态文明和美丽中国提供了先进的理论指导和强大的思想武器。建设生态文明和美丽中国，进一步丰富了科学发展观的内涵，是贯彻落实科学发展的内在要求，是推动科学发展的重大任务，是解决制约科学发展资源环境约束的有效途径。[②]

美丽中国建设是美丽中国梦的重要内容，是生态文明建设的美好愿景。有学者认为，美丽中国建设包括其有形部分与无形部分。其有形部分包括发达的生态产业、绿色的消费模式、永续的资源保障、优美的生态环境与舒适的生态人居。在有形之美的背后，则是无形之美，也就是生态文化、生态哲学、生态理念等。也有学者认为，建设美丽中国是以中国作为建设的客体，既体现了生态文明的价值归宿，也为我国国家层面的社会主义核心价值观的丰富和发展奠定了基础。阐释了美丽中国是价值多元取向的统一，是以"地球美好家园"作为价值多元体系建设大厦的基础，以"中国"作为价值多元化体系建设大厦的客体，以"生态文明"作为价值多元体系建设的屋脊。美丽中国是对"建设什么样的生态中国，怎样建设生态中国"这个基本问题的中国表达、中国理念和中国梦想，将指引中国实现生态文明的时代转向。美丽中国既可以作为一幅美丽蓝图，也可以作为一个宏伟目标，

---

① 胡锦涛. 坚定不移沿着中国特色社会主义道路前进为全面建成小康社会而奋斗[N]. 人民日报，2012-11-10.

② 周生贤. 建设美丽中国走向社会主义生态文明新时代[J]. 环境保护，2012（23）：8.

其实质是人与自然和谐、经济社会发展与生态环境保护双赢的文明发展新形态、新境界。美丽中国既体现了自然之美、生态之美、人与自然和谐之美，又体现了舒适宜居的自然生存环境之美，同时又是完美的自然环境和社会环境相结合的表征。美丽中国蕴含着浓厚的"以人为本"的人文精神，也蕴含着全新的人与自然和谐的发展理念。建设美丽中国，就是以生态文明为导向，通过建设"资源节约型、环境友好型"社会，达到生产发展、生态良好、人与自然和谐、人民生活和谐幸福这样一种完美的社会状态。正如原环境保护部部长周生贤所讲的，建设美丽中国，承载着一代又一代中国共产党人对中国未来发展的美好愿景，承续着"青春中国""可爱中国""新中国""富强民主文明中国""和谐中国"的中国梦。美丽中国不仅超越了地域限制，而且具有世界历史意义。

二、美丽中国的特征

（一）美丽中国的核心是人与自然和谐共生

美丽中国是中国特色社会主义建设目标的诗意表达，寄托了全体中国人民对美好生活环境的期待。同时，美丽中国作为中国生态文明建设的战略目标，与生态文明的科学内涵一脉相承，其核心要义就是要把自然与文明结合起来，实现人与自然和谐共生，要让人民在一个优美的自然生态环境中尽可能地享受丰富的物质文明和精神文明，也要让自然生态在现代化的人类社会治理体系下更加宁静、和谐、美丽，最终实现自然和谐共生的现代化中国。

（二）美丽中国的关键是绿色发展、环境优美

从讨论美丽中国的核心内涵可以看出，美丽中国包含两个基本要素——人与自然，落脚点在于和谐共生。山清水秀却贫穷落后，不是美丽中国；强大富裕但环境污染，同样不是美丽中国。因此，美丽中国涵盖了两个基本的出发点与落脚点，两者是共生的关系：一是绿色发展，即从人类活动出发，人的生产、生活必须尊重自然、顺应自然、保护自然、向着资源节约、环境友好的方向发展，实现开发建设的强度、规模与资源环境的承载能力相适应，生产、生活的空间布局与生态环境格局相协调，生产、生活方式与自然生态系统良性循环的要求相适应，因此满足人类需求的物质文明是现代化、清洁化的，精神文明应是崇尚自然、诗情画意的；二是环境优美，即良好生态环境的价值是人所赋予的，要满足人们所期待的宁静、和谐、自然、美丽的环境需求。这两个基本点也是党的十九大报告提出的建设美丽中国、推进绿色发展、环境质量改善的重点任务目标的要求。

（三）美丽中国体现在生产美、生活美、制度美

从词源的角度来看，"美丽"的含义是外"美"内"丽"，即表象愉悦、内质健康。因此，美丽中国的表征之一就是具备天蓝、地绿、水清的优美生态环境的外在美。这种秀美的外在形象需要内在动力来推动，即表现在要以绿色发展为源头的生产方式与生活方式上。生产美是美丽中国建设的源头支撑，它侧重于产业布局、产业结构与生产效率等因素，综合表现为形成生态经济体系，具体表现为产业布局均衡协调、结构合理、集约高效、低

碳环保、节约资源、环境友好、创新驱动力强劲等，即实现产业的绿色化发展，基本要求为方式友好，动力内生、过程高效。生活美是美丽中国建设的共治基石。它侧重于行为方式、公共服务等领域，表现为物质生活和精神生活的共同提升、兼顾调和，基本要求为简约适度、行为绿色。

社会生产方式、生活方式、行为模式都受社会体制机制的源头制约。美丽中国的建设需要美丽制度的支撑。因此，完善生态文明制度体系是美丽中国建设的内核，其综合表现为生态环境领域的治理体系与治理能力现代化，具体表现为生态监管体系完备、环境管理制度严格；体现绿色生产和绿色消费导向的环境经济政策体系、法治体系健全；环境现代化治理能力得到有效保障，建立健全党委领导、政府指导、企业为主体、公众参与的美丽中国建设大格局。

三、建设美丽中国的现实挑战

建设美丽中国，关系到人民的福祉、国家的兴衰、民族的命运和世界的发展，承载着中国共产党人对民族振兴的担当，寄托着亿万华夏儿女对未来发展美好愿景的期盼。建设生态文明和美丽中国，是一项空前壮丽而神圣的事情，也是一项极其艰巨的世纪工程，需要破除种种困难和障碍。当前我国生态环境总体恶化的趋势尚未根本扭转，生态文明建设滞后于经济社会发展的现状。这些问题主要表现在以下方面。

一是环境污染比较严重。我国相当部分城市达不到新的空气质量标准。我国中东部地区一些特大城市及周边地区出现较大面积、较长时间、较高程度的雾霾天气。东北部分城市秋冬季也出现严重雾霾天气，影响人民群众的生产生活和身体健康。根据《2021 中国环境状况公报》，全国 339 个地级及以上（以下简称 339 个城市）中，218 个城市环境空气质量达标，占全部城市数的 64.3%，比 2020 年上升 3.5 个百分点；121 个城市环境空气质量超标，占 35.7%，比 2020 年下降 3.5 个百分点；121 个城市环境空气质量超标，占 35.7%，比 2020 年下降 3.5 个百分点。若不扣除沙尘影响，339 个城市环境空气质量达标城市比例为 56.9%，超标城市比例为 43.1%。339 个城市优良天数比例为 87.5%，比 2020 年上升 0.5 个百分点。环境污染、生态恶化仍然是生态文明美丽中国建设的短板。

二是生态系统退化问题突出。《中国森林资源报告》（2014—2018）调查结果指出，我国总体上依然缺林少绿、生态脆弱，森林覆盖率低于全球 30.7%的平均水平，特别是人均森林面积不足世界人均的 1/3，人均森林蓄积量仅为世界人均的 1/6。森林资源总量相对不足、质量不高、分布不均的状况仍然存在，森林生态系统功能脆弱的状况尚未得到根本改变，生态产品短缺与日益增长的社会需求之间的矛盾还相当突出，生态产品短缺依然是制约中国可持续发展的突出问题。

三是国土开发格局不够合理，城乡规划建设无序。总体上存在时差空间偏多、生态空间和生活空间偏少等问题，一些地区由于盲目开发、过度开发、无序开发，已经接近或超过资源环境承载力的极限。城乡规划不科学，城市"摊大饼"式发展，城市边界不断扩展，大拆大建严重，一些地方文化遗产遭到破坏，既看不到山清水秀，也没有了"乡愁"。

我国生态环境存在的问题，既有历史和自然的原因，也有经济和社会的原因，还与我国国情和发展阶段密切相关。这些问题制约着我国生态文明建设，制约着美丽中国建设。

究其原因：一是受到粗放型经济发展模式的制约。"生态环境问题归根结底是经济发展方式问题"，传统粗放型的经济发展方式制约着社会经济的生态转型。我国经济的发展由于历史原因，属于高投入、高消耗和高污染的粗放型经济，在相当程度上是以资源环境的不可持续来换取经济增长的，这加剧了生态损害。生态环境的破坏本身就是人的"建设"造成的，粗放型的经济发展模式只能增加更多的破坏。生态文明建设不是一次两次建设运动就能实现的，必须遵循自然规律有计划、有步骤地展开，决不能以牺牲生态环境、浪费资源为代价换取一时的经济增长。二是参与美丽中国建设的社会动力不足。目前我国公民参与美丽中国建设的程度远远不够，民间资源的调动还不充分。民众参与的意识不足，渠道不畅，一些社区组织、社会团体没有得到应有的扶持和发展。绿色生活和绿色消费还没有实现全方位转变，伴随着高科技的快速发展，新业态在刺激和促进经济社会发展的同时带来了新的生态环境污染。例如，外卖和网购在过度包装、一次性使用等方面给自然环境带来了巨大的"灾难"，曾引起《人民日报》《经济日报》等主流媒体的极大关注，并以《2000亿"双11"疯狂后，中国正面临一场生态灾难！》为题进行了及时报道。因此，环境保护任重道远，需要全社会共同努力。

第三节　美丽中国建设的天蓝地绿水净战略

一、国家天蓝战略与策略

（一）我国大气环境污染的现状

对大气污染的分类进行统计分析，其主要来源可概括为三大方面：燃料燃烧、工业生产过程和交通运输。工业生产过程中产生的大气污染排放量虽仅占大气污染总排放量的1/5，但是其排放点比较集中、浓度较高，故危害很大。我国的大气污染与"贫油、少气、富煤"的能源结构有关，在我国能源结构中，化石能源占据80%以上，其中，煤炭这种高污染、高消耗的能源则占据50%以上。故而，我国废气排放总量巨大且上升速度很快。

我国大气污染来源和地区均具有多样性。我国大气污染物种类繁多，包括悬浮颗粒物、降尘、可吸入颗粒物、二氧化硫、氮氧化物、汞、铅、氟化物、臭氧和苯类有机物等。其中，我国的大气污染源主要是二氧化硫、氮氧化物和烟（粉）尘排放。同时，我国地域辽阔、地形复杂，南北方以及东西部不论是气候还是地理环境差异都非常巨大，因而，我国大气污染状况呈现明显的区域性。北方区域大气污染物以 PM_{10} 及 $PM_{2.5}$ 超标为主，部分城市兼有 SO_2 超标。例如，代表性的颗粒物超标城市有石家庄、邯郸、沈阳及鞍山；SO_2 成分超标的城市有济南、枣庄及聊城等。华北平原则以烟尘、工业和机动车的复合污染为主要特征。西北部城市由于受沙漠和沙尘的影响较大，主要表现为自然来源的粉尘污染，如甘肃、宁夏、内蒙古及新疆等地区的城市。其中，一些以资源开发利用为主、人口相对集中的城市兼有 SO_2 超标，如乌鲁木齐、兰州和包头等，这些区域地形地貌和气象条件特殊，不利于大气污染物的稀释和扩散。西南部城市由于山川较多并且植被茂盛，所以风尘污染较少，但主要的几个城市都有能源开发等支柱产业，并且该地区的煤炭中含硫量较高，导致多个大中型城市中 SO_2 含量超标。此外，例如四川和重庆这样的城市，地理位置特殊，人口众多又地处于盆地，本身的大气污染扩散条件不好，极易产生粉尘和 SO_2 超标。

随着我国人口增加以及城市化进程不断深入，出现越来越多的大型城市甚至是巨型城市，这也是现代化进程的必然结果。人口大量集中必将会加重某一区域的环境负担，随之而来的环境恶化将很快成为人们不得不面对的问题。从我国整体污染状况可以看出，在人口集中的城市及附近区域自然环境状况多数不容乐观。更有一些大气污染地区相对集中，形成污染"叠加"，加大了治理的难度。

（二）国家提出"天蓝战略"

1. 凝聚共识形成治理思路

第一，应凝聚社会环保共识，坚定治理信念。绿色梦想是国家的，是社会的，归根到底是个人的。我们每一个人都处于命运共同体之中，既共享环境治理和发展的结果，也承担其中的风险，一荣俱荣，一损俱损，唯有达成生态共识，才能携手共建绿色家园。第二，应寻找大气污染问题产生的根本所在并对症下药。科学深入开展雾霾成因、成分等分析，借鉴各方经验，以便采取更有力度和针对性的措施，力争取得更明显的大气治理成效。第三，应坚持制度创新，建立起大气污染防控的长效机制。坚持源头防治、有效管控、精准施策，统筹大气污染防治，坚持污染治理与风险防控相结合，建立长效机制，加强大气污染防治基础研究，开展评价工作，完善大气污染物减排政策体系，进一步扩大治理范围，加强重点领域管制，不断创新燃料体系，推进大气环境质量持续改善。第四，应尽快明确责任主体并落实行动。督促各级部门制定相应的大气污染防治目标，将目标任务分解到地方人民政府、部门和企业。同时，加强监督考核力度，每年都应就上年度任务完成情况进行严格考核，并作为对领导班子和领导干部综合考核评价的重要依据，对未通过年度考核的应由组织、监察等部门约谈相关部门负责人。

2. 内外联动推动污染治理

我国的大气污染治理具有内外联动的特征，包括：第一，注重大气污染治理的全球协同。充分利用全球大气污染治理的倒逼机制，形成了自我约束的发展机制，推动国内的大气污染治理工作的进展。第二，分阶段循序渐进。①中国政府成立国家应变气候变化小组，成立专门的领导组织，集中协调国家力量来应对气候变化的挑战。②针对中国的大气污染现状，从保护人民生命健康出发，制定《中国应对气候变化国家方案》，明确了中国大气污染治理的基本思路和方法，并明确了努力的方向。③明确能源结构优化方式和落实的时间表。第三，借助全球气候环保意识的觉醒，提升全民大气污染治理的自觉性。

3. 规划先行标本兼治

①制定中国控制质量标准，并以达标为核心制定大气污染治理规划，制定国家行动路线图。②各地大气污染治理方案要具有针对性，因地制宜。一是严格控制高污染高耗能项目建设；二是实施特别排放限值；三是实行新源污染物排放倍量削减替代；四是结合能源消耗特点和污染源的产生，推行煤炭消费总量控制试点；五是加快淘汰分散燃煤小锅炉，推行"一区一热源"，建设和完善热网工程；六是强化多种污染物、多种污染源协同治理；七是开展城市达标管理。

（三）坚决打赢蓝天保卫战

空气是维持生命的重要因素之一，保卫蓝天就是守望幸福。2013年以来，大气环境质量在全国范围和平均水平上总体向好，但与人民群众对空气质量改善的期望相比仍有较大差距。党的十九大报告提出要坚持全民共治、源头防治，持续实施大气污染防治行动，打赢蓝天保卫战。

1. 蓝天保卫战主战场

一是京津冀及周边地区"2+26"城市。北京、天津、石家庄、唐山、邯郸、邢台、保定、沧州、廊坊、衡水、太原、阳泉、长治、晋城、济南、淄博、济宁、德州、聊城、滨州、菏泽、郑州、开封、安阳、鹤壁、新乡、焦作、濮阳；二是长三角地区（上海、江苏、浙江、安徽）；三是汾渭平原（晋中、运城、临汾、洛阳、三门峡、西安、铜川、宝鸡、咸阳、渭南、杨凌示范区等）。

2. 打赢蓝天保卫战的重点措施

蓝天保卫战是污染防治攻坚战中的重中之重。习近平总书记在2018年全国生态环境保护大会上指出，"打赢蓝天保卫战是国内民众的迫切期望""要以京津冀及周边地区、长三角、汾渭平原等为主战场"。蓝天保卫战的基本要求就是要消除重污染天气，还老百姓蓝天白云、繁星闪烁。因此，我们必须综合运用经济、法律、技术和必要的行政手段，大力调整优化产业结构、能源结构、运输结构和用地结构，强化区域联防联控，狠抓秋冬季污染治理，统筹兼顾、系统谋划、精准施策。

调整优化产业结构，推进产业绿色发展。减少过剩和落后产能，增加新的增长动能。大力推进达标排放，降低重点行业污染物排放，实施火电、钢铁等重点行业超低排放改造。加快在全国开展"散乱污"企业治理。

加快调整能源结构，构建清洁低碳高效能源体系。减少煤炭消费比重，加快清洁能源发展。要坚决坚持因地制宜、多措并举，宜电则电、宜气则气，坚定不移推进北方地区冬季清洁取暖，加快天然气产供储销体系建设，优化天然气来源布局，加强管网互联互通，保障气源供应。加大提供补贴及政策和价格支持，确保"煤改气""煤改电"后老百姓用得上、用得起。加快淘汰燃煤小锅炉，暂停一部分污染重的煤电机组，加快升级改造。

积极调整运输结构，发展绿色交通体系。减少公路运输量，增加铁路运输量。抓紧治理柴油货车污染，推动货运经营整合升级，提质增效，加快规模化发展、连锁化经营。加快车船结构升级。推广使用新能源汽车。推进船舶更新升级。

优化调整用地结构，推进面源污染治理。实施防风固沙绿化工程。建设北方防沙带生态安全屏障，重点加强三北防护林体系建设、京津风沙源治理、太行山绿化、草原保护和防风固沙。推进露天矿山综合整治。全面完成露天矿山摸底排查。加强扬尘综合治理。严格施工扬尘监管。加强秸秆综合利用和氨排放控制。

实施重大专项行动，大幅降低污染物排放。开展重点区域秋冬季攻坚行动。制定并实施京津冀及周边地区、长三角地区、汾渭平原秋冬季大气污染综合治理攻坚行动方案，以减少重污染天气为着力点，狠抓秋冬季大气污染防治。打好柴油货车污染治理攻坚战。制定柴油货车污染治理攻坚战行动方案，统筹油、路、车治理，实施清洁柴油车（机）、清洁运输和清洁油品行动，确保柴油货车污染排放总量明显下降。开展工业炉窑治理专项行动。各地制定工业炉窑综合整治实施方案。

强化区域联防联控，有效应对重污染天气。建立完善区域大气污染防治协作机制。加强重污染天气应急联动。夯实应急减排措施。制定完善重污染天气应急预案。重点区域实施秋冬季重点行业错峰生产。加大秋冬季工业企业生产调控力度，各地针对钢铁、建材、焦化、铸造、有色、化工等高排放行业，制定错峰生产方案，实施差别化管理。

健全法律法规体系，完善环境经济政策。完善法律法规标准体系。拓宽投融资渠道。各级财政支出要向打赢蓝天保卫战倾斜。增加中央大气污染防治专项资金投入。支持依法合规开展大气污染防治领域的政府和社会资本合作。加大经济政策支持力度。建立中央大气污染防治专项资金安排与地方环境空气质量改善绩效联动机制，调动地方政府治理大气污染积极性。加大税收政策支持力度。严格执行环境保护税法，落实购置环境保护专用设备企业所得税抵免优惠政策。

加强基础能力建设，严格环境执法督察。完善环境监测监控网络。加强环境空气质量监测，优化调整扩展国控环境空气质量监测站点。强化科技基础支撑。汇聚跨部门科研资源，组织优秀科研团队，开展重点区域及成渝地区等其他区域大气重污染成因、重污染积累与天气过程双向反馈机制、重点行业与污染物排放管控技术、居民健康防护等科技攻坚。加大环境执法力度。坚持铁腕治污，综合运用按日连续处罚、查封扣押、限产停产等手段依法从严处罚环境违法行为，强化排污者责任。深入开展环境保护督察。将大气污染防治作为中央环境保护督察及其"回头看"的重要内容，并针对重点区域统筹安排专项督察，夯实地方政府及有关部门责任。

明确落实各方责任，动员全社会广泛参与。加强组织领导，严格考核问责，将打赢蓝天保卫战年度和终期目标任务完成情况作为重要内容，纳入污染防治攻坚战成效考核。构建全民行动格局，环境治理，人人有责。倡导全社会"同呼吸共奋斗"，动员社会各方力量，群防群治，打赢蓝天保卫战。

3. 打赢蓝天保卫战的具体目标

打赢蓝天保卫战，最终实现四个明显，即明显降低 $PM_{2.5}$ 浓度，明显减少重污染天数，明显改善大气环境质量，明显增强人民的蓝天幸福感。

2021 年 2 月 25 日，生态环境部举行例行新闻发布会，宣布《打赢蓝天保卫战三年行动计划》圆满收官。生态环境部大气环境司司长刘炳江表示，已全面完成各项治理任务。到 2020 年，全国空气质量总体改善，二氧化硫下降 15% 以上，氮氧化物排放总量下降 15% 以上。重度及以上污染天数下降 25% 以上，全国地级及以上城市优良天数比率为 87%，$PM_{2.5}$ 未达标城市平均浓度比 2015 年下降 28.8%。

二、国家地绿战略与策略

（一）国家生态绿化现状评估

1. 森林数量与质量尚待提升

森林是陆地生态系统的主体，是人类社会发展不可或缺的物质基础和重要资源。丰富的森林资源，是生态良好的重要标志，是经济社会发展的重要基础，是美丽中国建设的重要内容。

第八次全国森林资源清查于 2009 年开始，到 2013 年结束，历时 5 年，组织近 2 万名技术人员，采用国际上公认的"森林资源连续清查方法"，以省（区、市）为调查总体，实测固定样地 41.5 万个。全国森林面积 2.08 亿 hm²，森林覆盖率 21.63%。活立木总蓄积量 164.33 亿 m³，森林蓄积量 151.37 亿 m³。天然林面积 1.22 亿 hm²，蓄积量 122.96 亿 m³；人工林面积 0.69 亿 hm²，蓄积量 24.83 亿 m³。森林面积和森林蓄积量分别居世界第 5 位和第 6 位，人工林面积仍居世界首位。清查结果表明，我国森林资源呈现出数量持续增加、质量稳步提升、效能不断增强的良好态势。

第九次全国森林资源清查成果——《中国森林资源报告（2014—2018）》。与第八次全国森林资源清查的森林覆盖率 21.63% 相比，提高了 1.33 个百分点。这 1.33 个百分点意味着全国森林面积净增 1 266.14 万 hm²。全国现有森林面积 2.2 亿 hm²，森林蓄积量 175.6 亿 m³，实现了 30 年来连续保持面积、蓄积量的"双增长"。我国成为全球森林资源增长最多、最快的国家，生态状况得到了明显改善。通过第九次全国森林资源清查，我们在看到成绩的同时，还要看到不足。我国依然是一个缺林少绿的国家，森林覆盖率低于全球 30.7% 的平均水平，特别是人均森林面积不足世界人均的 1/3，人均森林蓄积量仅为世界人均的 1/6。森林资源总量相对不足、质量不高、分布不均的状况仍然存在，森林生态系统功能脆弱的状况尚未得到根本改变，生态产品短缺依然是制约中国可持续发展的突出问题。这就不得不要求我们加大资源保护和生态修复力度。

2.　荒漠化和沙化

2019 年是我国植树节设立 40 周年。各地、各部门（系统）深入贯彻习近平生态文明思想，认真落实党中央、国务院关于国土绿化工作的决策部署，坚持绿化为民、绿化惠民，坚持山水林田湖草系统治理，坚持走科学、生态、节俭的绿化发展之路，组织动员全社会力量推进大规模国土绿化行动，国土绿化事业取得了新成绩。全国共完成造林 706.7 万 hm²、森林抚育 773.3 万 hm²、种草改良草原 314.7 万 hm²、防沙治沙 226 万 hm²、保护修复湿地 9.3 万 hm²，为维护国土生态安全、建设生态文明和美丽中国做出了新贡献。

全民义务植树深入开展；大规模国土绿化行动积极推进；林业生态工程稳步实施；部门绿化协同推进；城乡绿化一体化步伐加快；草原生态保护修复力度加大；湿地保护修复有效加强；沙区生态状况持续改善；自然保护地体系建设和野生动植物保护持续加强；绿色富民产业发展和生态扶贫成效显著；森林草原资源保护管理全面加强；林草治理体系和治理能力现代化建设加快推进；积极主动参与全球生态治理。

2019 年国土绿化工作虽然取得了新进展新成效，但与高质量发展要求相比，还面临许多困难和挑战。各种生态资源总量不足、质量不高、功能不强，自然生态系统的多种效益没有充分发挥，人居环境亟待进一步改善，国土绿化工作仍需持续发力，补齐短板，不断提升绿化质量和水平。

2020 年是全面建成小康社会和"十三五"规划圆满收官之年。国土绿化工作要以习近平新时代中国特色社会主义思想为指导，认真践行习近平生态文明思想，加快推进大规模国土绿化行动，不断提高生态治理体系和治理能力现代化水平，全力推动国土绿化事业高质量发展，为全面建成小康社会、实现第一个百年奋斗目标，建设生态文明和美丽中国做出更大的贡献。

3. 城镇绿化落后与城镇化

造林绿化是生态文明建设的核心内容，是维护生态安全的基础保障，是应对气候变化的战略选择，是建设生态文明的重要途径，是我国现代化建设中始终坚持的基本国策。为适应经济社会对造林绿化的新需求，贯彻落实科学发展观和中央关于加快林业发展的一系列重大决策部署，兑现应对气候变化的国家承诺，全国绿化委员会、国家林业局按照党中央、国务院的要求，编制了《全国造林绿化规划纲要（2011—2020 年）》（以下简称《纲要》）。编制《纲要》的基本原则是：坚持生态优先，生态、经济、社会效益相协调的原则；坚持政府主导、部门联动社会参与、市场推动相结合的原则；坚持科技兴林、质量并重的原则；坚持依法治绿、制度保障的原则。《国家林业和草原局关于科学开展 2022 年国土绿化工作的通知》《国务院办公厅关于科学绿化的指导意见》《"十四五"林业草原保护发展规划纲要》等文件多处提及绿化问题。深入贯彻党的十九大和十九届二中、三中、四中、五中全会精神，以习近平新时代中国特色社会主义思想为指导，认真践行习近平生态文明思想，牢固树立"绿水青山就是金山银山"理念，坚持尊重自然、顺应自然、保护自然，坚持以节约优先、保护优先、自然恢复为主，以全面推行林长制为抓手，以林业草原国家公园"三位一体"融合发展为主线，统筹山水林田湖草沙系统治理，加强科学绿化，构建以国家公园为主体的自然保护地体系，深化科技创新和改革开放，提高生态系统碳汇增量，推动林草高质量发展。

"十四五"主要目标。到 2025 年，森林覆盖率达到 24.1%，森林蓄积量达到 190 亿 m^3，草原综合植被盖度达到 57%，湿地保护率达到 55%，以国家公园为主体的自然保护地面积占陆域国土面积比例超过 18%，沙化土地治理面积 1 亿亩。

2035 年远景目标。全国森林、草原、湿地、荒漠生态系统质量和稳定性全面提升，生态系统碳汇增量明显增加，林草对碳达峰、碳中和贡献显著增强，建成以国家公园为主体的自然保护地体系，野生动植物及生物多样性保护显著增强，优质生态产品供给能力极大提升，国家生态安全屏障坚实牢固，生态环境根本好转，美丽中国建设目标基本实现。

建设重点：要确保实现规划目标，必须继续推进天然林资源保护、退耕还林、京津风沙源治理、"三北"及长江流域等防护林建设、石漠化治理、重点地区速生丰产用材林基地建设等重点工程，积极营造公益林，加大沙化、荒漠化、石漠化和重点地区、重点流域的生态治理力度，构建东北森林区、西北风沙区、东部沿海区、西部高原区、长江、黄河、珠江、中小河流及库区、平原农区、城市森林等十大生态屏障，构筑维护国土生态安全保障体系；紧紧围绕林产品加工、木本油料、森林旅游等林业十大主导产业的发展，大力培育商品林，加大珍贵树种、木本油料林等特色经济林、生物质能源林、竹藤等培育力度，为保障木材及其他农产品供给夯实基础；科学配置树种结构，大力营造混交林，不断提高成林质量，加快推进城乡绿化，扎实开展身边增绿，努力改善人畜环境。

我国地域辽阔，各地自然和社会条件差异极大，可造林地资源分布极不均衡，林业主导功能和发展方向不尽相同，草原类型多样，必须充分尊重各地的客观实际和资源特点，科学制定发展战略，才能确保造林绿化稳步发展。按照"西治、东扩、北休、南用"的总体布局，根据各地特点，综合考虑地理环境、降水差异、造林绿化难易程度、森林经营习惯和草原利用方式等因素，将全国划分为东北地区、北方干旱半干旱地区、黄土高原和太行山燕山地区、华北及长江下游丘陵平原地区、南方山地丘陵地区、东南沿海及热带地区、西南高山峡谷地区、青藏高原地区等八大区域。依据分类指导、分区施策的原则，明确各区域功能定位，分区制定造林绿化发展战略，确定各地造林绿化重点和主攻的方向。

战略布局：西部区域以保护、治理为重要目标，以严格控制、生态补偿、适当补充、综合治理作为主要手段。东部区域以保护、发展为重要目标，以林业促发展，以发展回馈林业。北部区域主要采取保护、维护和适度使用的战略，逐步减少现有的采伐和放牧等经济活动，通过构建防护林建立北方防护屏障，减缓土壤退化和沙漠扩张的速度。南部区域在治理生态恶化区域的同时，发展特色树种、特色草种培育，构建南部沿海绿色屏障，更好地美化富有特色的旅游环境。

实施地绿战略的策略措施：当前，人们对良好生态环境的要求越来越高。我们要顺应人民群众对美好生活的需要，努力解决好森林生态建设不平衡不充分的问题，在推进生态文明建设中实现更大作为。一是师法自然，提升森林生态保护与修复的境界。在推进长江大保护、实施全域生态复绿工作中，我们要改变整齐划一的程式化方法，向大自然学习，厚植底色、维护本色、增添彩色、善造景色，提升森林生态保护与修复的水平。二是包容共济，丰富"绿水青山就是金山银山"的实现途径。2014年3月6日，习近平总书记在参加十二届全国人大二次会议广东代表团审议时强调："要勇于冲破思想观念的障碍和利益固化的藩篱，敢于啃硬骨头，敢于涉险滩，更加尊重市场规律，更好发挥政府作用，以开放的最大优势谋求更大发展空间。"三是敦风化俗，增强全社会生态文明意识。中华民族向来尊重自然、热爱自然，绵延5000多年的中华文明孕育了丰富的生态文化。

（二）打好土壤污染防治攻坚战

近年来，各地区、各部门积极采取措施，在土壤污染防治方面进行探索和实践，取得一定成效。但由于我国经济发展方式总体粗放，产业结构和布局仍不合理，污染物排放总量较高，土壤作为大部分污染物的最终受体，其环境质量受到显著影响。2016年国家启动《土壤污染防治行动计划》，总体目标是土壤环境质量总体保持稳定，农用地和建设用地土壤环境安全得到本保障，土壤环境风险得到基本管控。2018年5月，习近平总书记在全国生态环境保护大会上提出，"要把解决突出生态环境问题作为民生优先领域""打好污染防治攻坚战，就要打几场标志性的重大战役"。[1]其中包括打好农业农村污染治理攻坚战。这就要求我们坚决落实土壤污染防治行动计划。突出重点区域、行业和污染物，强化土壤污染管控和修复，有效防范风险，让老百姓吃得放心，住得安心。坚决全面禁止洋垃圾入境，大幅减少进口废物种类和数量，严厉打击危险废物平衡环境违法行为。坚决遏制危险废物非法转移、倾倒、利用和处理处置。[2]

自国家启动《土壤污染防治行动计划》以来，土壤污染防治工作取得了一些成效。土壤污染防治责任逐步清晰，土壤污染状况底数逐步摸清，环境信息化管理水平逐步提升，建设用地环境管理逐步规范，现有污染源逐步得到控制。[3]然而，我国土壤污染不容乐观。目前，我国耕地有将近2000万hm²受到铬、铅以及砷等各种重金属和农业面源污染等，

① 习近平谈治国理政（第三卷）[M]. 北京：外文出版社，2020：368.
② 习近平谈治国理政（第三卷）[M]. 北京：外文出版社，2020：369.
③ 鲍雪蓉，边江. 我国土壤污染防治进展分析[J]. 中国资源综合利用，2020（4）：106-107.

这些受污染的耕地面积约占我国耕地总面积的 20%。而这些受污染的耕地中，有超过 50% 都是受到"三废"污染。据统计，我国使用污水进行灌溉的农田面积已经超过 330 万 hm²，污水灌溉污染导致我国大面积耕地出现严重的土壤污染问题。[①]因此，防治土壤污染迫在眉睫。

为此，我们必须以《中华人民共和国土壤污染防治法》（2019 年 1 月 1 日实施）为准绳，坚持预防为主、保护优先、分类管理、风险管控、污染担责、公众参与的原则，防治土壤污染，保障公众健康，推动土壤资源永续利用，推进生态文明建设，促进经济社会可持续发展。

三、国家水净战略与策略

（一）国家水资源现状

1. 水资源量

（1）降水量。降水是水资源的根本性源泉。我国降水空间分布不均，总体呈现南多北少、东多西少的格局。在时间分布上，受季风控制的影响，全国降水量呈现年际变化大，年内季节性分布不均的特点。

（2）水资源量。根据中华人民共和国水利部发布的《2021 年中国水资源公报》，2021年，全国降水量和水资源总量比多年平均值明显偏多，大中型水库和湖泊蓄水总体稳定。2021 年，全国水资源总量为 29 638.2 亿 m³，比多年平均值偏多 7.3%。其中，地表水资源量为 28 310.5 亿 m³，地下水资源量为 8 195.7 亿 m³，地下水与地表水资源不重复量为 1 327.7 亿 m³。与 2020 年相比，全国用水总量增加 107.3 亿 m³，用水效率进一步提高，用水结构不断优化。

2. 水资源质量

（1）河流。我国共有流域面积 100 km² 以上的河流 5 万多条，总长达 43 万多 km。我国河流污染以有机污染为主，主要超标参数为高锰酸盐指数、化学需氧量、氨氮等，局部地区如湘江流域等重金属污染相对严重。我国河流整体污染形势严峻，特别是城市河段、河流下段往往污染严重。

（2）湖泊。我国共有面积大于 1 km² 的湖泊 2 700 多个，总面积约 9.1 万 km²。湖泊由于水体更新周期长，纳污能力和自净能力较低，具有污染易、治理难的特点。

（3）水库。我国水库水质总体状况尚可。

（4）地下水。目前地下水污染呈现由点到面、由浅入深、由城市到农村的发展趋势。

（二）新时期国家治水目标与战略重点

治水目标。"十四五"规划纲要提出，到 2025 年地表水达到或好于Ⅲ类水体比例要达到 85%，这是水生态环境治理工作的新要求、新挑战，并提出了 12 字治水目标：有河有水、有鱼有草、人水和谐。"有河有水"代表水资源，"有鱼有草"代表生物多样性，"人

---

① 周国新. 我国土壤污染现状及防控技术探索[J]. 环境与发展，2020（12）：26.

水和谐"是水环境问题。

战略重点。根据"十四五"规划纲要要求，水环境保护要更加注重"人水和谐"。战略重点：一是"十四五"重点流域水生态环境保护规划的编制更加注重生态要素，建立统筹水资源、水生态、水环境的规划指标体系；二是提出了"有河要有水、有水要有鱼，有鱼要有草、下河能游泳"的要求；三是通过努力让断流的河流逐步恢复生态流量，生态功能遭到破坏的河湖逐步恢复水生动植物，形成良好的生态系统；四是对群众身边的一些水体，进一步改善水环境质量，满足群众的景观、休闲、垂钓、游泳等亲水要求。

（三）新时期国家治水主要策略

1. 大力发展水利民生

水是生命之源，是民生之本。民生水利建设具有阶段性。在经济社会发展不同阶段，民生水利涵盖的内容不同，人民群众对民生水利的要求不同，解决民生水利问题的重点和标准也不同。这就要求我们立足于我国基本国情和现阶段基本水情，着眼于全面建设美丽中国新要求，顺应人民群众过上更好生活新期待，在解决矛盾最为集中、问题最为突出、群众最为需要的水利问题上下功夫。保障人民群众生命安全和饮水安全，保障人民群众在水资源开发利用、水利移民安置，加快推进水权改革和水价改革。

2. 夯实水利基础

加强水资源配置工程建设，完善优化水资源战略配置格局，在保护生态的前提下，尽快建设一批骨干水源工程和河湖水系连通工程，提高水资源调控水平和供水保障能力。搞好水土保持和水生态保护，实施国家水土保持重点工程，采取小流域综合治理、淤地坝建设、坡耕地整治、造林绿化、生态修复等措施，有效防治水土流失。加强水文气象基础设施建设，扩大覆盖范围，优化站网布局，着力增强重点地区、重点城市、地下水超采区水文测报能力，加快应急机动监测能力建设。

3. 实行最严格的水资源管理制度

（1）三条水资源红线。一是确立水资源开发利用控制红线，到 2030 年全国用水总量控制在 7 000 亿 m^3 以内；二是确立用水效率控制红线，到 2030 年用水效率达到或接近世界先进水平，万元工业增加值用水量降低到 40 m^3 以下，农田灌溉水有效利用系数提高到 0.6 以上；三是确立水功能区限制纳污红线，到 2030 年主要污染物入河湖总量控制在水功能区纳污能力范围之内，水功能区水质达标率提高到 95% 以上。为实现上述红线目标，进一步明确了 2015 年和 2020 年水资源管理的阶段性目标。

（2）四项制度。一是用水总量控制制度。加强水资源开发利用控制红线管理，严格实行用水总量控制，包括严格规划管理和水资源论证，严格控制流域和区域取用水总量，严格实施取水许可，严格水资源有偿使用，严格地下水管理和保护，强化水资源统一调度。二是用水效率控制制度。加强用水效率控制红线管理，全面推进节水型社会建设，包括全面加强节约用水管理，把节约用水贯穿于经济社会发展和群众生活生产全过程，强化用水定额管理，加快推进节水技术改造。三是水功能区限制纳污制度。加强水功能区限制纳污红线管理，严格控制入河湖排污总量，包括严格水功能区监督管理，加强饮用水水源地保护，推进水生态系统保护与修复。四是水资源管理责任和考核制度。将水资源开发利用、节约和保护的主要指标纳入地方经济社会发展综合评价体系，县级以上人民政府主要负责人对本行政区域水资源管理和保护工作负总责。

（四）国家净水策略

水是人类赖以生存和发展不可缺少的最重要的物质资源之一，以改善水环境质量为核心，按照"节水优先、空间均衡、系统治理、两手发力"的原则，贯彻安全、清洁、健康的方针，强化人头控制水路，陆海统筹、河海兼顾，对江河湖海实施分流域、分区域、分阶段科学治理，推进水污染防治、水生态保护和水资源管理。在今后一段时间内，要在前面实施水污染防治行动计划的基础上，以水源地保护、城市黑臭水体治理、长江保护修复、渤海综合治理和农业农村污染治理攻坚战为抓手，着力打好碧水攻坚战，解决人民群众反映强烈的、突出的水环境问题。

（1）打好水源地保护战役。饮水安全关系到民生，更牵动人心。应深入实施《全国集中式饮水水源地环境保护专项行动方案》（环环监〔2018〕25号），在2019年年底前所有县级及以上城市完成水源地环境保护专项整治。2020年，我国深入开展集中式饮用水水源地规范化建设。一是落实饮用水水源地"划、立、治"三项重点任务，即划定饮用水水源保护地保护区、设立保护区边界标志、整治保护区内环境违法问题，依法划定饮用水水源保护区；二是完善机制、统筹协调，加强水源水、出厂水、管网水、末梢水的全过程管理；三是深化地下水污染防治；四是定期开展监（检）测、评估集中式饮用水水源、供水单位供水和用户水龙头水质状况。

（2）城市黑臭水体治理。水体黑臭是老百姓的一大烦恼，黑臭水体是由排入水体的污染负荷过高造成的，根源在于城市环境基础设施滞后。加快实施城市黑臭水体治理，一要加强控源截污，从生产、生活污水入手，确保其稳定达标排放；二要强化内源治理，合理制定并实施清淤疏浚方案，加强水体及其岸线垃圾治理；三要加强水体生态修复，落实海绵城市建设理念，营造岸绿景美的生态景观；四要活水保质，合理利用生态补水，合理配备水资源，逐步恢复水体生态基流；五要建立长效机制，落实河长制、湖长制。

（3）打好长江保护修复战役。按照习近平总书记"共抓大保护，不搞大开发"的生态环保理念，把修复长江生态环境摆在压倒性的位置，开展工业、农业、生活、航道污染"四源同治"。一要强化生态环境空间管控，严守生态保护红线；二要综合整治排污口，推进水陆统一监管；三要加强企业污染治理，规范工业园区环境管理；四要加强航运污染防治，防范船舶港口环境风险；五要优化水资源配置，有效保障生态用水需求；六要加强生态系统保护修复，提升生态环境承载能力；七要实施重大专项行动，着力解决突出环境问题。

（4）打好渤海综合治理战役。渤海是我国唯一的半封闭型内海，水体交换与自治能力比较差。实施《渤海综合治理攻坚战行动计划》（环海洋〔2019〕5号），要以环渤海三省一市的"1+12"城市为重点，以改善渤海生态环境治理为核心，以实现"清洁渤海、生态渤海、安全渤海"为战略目标，以陆源污染治理行动、海域污染治理行动、生态保护修复行动、环境风险防范行动为引领，开展渤海生态环境综合治理。从减少陆源污染排放、开展海域污染源整治、强化生态保护修复、加强环境风险防范四个方面入手，打好渤海治理攻坚战。

（五）水污染防治

自 2015 年 4 月国务院发布实施《水污染防治行动计划》（以下简称"水十条"）以来，在党中央、国务院的坚强领导下，生态环境部会同各地区、各部门，以改善水环境质量为核心，出台配套政策措施，加快推进水污染治理，落实各项目标任务，切实解决了一批群众关心的水污染问题，全国水环境质量总体保持持续改善势头。

（1）全面控制水污染物排放。截至 2019 年年底，全国 97.8% 的省级及以上工业集聚区建成污水集中处理设施并安装自动在线监控装置。加油站地下油罐防渗改造已完成 95.6%。地级及以上城市排查污水管网 6.9 万 km，消除污水管网空白区 1 000 多 km^2。累计依法关闭或搬迁禁养区内畜禽养殖场（小区）26.3 万多个，完成了 18.8 万个村庄的农村环境综合整治。

（2）全力保障水生态环境安全。持续推进全国集中式饮用水水源地环境整治。2019 年，899 个县级水源地 3 626 个问题中整治完成 3 624 个，累计完成 2 804 个水源地 10 363 个问题整改，7.7 亿居民饮用水安全保障水平得到巩固提升。全国 295 个地级及以上城市 2 899 个黑臭水体中，已完成整治 2 513 个，消除率为 86.7%，其中 36 个重点城市（直辖市、省会城市、计划单列市）消除率为 96.2%，其他城市消除率为 81.2%，昔日"臭水沟"变成今日"后花园"，周边群众获得感明显增强。全面完成长江流域 2.4 万 km 岸线、环渤海 3 600 km 岸线及沿岸 2 km 区域的入河、入海排污口排查。

四、强化流域水环境管理

健全和完善分析预警、调度通报、督导督察相结合的流域环境管理综合督导机制。落实《深化党和国家机构改革方案》，组建 7 个流域（海域）生态环境监督管理局及其监测科研中心；水功能区职责顺利交接，水功能区监测断面与地表水环境质量监测断面优化整合基本完成，水环境监管效率显著提升。

2015 年 4 月，国务院发布"水十条"，其目的是切实加大水污染防治力度，保障国家水安全而制定的法规。"水十条"主要目标：到 2020 年，长江、黄河、珠江、松花江、淮河、海河、辽河等七大重点流域水质优良（达到或优于Ⅲ类）比例总体达到 70% 以上。地级及以上城市建成区黑臭水体均控制在 10% 以内，地级及以上城市集中式饮用水水源水质达到或优于Ⅲ类比例总体高于 93%，全国地下水质量极差的比例控制在 15% 左右，近岸海域水质优良（一、二类）比例达到 70% 左右。京津冀区域丧失使用功能（劣于Ⅴ类）的水体断面比例下降 15 个百分点左右，长三角、珠三角区域力争消除丧失使用功能的水体。为了更好地落实完成《水污染防治行动计划》的各项目标，制定了明确的工作重点，全面控制污染物排放；推动经济结构转型升级；着力节约保护水资源等举措。坚持问题导向、目标导向、结果导向，加强流域水环境管理督导监督，取得了较好的实施效果。

根据《2021 中国环境转状况公报》，2021 年，长江、黄河、珠江、松花江、淮河、海河、辽河等七大重点流域和浙闽片河流、西北诸河、西南诸河主要江河监测的 3 117 个国考断面中，Ⅰ～Ⅲ类水质断面占 87.0%，超过了"水十条"设计的目标，我国大江大河干流水质稳步改善。2021 年，在监测的 210 个重要湖泊（水库）中，Ⅰ～Ⅲ类水质湖泊（水库）占 72.9%，劣 V 类占 5.2%。太湖、巢湖、滇池轻度污染。尽管我国水环境质量向好发展，但水污染防治形势依然严峻，水生态环境保护不平衡、不协调的问题依然比较突出；水生态破坏以及河湖断流干涸任重道远，部分重点湖库周边水产养殖、农业面源污染问题突出，需要加快推动解决。

专栏 7-1　荒漠变绿洲，荒原变林海——塞罕坝绿色传奇

塞罕坝，位于河北省承德市与内蒙古自治区交界处。塞罕坝的名字是蒙汉合璧语，"塞罕"是蒙语，意为"美丽"；"坝"是汉语，意为"高岭"，所以塞罕坝的意思就是"美丽的高岭"。溯源历史，塞罕坝在辽金时期地域广袤，树木参天，有"千里松林"之美誉，曾经是皇帝狩猎的场所。

历经千年，塞罕坝的地势地貌也发生了巨大变化，从绿洲变为了荒漠，到了 20 世纪 60 年代，这里成为集高寒、高海拔、大风、沙化、少雨五种极端环境于一体的荒原。也就是在这个时候，从四面八方赶来的建设者们，通过半个多世纪的艰苦奋斗在这片沙漠荒原创造了绿色奇迹。60 年前，第一代塞罕坝林场的建设者在"黄沙遮天日，飞鸟无栖树"的荒漠沙地上奉献着青春，用手中的锄头开启了"荒原变成林海"的奇迹故事。经过三代塞罕坝人艰苦奋斗，时间流逝半个多世纪，终于在高寒荒漠上造出百万亩林海，为京津构筑了一道"绿色长城"。

大自然没有辜负几代人在这片土地上挥洒的青春和汗水，如今的塞罕坝森林密布，野草青青，是各种珍稀动植物的"乐园"。如今的塞罕坝不仅仅是万顷林海，还诞生了非常多秀美的旅游景点，如塞罕坝国家森林公园、塞罕坝草原、七星湖湿地公园、塞罕塔、泰丰湖、月亮湖等。正值夏季，前往塞罕坝旅游的游客非常多。这里也成了北方难得的一处避暑胜地。据说，塞罕坝国家森林公园是中国北方最大的森林公园，植物群落非常丰富。

2017 年 12 月 5 日，在第三届联合国环境大会上，河北省塞罕坝机械林场荣获 2017 年"地球卫士奖"。2021 年 2 月 25 日，全国脱贫攻坚总结表彰大会在北京人民大会堂举行，河北省塞罕坝机械林场以集体名义获得"全国脱贫攻坚楷模"荣誉称号。

资料来源：塞罕坝范例——践行习近平经济思想调研行[N]. 经济日报，2022-01-24。

复习思考题

1. 什么是美丽中国？建设美丽中国的意义是什么？
2. 建设美丽中国的现实挑战有哪些？
3. 如何打好污染防治攻坚战？
4. 概述天蓝、地绿、水净战略与具体实施策略。

第八章　推进社会主义生态文明教育

学习目标

➢ 掌握我国社会主义生态文明教育的现状
➢ 掌握推进绿色教育的方式
➢ 理解生态文明宣传教育的重要性

　　生态文明建设要靠人去执行，因此必须加强对公众的生态文明宣传和教育。党的十九大报告指出，"我们要牢固树立社会主义生态文明观，推动形成人与自然和谐发展现代化建设新格局"。习近平总书记提出要"把珍惜生态、保护资源、爱护环境等内容纳入国民经济教育和培训体系，纳入群众性精神文明创建活动"。由此可见，生态文明宣传教育作为培育和宣传社会主义生态文明观的主阵地，担负着培养具有生态文明理念和素质的社会主义视野接班人的历史性责任，无疑是极为重要的。

第一节　普及生态文明教育

一、生态文明教育的重要性及现状

（一）生态文明教育的兴起和发展

　　生态危机的巨大阴影日益笼罩着全球：空气恶化、气候变化、臭氧层耗损、酸雨频发、淡水短缺、废弃物泛滥、海洋污染扩大、土壤侵蚀、土地沙漠化、森林急剧萎缩，生物物种快速灭绝……人类面临着有史以来最严峻的形势。

　　情况已经越来越清楚，为了拯救生存环境，不仅需要发展科学技术，而且必须要转变人们的价值观念，因为环境问题归根结底是由于人类对自然资源的不当开发和利用造成的，基于这种认识，从 20 世纪 70 年代起，环境教育在国际上蓬勃兴起，人们称为"绿色教育"。实际上，这是一项用理智战胜盲目的教育工程，其意义完全可以和扫除文盲相比拟。从这时开始，环境教育在发达国家发展得很快，不少国家已经形成了包括正规教育（基础教育、高等教育、职业教育、成人教育）、社会教育、继续教育三个层次的环境教育体系，在社会的各个角落都能感受到环境教育的气息。在广大发展中国家，环境教育的发展同样十分引人注目，就连那些贫穷的非洲国家，也把"环境教育"渗透到学校的地理学习和自然科学知识的学习中。绿色教育在今天可谓全球性的绿色思潮，不同文化背景的人们都相当一致地使用绿色教育来表达对"美好环境""可持续发展""健康成长"等目标的向往，中国也是如此。

绿色教育在中国是伴随着环境教育、可持续发展教育的发展而出现的一种教育形式。1996 年，国家环保局、国家教育委员会、中宣部联合发布了《全国环境宣传教育行动纲要》，通过这份文件，我们能看到，以创建"绿色学校"为形式的"绿色教育"活动，主要还是在强调环境教育、可持续发展教育的相关主题内容，这成为中国绿色教育的一种选择。直至今天，"绿色教育"一词的基本范式还是环境教育、可持续发展教育，这种用法很多场合还停留在实践策略层面。

绿色教育在中国既是思想上的探索，又是行动上的创新，是思想和行动相互促进的结果。中国正式实施绿色教育已经有二十多年的历史了，如果算上环境教育、联合国教科文组织可持续发展教育等思想、行动在中国的发展过程，绿色教育的历史则更悠久。时至今日，中国的绿色教育已经成为一面旗帜，它汇集了"各种环境保护教育""可持续发展教育""健康成长教育"的思想和行动。

（二）绿色教育在中国的时代内涵

每一个教育概念都有自己的构词方式，这种方式也决定了概念理解的方式。绿色教育，从构词上来看，是使用"绿色"来形容"教育"，但是，"教育"作为一种活动，本身是无所谓颜色的，因此所谓的"绿色"只能从其他绿色的事物当中获取比喻性的含义。作为这样一个隐喻和比喻方式构成的教育概念，绿色教育的内涵空间及解释方向主要由其他绿色事物的特征来决定，当然众多不同特征的绿色事物也决定着绿色教育可以有着多重的内涵。根据绿色教育概念的这个特点，中国绿色教育的时代内涵需要从两个方面来确定，一是绿色教育的"绿色"内涵，二是中国社会发展趋势需要赋予绿色教育的使命。

绿色教育作为"绿色的教育"，对"绿色"本身的理解对界定绿色教育的内涵来说，肯定是非常重要的。美好的"绿色"特征主要来自植物以及由此构成的环境，植物的"绿色"象征着"生长""活力""生命力""健康""可持续生长"等，它主要与表示不健康的黄色以及与表示死亡的黑色相对应。

绿色教育有着教育内外两重使命，分别来自中国社会发展和教育发展的宏大趋势。从社会发展来看，中国社会正在经历着传统发展方式向绿色的科学的发展方式转型，传统的旧的发展方式，不顾人们多种需求而片面追求经济增长，进而给现代的中国造成了非常严重的生态失衡与自然不和谐问题，从而也决定着中国教育必须回应这个社会发展问题。从教育发展来看，中国教育面临的一个重大问题是压抑学生，使其缺乏生机与活力、缺乏智慧的挑战以及好奇心的刺激，这也可以称为中国教育的生命化危机。这两个方面的基本趋势决定着中国教育必须面对内外问题，既要为扭转社会发展模式、医治社会生态问题而服务，又要为改变传统教育的生命化危机而努力。由此，中国绿色教育的时代内涵必须包括两个方面——社会内涵与教育内涵。从社会视角来看，中国绿色教育应以保护环境为最终目的，促进生态环境可持续发展的教育。从教育视角来看，中国绿色教育应以促进学生可持续发展为根本目标，在呵护生命、尊重生命的基础上提升学生的生命质量，最终实现学生的"绿色"健康发展。

绿色教育的理念内涵强调"人"是目的，"人"是教育的起点和归宿。强调生成良好的自然生态，能够满足不同人群学习需求的学校环境。强调生成支持性、启发性的学习生态，课程形态、教学方式、制度体系、师生关系等，能够支持激励学生主动选择，富有强烈的主动发展意识和自我发展的能力。强调生成友好健全的社会生态，家庭、社会、学校主动担责，形成相互支持、共生共荣的教育共同体。不但实现学生与教师的活力内生、富有生机的发展，也使得教育自己（包括学校）生成良好的生态系统，实现健康、可持续发展。绿色教育被视为一种教育上的价值选择，放在现代教育总体改革的高度去审视，侧重点由内容主题提升到了价值倾向，提升了立意高度，使其指向对整个现代教育的改进和超越，为飞速发展的现代教育指引未来的发展方向。

绿色教育追求活力、智慧、现代、卓越。从作为价值取向的"绿色"出发，需要从理念、价值、结构、文化等方面对现有的教育进行反思和重新表达，转换教育发展的动力结构，丰富支持系统的文化内涵，提升制度体系的教育力量，促进培养体系的教益生成，从而构建起促进人的全面、自由和个性化发展的新时代教育新形态。

（三）生态文明教育的重要性和意义

1. 生态文明教育的重要性

生态文明建设要靠人去执行，因此必须加强对公众的生态文明宣传和教育，党的十九大报告指出，我们要牢固树立社会主义生态文明观，推动形成人与自然和谐发展现代化建设新格局。习近平总书记提出要把珍惜生态，保护自然，爱护环境等内容纳入国民教育和培育体系，纳入群众性精神文明创建活动，扩大生态文明宣传教育。生态文明教育担负着培养具备生态文明理念和素养的中国特色社会主义事业接班人的历史重任，必须充分发挥教育的基础性、先导性、全局性作用。在生态文明教育中，学校教育是主渠道，而教师是其中的关键环节。学生是生态文明的关注者、传播者和未来的建设者，要建设社会主义生态文明，必须加强当代大学生的生态文明教育。

2. 生态文明教育的意义

（1）生态文明教育是增强生态意识和塑造生态文明的根本途径。党的十八届五中全会提出"创新、协调、绿色、开放、共享"五大发展理念，"绿色"已不再仅仅是节能减排、治理污染，还具有了价值观的意味。而真正要让绿色发展理念、建设人类命运共同体的理念深入人心，渗透到人们的一言一行中，离不开生态文明教育。

日益恶化的生态环境急切地呼唤人们生态意识的增强。它注重维护社会发展的生态基础，强调从生态价值的角度审视人与自然的关系和人生目的。教育作为点燃人类心灵的火把、唤醒人类意识的重要手段，担负着为国家培育人才、通过人才改造社会的责任。生态意识的提高和生态文明的塑造依赖于生态文明教育。三者之间构成了一个相互辐射、互利共生、协同发展的"金字塔"范式，生态文明教育处于金字塔的底部，为生态保护和生态文明建设夯实了基础。

生态文明教育的内容之一就是认识人与自然之间的关系。恩格斯曾指出，当人类向自然界进军的时候切不可忘记"我们决不像征服者统治异族人那样支配自然界，决不像站在自然界之外的人似的去支配自然界——相反，我们连同我们的肉、血和头脑都属于自然界和存在于自然界之中"。人与自然本是一体的，对自然界过度地索取就等于伤害了人本身。当前，沙尘暴、泥石流等灾害爆发，除了自然条件本身发生变化之外，生态环境遭受人为破坏也是原因之一，在很大程度上是由于一些人没有意识到人与自然的一体性，为了追求眼前利益而大量破坏植被造成的。因此，生态文明教育对于促进国家的绿色发展、保护社会的环境安全、推动生态文明建设都有十分重要的意义。

（2）生态文明教育是衡量一个国家文明程度的重要标志。生态文明教育的目标是解决人与环境之间的矛盾，调节人的行为，建立生态道德观念，教育人正确认识自然环境的规律及其价值，提高人对自然环境的情感、审美情趣和鉴赏能力，为每个人提供机会以获得保护和促进生态环境的知识、态度、价值观、责任感和技能，创造个人、群体和整个社会环境行为的新模式。为解决日益严重的生态问题，世界上绝大多数国家先后设立了专门机构、采取经济和立法及技术手段保护自然生态环境。其中，英国、德国、美国、俄罗斯及南非等国较早地开展了卓有成效的生态文明教育，生态保护和环境治理成效显著，从"寂静的春天"已变成鸟语花香的人类家园；而另一些国家由于忽视或放松公民的生态文明教育，人们的生态知识贫乏，生态意识淡薄，缺乏参与生态建设的意愿。人们的观念偏差和行为不当逐渐引发了一系列具体问题，最终综合体现为生态环境的恶化。由此可见，一个没有生态文明教育的国家是可悲的，也是可怕的。

生态文明教育应该是生命教育的一部分，保护生态意识应该内化为人的精神属性和自我精神需求，让心灵和自然相通。马克思认为自然是人的无机体，从广义上说它也是人身体的一部分。应该说，生态文明教育所能改善的不仅是人与自然的关系，还有人与人的关系。可以预期的是，如果具备了系统而完善的生态文明教育，人类不仅会有蔚蓝的天空和绿色的地球，更会有和谐美好的社会、和平幸福的世界。

（3）生态文明教育是解决当代生态危机和实现可持续发展的途径。随着科学技术水平的迅速发展，人口的急速增长，人类的社会活动规模、程度不断扩大，向自然索取的能力和对自然生态干预的能力也日益增强，致使生态危机越来越严重，生态破坏正在逐步以公开和隐蔽的方式威胁着人类自身的生存和发展。

切实将生态文明教育纳入国民教育体系和课程，是应对和减缓生态危机乃至拯救地球的根本对策之一。生态文明的真正实现有赖于生态文明教育的真正实现。实施生态文明教育有助于全社会形成一种新的生态自然观、生态世界观、生态伦理观、生态价值观、可持续发展观和生态文明观，实现人类、社会、自然的和谐发展，构建一个和谐的社会。

实施生态文明教育，有助于解决人与环境之间的矛盾，调整人的行为，建立环境伦理规范和环境道德观念。实施生态文明教育有助于实现人口增长的节制稳定，实现资源的综合永续利用，为环境资源价值的量化、经济发展的持续性和城市建设的生态化打下基础。要保护和建设好生态环境，走可持续发展的道路，固然离不开科学技术手段的支持和法规制度的保障，更离不开人们生态意识的强化和生态文明的完善。而要全面地强化生态意识和提升生态文明，使每个公民自觉维护与其自身生存和发展休戚与共的生态环境，最行之有效的途径就是实现从"物的开发"向"心的开发"转换，建立多维的生态文明教育体系，进行全民生态文明教育。

（四）生态文明教育的现状

1. 我国公民生态文明意识现状及存在的问题

相较于生态文明建设提出的对全体国民生态文明意识和素质的要求，当前我国公民生态文明意识现状不容乐观。很多专家学者对此发表了不少见解。总的来说，表现在以下几个方面。

一是公民的生态环保知识普遍不足，体现为典型的本能是自我保护型环境意识。根据 2014 年环境保护部发布的首份《全国生态文明意识调查研究报告》（以下简称《报告》），公民对雾霾、生物多样性以及环境保护方面的了解程度高于 80%，其中雾霾是 99.8%，然而对于 $PM_{2.5}$ 与世界环境日以及环境问题举报电话等的知晓度却低于 50%。这说明公民对生态环境问题的关注度高，但知识匮乏，缺少应对和解决问题的能力。

二是公民的生态环保参与度、践行度较差。关注生态环境，并不意味着就能行动起来解决生态环境问题，"知行不一"的问题还比较突出。在生活垃圾分类、节水节电、少开车、少浪费等具体的日常行为中，在面对与自身没有直接关系的环境污染时，在参与民间环保组织和志愿者活动中，公民参与生态环保的主动性不强。

三是公民的生态环保法治观念不强。根据《全国生态文明意识调查研究报告》，接受访问的对象有 45%左右在涉及环保问题时打过举报电话，不过举报的问题中污染问题不到一半。人们往往忽视了自己具有享受良好生态环境的权利，不知道自己的合法权益已经或者正在受到侵害，个别公民即便知道，也不具备依法保护自身利益的法律意识。

四是公民对政府的依赖心理严重、主动性不强。不少公民认为自己一直处于被动的角色，一旦出现生态缓解状况危机，第一反应就是指责政府及其相关部门没有做好相应工作，管理、监督工作没有做到位。

究其原因就是我国公民生态文明意识不强。一是我国长期以来缺乏先进、规范的环境保护知识和生态文明素质教育，在教学理念、内容、方法、实践以及教学资源和教师配备上都比较落后；二是在目前的经济社会发展阶段，很多企业忽视了对生态环境的保护，严重的还会以破坏环境来获取收益，很多政府部门的生态环保意识欠缺，追求 GDP 增长，更有甚者以破坏环境为代价来促进经济增长。许多环保志愿者组织还在发育成长之中，能发挥的作用十分有限。[①]

2. 我国大学生生态文明教育的现状

我国的生态文明教育是从 20 世纪 70 年代开始的。当时的北京大学、中山大学等高等院校开办生态学专业和环境保护专业，开始生态文明教育的专业人才培养。然而，由于传统观念认为生态文明教育和环境教育仅仅是生物学、生态学的任务，和其他专业，尤其是文科类专业无关或关系不大。因此，直到 20 世纪 80 年代以后，才在极少数中国现代大学非生物、生态专业学生中开设生态文明教育选修课，1991 年国家教委开始将"人口、资源、环境"作为高等院校大学生国情教育的部分内容。至此，我国高等院校逐渐对大学生的生态文明教育重视起来。1998 年，清华大学启动了绿色教育工程，把生态文明教育列为教学改革的重要环节，这对我国公共现代文明教育具有里程碑的作用和意义。在生态文明教育运动的推动下，绿色学校、生态文明教育基地、绿色网站等像雨后春笋般地不断涌现，生态文明教育方兴未艾。

2018 年，由南开大学、清华大学、北京大学 3 个学校首倡的中国高校生态文明教育联盟正式成立，国内 150 余所高校加盟。该联盟的宗旨是，以生态文明思想和理念化育人心、引导实践，构建高校生态文明教育体系，带动和引导全民生态文明教育，肩负起培育生态文明一代新人的新使命、新任务。

---

① 钱易，温宗国，等. 新时代生态文明建设总论[M]. 北京：中国环境出版集团，2021：242.

与广大民众对生态文明的要求相比，当前我国生态文明教育不足、不深、缺乏总体规划、缺教师、缺教材的问题非常突出。对生态文明教育而言，固然要宣传、讲解有关文件，普及相关的生态文明与环保知识，宣讲有关的法规要求，但更重要的是要把"顺应自然，尊重自然"的观念渗入到国民教育和社会教育的各个方面和全部过程。

一是对生态文明教育重视程度不够。从总体上看，现代文明教育的地位没有得到真正提升，生态文明教育缺乏普及和推广，生态文明教育课程尚未真正纳入主流教学的课程体系。生态文明教育存在教育形式粗放、简单，内容浅显浮泛，定位不够清晰，理念树立不牢。我国的生态文明教育经过30多年的发展，整个社会的生态意识已经有了明显提高，环保知识教育、环保实践活动开展都取得了较大的成绩。但与全球生态文明教育的整体发展相比，我国的环境教育还处在探索阶段。我国生态文明教育的不足主要表现在环境教育的全民覆盖率低、国民的人生各阶段环境教育存在差异、学科间环境教育协作尚未实现。

二是生态文明教育定位模糊。生态文明教育理念树立不牢，在内容和目标方面，尚未把一些问题提升到生态伦理层面对受教育者进行生态素质的培养；在地位和范围方面，没有为全民提供终身、系统的生态文明教育机构和内容，并未将生态文明教育置于公共教育的优先战略地位。生态文明教育不仅需要众多学科共同参与、建设联合教学团队，而且需要将生态文明理念植入各类教材各类课程之中。现实情况是，众多学科都有学者探讨环境问题并开展相关的教学，但研究对象、问题界定、理论工具和学术脉络等存在诸多差异，往往不免自说自话。这就需要努力突破学科界限，打造多学科交流平台，凝聚共识、融会思想、整合队伍、集中资源，实现生态文明相关理论知识精炼化和系统化。

三是生态文明教育师资匮乏。生态文明教育缺乏卓有成效的教育模式，人才培养模式单一，缺乏复合型的生态文明教育人才。当前，我国以生态文明教育教师师资为主的专业设置过少，从事生态文明教育的师资力量严重不足，生态文明教育教学质量不高。开展生态文明教育，教师是关键，课程是基础，学生是主体。受成长环境和经历所限，现有教师队伍无论是知识结构还是思维方式，都存在一定的缺陷，不得不学、研、教同时进行，任务重、压力大。同时，由于生态文明教学工作起步不久，难免存在课程良莠不齐、教材辗转抄编等问题。这就亟须组织精干队伍，开设优质课程，编写优质教材。实践表明，开展校际合作、成立教学联盟、整合优质资源和打造共享平台都是可行的办法。而对于学生这个主体，我国应从国情世情、科技知识、生命价值、自然情感、经济模式、消费观念、行为方式等多方面系统展开教育，使其知晓今昔变化，明辨中外差异，理性认识环境，自觉担当责任；着力培养学生知行合一的精神，从日常生活开始，从身边小事做起，积极参与"美丽校园"建设并发挥其"绿岛效应"；支持学生开展生态文明专题调研和社会服务实践，培育"知中国、服务中国"的家国情怀和主人翁意识。总之，要将尊重自然、顺应自然、保护自然的生态文明理念贯彻到学生培育的方方面面，涵养其精神、培养其素质、引导其行动，使其成长为具备生态文明精神品格和实践能力的一代新人。

二、加强生态文明宣传教育

（一）将生态文明教育融入国民教育的各阶段和全过程

生态文明教育是生态文明新时代所需要的素质教育，既面向在校学生，又面向全体国民，是关于生态文明的理念、情感、态度、价值观、思维方式以及相关知识、技能的教育总和。因此，只有打通学校教育和社会教育、专业教育和职业教育的壁垒，才能牢固树立社会主义生态文明观。因此，在实施整个国民教育过程中，分阶段系统推进生态文明宣传教育是当前全面推进生态文明教育的重点工作，也是深入开展生态文明宣传教育的根本途径。根据各学习阶段的学生特点，通过整体设计，有机衔接各学习阶段之间的教学内容，建设感知、认知、行为、创新教育"四位一体"的培养模式，明确各学习阶段、各种学历教育实施生态文明教育的侧重点，促进全民生态文明教育的形成和提高。

（二）加快生态文明宣传教育教师队伍建设

教师是生态文明宣传教育的责任者，各级各类学校、各专业、各学科的授课老师、辅导员、班主任等都负有开展生态文明宣传教育的职责。然而教师并非唯一的责任者，全体社会很多部门和人士都对生态文明的宣传教育负有责任，可以在不同的岗位上发挥重要的作用。生态文明教师还应包括对社会教育有很大影响的媒体及文化、宣传部门的工作者。广大教师要自觉将生态文明教育融贯于学校教育的全过程，渗透到教学、科研和社会服务的各个方面。各级辅导员、班主任以及工作人员要根据生态文明宣传教育的规律，以及学生的认识规律，在管理和服务中有意识、有针对性地对学生进行教育引导。同时。学校在教师入职培训等环节进行与生态文明相关的宣传教育和业务指导，使其了解和掌握生态文明的相关理念、教育途径和手段。

（三）加快生态文明教育课程和教材体系建设

课程和教材是生态文明教育的直接载体。将生态文明和绿色发展理念融入教育的全过程，要将生态文明教育纳入大学、中学、小学及幼儿园的教育教学计划。必须加快推进高校生态文明教育的课程设置、教材编写、教学开展等活动，在不同的课程建设和课程标准修订中强化生态文明的内容。修订相关教材，组织编写生态文明普及读物，重点建设和支持一批生态文明教育在线开放精品课程。要在中小学建立健全生态文明专题教育课程体系制度，将生态文明专题教育纳入各阶段的课程体系和教学规划中。要鼓励高等学校开设生态文明公选课，建设或选用生态文明在线开放课程。积极支持大学生开展生态文明社会实践活动，并纳入生态文明教育课程考核体系。

（四）加强生态文明交叉学科建设和专业人才培养

生态文明教育是综合性的素质教育，必须注重文科、理科、工科等各个学科与生态文明相关学科的融合，加强高等院校生态环境类学科专业建设，鼓励和支持生态文明新兴、交叉学科建设，加快生态文明专业学位建设，根据学校特点，有针对性地培养生态文明领域的研究型、应用型人才。建议教育部成立由多学科交叉支撑的生态文明教育教学指导委员会，设立生态文明学科评议组。该委员会和评议组要有教育、生态、环境、科学、技术、工程、法律、经济、社会、管理、文化、艺术多学科专业的深入参与，为生态文明教育体系、教材和课程建设、学习研究和大纲编写、实践基地建设、师资培训提供指导。

（五）加强生态文明宣传教育实践基地建设

生态文明是一种理念、一种实践，也是一种环保教育，这要求把生态文明宣传教育放在一个极其突出的位置，并与环保教育密切结合。要把生态文明宣传教育实践基地建设成为生态文明宣传教育的主要场所，将生态文明宣传教育融入与垃圾分类、节约用水、节能减排相关的环保教育之中，充分体现和发挥实践育人的作用。各级党委、政府要统筹资源、组织协同，将本区域的代表性、典型性、示范性、先进性的自然保护区、工矿企业、重要基础设施（如电厂、水厂）、重要环境治理措施（如垃圾填埋场、焚烧厂）、生态环境监测和治理机构、旅游景区、大中学校科研机构等，与相关大学、中学、小学及教育和培训机构活动合作，共同建设生态文明宣传教育实践基地。教育部要联合生态环境部、自然资源部、工业和信息化部等部门开展生态文明宣传教育基地的认定工作，将生态文明宣传教育基地建设及其教育成果作为考核当地生态文明的重要内容。

（六）注重生态文明宣传教育的国际交流与合作

保护生态环境是世界各国面临的共同挑战和责任，生态文明与可持续发展是全球共同的奋斗目标。基于"人类命运共同体"的理念，在生态文明宣传教育领域应与世界各国开展广泛而深入的合作，既借鉴国外生态环境保护领域的优秀成果，又分享生态文明建设的中国智慧和中国方案，一起努力推动全球可持续发展事业。通过搭建合作平台，积极开展多层次、宽领域的教育交流，提高中外各级学校生态文明教育领域的交流合作水平，提高专业教育的师资质量；通过国际化的视野和方式，利用各类群体传播中国生态文明宣传教育理念；通过建立双边和多边国际合作机制，研究共建"一带一路"国家或地区的生态文明宣传教育合作行动计划，全面支持绿色"一带一路"倡议。

三、牢固树立习近平社会主义生态文明观

习近平社会主义生态文明观坚持马克思主义的立场和分析方法，以中国特色社会主义生态文明建设实践为主要研究对象，吸收了生态文明领域国际先进理念和思想，为新时代中国特色社会主义生态文明建设提供理论指南，为化解全球生态危机提供中国方案和中国智慧。习近平社会主义生态文明观主要包括生态史观、生态现代化观、生态发展观、全球生态观、系统治理观等部分，各个部分相互联系、互为补充，共同构成有中国特色的社会主义生态文明观的理论体系。习近平生态文明思想是对社会主义生态文明观的丰富与发展。因此，我们必须在习近平生态文明思想的指引下，深入学习和贯彻社会主义生态文明观。

1. 利用各级党校平台传播、宣传习近平生态文明思想

利用党校作为培训党政领导干部的平台，传播、宣传习近平生态文明思想。我国各级

党校是中国共产党对党员和党员干部进行培训、教育的学校。其任务是，通过有计划的培训，提高学员用马克思主义立场、观点、方法观察和处理问题的能力；结合新的形势，提高学员的政治思想和科学文化水平，增强党性，进一步发挥先锋模范作用。基层党校还承担对入党积极分子的培训工作，党校基本是每位党员必须经历的一个培训场所。同时，党校还承担着党的建设理论的研究任务。对习近平生态文明思想的研究，应该作为新时期党校工作的一项重要任务。因此，党校应该重点讲解习近平总书记关于生态文明的重要论述，"绿水青山就是金山银山"理念等。

2．利用学校传播、宣传习近平生态文明思想

传播习近平生态文明思想，要从学校抓起，从娃娃抓起。根据不同年龄孩子的接受程度，在幼儿园、小学，用一些生动的图画，展示"绿水青山就是金山银山"理念等，直观展现习近平生态文明思想；在中学，建议系统地介绍习近平生态文明思想，并结合一些具体案例进行阐述；在高中传播习近平生态文明思想，建议采取请专家进校园讲课与培训学校师资力量相结合的方法，让孩子从小全面接受习近平生态文明思想教育；在大学，建议把习近平生态文明思想与现实的案例相结合，引导大学生深入浙江安吉等地实习，体会"绿水青山就是金山银山"的深刻内涵，深入挖掘习近平生态文明思想的现实意义和历史意义。建议在高校中重点培养一部分大学生，在深入了解、熟悉掌握习近平生态文明思想的基础上，让这些大学生利用假期或者实习期，深入基层，深入农村，深入山区，宣传习近平生态文明思想。

3．在社区传播习近平生态文明思想

社区是城市的细胞，我国城市的社区众多，一个个社区构成了一座座城市。社区是"聚居在一定地域范围内的人们所组成的社会生活共同体"。通过社区办事处和居委会在本社区开办培训班、张贴宣传画、宣传标语等，传播、宣传习近平生态文明思想。在居民小区的宣传栏，系统介绍习近平生态文明思想。

4．在广阔的农村宣传、传播习近平生态文明思想

我国农村人口众多，在农村宣传、传播习近平生态文明思想意义重大，是一个重要的阵地。通过各级乡镇党员干部的宣传，广大农民朋友们可了解习近平生态文明思想。因此，建议结合农村的特点，把习近平生态文明思想写入戏曲，编成小品、快板等，以农民喜闻乐见的形式传播、宣传习近平生态文明思想。也可以通过办培训班的形式，介绍浙江安吉余村生态文明建设的鲜活案例，向农民朋友讲解、阐述习近平生态文明思想。

第二节　推进绿色教育

一、绿色机关

（一）建设绿色机关的目标

建设绿色机关是以"三个代表"重要思想和科学发展观为指导，紧紧围绕"坚持科学发展"为主体，紧扣环保节约为主线，实现"节约中心""绿色中心"的目标。

　　绿色机关建设，制度是关键。信任不能代替监督，觉悟不能代替制度。绿色机关建设不是一句话、一个口号，更不是几次推进会、几张宣传海报就可以实现的。每一个公共机关在绿色机关建设中担负着何种职责，地方政府在绿色机关建设过程中应如何制定合理有效的规划，各机关部门如何切实有效采取措施，针对落实情况应如何激励和监督等，都需要通过制度的方式予以明确。要切实将绿色机关的考核工作纳入机关日常考核，与机关工作人员的日常考核挂钩，与机关工作人员的绩效、奖金挂钩，才能避免制度空转。

　　推进绿色机关建设，重在落实，也难在落实。抓好绿色机关建设的落实，不仅是按部就班地抓好制度建设和执行，更要完善相应的配套措施和设施，切实让绿色机关建设可落实、能落实、真落实。以垃圾分类为例，这是绿色机关建设中最容易推进的工作之一。然而，不少地区设置了回收、可回收的分类垃圾箱，但在垃圾终端处理上没有真正实现分类，垃圾分类的效果并不明显。"分类回收、合并处理"的现象不仅会使绿色机关建设大打折扣，也会挫伤参与者的积极性。因此，在机关垃圾分类工作中，不仅要注意垃圾的分类搜集，更要在垃圾终端处理上配套相应的人员、设施。此外，在"互联网+"时代，各地应尽可能推进绿色机关信息化建设，打造"互联网+绿色机关建设"的数据平台，加快实现绿色机关建设事务的精细、动态、智能化管理。

　　当然，绿色发展不仅仅是机关的事，破解长期形成的非生态工作和生活习惯，还需要全社会的广泛参与。而绿色机关建设能否取得成功，对于逐步推进绿色家庭、绿色学校、绿色社区建设等至关重要。

（二）多措并举建设绿色机关

　　（1）将节电节水融入日常的工作生活中。严格执行室内空调温度设置标准，自觉做到非工作时间不开空调，无人时不开空调，开空调时不开窗；盛夏季节，有意识地调高空调的温度，就意味着少用一点电能，意味着少一点发电过程中的可吸入颗粒排放；倡导办公室使用节能灯具、充分利用自然光照明，能步行上楼就尽量不乘电梯，不使用规章制度以外的电器，下班后自觉关闭电脑、打印机等电气设备；节约用水，自觉、及时地关好水龙头，坚决杜绝"细水长流"和跑冒滴漏等现象。

　　（2）开展绿色食堂行动。推广应用节能、节水餐饮设施设备，实施食堂用水器具、设施设备和老旧管网节水改造；采用节能灶具，提高食堂能源利用效率。开展节约粮食行动，杜绝浪费；厉行节约粮食，提倡"光盘行动"，坚决杜绝舌尖上的浪费。倡导文明就餐，不随意丢弃餐厨垃圾，营造文明卫生的就餐环境。

　　（3）节约办公用品，践行绿色办公。尽量使用电子化、无纸化办公，减少纸质文件和资料印发数量，采用双面打印纸张，不使用一次性纸杯接待来客。提倡使用可更换笔芯的签字笔，办公耗材循环使用。"无纸化办公"每推进一步，就意味着木材资源少浪费一份，意味着少一些纸张生产过程中的污染；自觉养成垃圾分类习惯，做到不混放、不混投，便于资源回收利用。

　　（4）节约车辆用油，践行绿色出行。倡导公务出行拼车和选用公共交通方式，降低公务车辆使用频率；积极践行"1公里以内步行、3公里以内骑自行车、5公里左右乘坐公共交通工具"的绿色低碳出行方式，尽量少开私家车，优先使用小排气量、新能源汽车。

　　（5）节约办公经费，拒绝不合理消费。精简会议次数、压缩会议内容和参会人数，提高会议效率，提倡召开电话会议、视频会议，倡导就地开会、减少异地开会的会务支出；公务接待不讲排场、不超标准接待，减少不必要的调研考察活动；不超标使用办公室。树立节约集约循环利用的自然观，推动工作方式向高科技含量、低能源资源浪费的方向转变，推动生活方式向绿色低碳、文明健康的方向转变。

二、绿色学校

绿色学校是作为实现环境教育目的的重要方法提出来的，其内涵依从于对环境教育的目的和目标的理解。也就是说，绿色学校的内涵取决于环境教育的内涵。

（一）绿色学校的产生背景

近几十年来，环境教育逐步从单一环境知识、意识、技能、态度、参与五个方面的目标，继而发展到融学校政策、管理、教学、生活为一体的全校性、综合化的"绿色学校"模式。1994 年，欧洲环境教育基金会首次提出一项全欧"生态学校计划"（英国、葡萄牙），也称"绿色学校计划"（爱尔兰）、"环境学校计划（德国）"。到 2001 年年初，该计划已扩展至 21 个国家的近 6 000 所学校。虽然各国的名称不同，但其基本内涵是一致的，就是用环境保护和环境教育的基本理念与标准来评定学校的各项工作，包括课程设置、课堂和课外教学、师生教育、学校管理、校园设施和文化建设等各个方面，也包括学校的计划、实施、评价等各个环节。"绿色学校计划"通过召开"生态学校年会"，发行《生态学校通信》，建立生态学校网站，加强各国"绿色学校"之间的联系，来推动欧洲各国学校的环境教育的发展。实践证明，创建"绿色学校"对提高全民的环境意识具有显著的效益。此后不久，"绿色学校"的概念和实践方式在世界各地被广泛传播，澳大利亚、印度、美国、泰国、南非、中国香港和中国台湾等许多国家与地区都相继引入"绿色学校"理念，开展创建"绿色学校"活动。可以认为，目前国际上认同、重视和提倡的"绿色学校"已成为世界许多国家和地区的学校开展可持续发展教育的有效模式。

随着创建"绿色学校"活动的发展，我国"绿色学校"的理论和实践体系也将逐步得到完善。绿色大学作为一个正式的学术概念，在我国最早由清华大学环境系教授钱易、井文涌等提出。1992 年，联合国环境与发展大会，提出了可持续发展的理念；钱易、井文涌等随即向学校提出要建设生态清华园，之后又于 1996 年向清华大学校方提出建设绿色大学的设想。[①]为响应国家"保护环境，实施可持续发展战略"号召，清华大学在中国高校率先提出了"建设绿色大学，实现可持续发展"战略，把永续发展的理念融入办学实践中。1998 年，经过一批专家学者长期酝酿，并与有关部门领导多次讨论，清华大学提出了建设"绿色大学"的构想，把建设"绿色大学"作为学校创建世界一流大学的重要组成部分，强调面向国家和社会需求，围绕绿色人才培养和绿色科技研发两个核心，将可持续发展和环境保护的理念落实到大学的各项活动中、融入大学教育的全过程。开展"绿色教育"、研发"绿色科技"、建设"绿色校园"，努力把清华大学建设成为环境保护和可持续发展教

---

① 梁立军，刘超. 试论"绿色大学"建设的理念与实践——以清华大学为中心的考察[J]. 清华大学教育研究，2015（9）：83.

育的先导区、绿色科技创新的引领区、生态文明建设的示范区和绿色文化传播的核心区。清华大学的这一理念和相关创意得到了国家和地方主管部门的肯定，1998 年 5 月被国家环境保护总局批复为"创建绿色大学示范工程"。1998 年 6 月，清华大学举行了绿色大学研讨会。会上，时任清华大学校长王大中较为系统地阐述了学校关于"绿色大学"建设的理念和思路。绿色大学建设的内涵包括三方面：一是用"绿色教育"思想培养人；二是用"绿色科技"意识开展科学研究和推进环保产业；三是用"绿色校园"示范工程熏陶人。

2018 年 7 月 7 日，生态文明贵阳国际论坛的主题为"走向生态文明新时代：生态优先 绿色发展"，其中一个分论坛以"生态文明 绿色学校"为主题，探讨生态文明时代下的绿色学校创建。分论坛旨在汇聚教育界同仁与各界专家开展交流与合作，深入指导和服务全国绿色学校建设，使学校真正成为集生态教育、人才培养、科技创新和推动绿色社区、绿色城市发展于一体的实验室和引擎。各位专家学者就如何创建绿色学校提出了诸多思考和建议，既有理论高度，又有实践案例；既有顶层设计，又有实现路径，为我们继续创建绿色学校提供了行动指南。我们将根据本次会议的精神，全面推动绿色学校创建系统工程，推动各方形成我国绿色学校规划建设的思想体系、标准体系、制度体系和实践体系。教育部原副部长章新胜认为，绿色学校应该成为全中国生态文明建设和可持续发展转型的一个引领、一个示范、一个模范。生态文明建设需要结合新时代的新思想、新理念、新技术，通过绿色学校的建设培养新一代有志向的创新型国际人才，培养出能够引领生态文明建设新时代的领导者。教育部学校规划建设发展中心主任陈锋指出，绿色学校的建设离不开美学工业、美学人才和美的教育，在建设过程中应将宣传绿色发展理念作为首要任务，同时注重目标引领、规划优先、量化评价和平台服务，建设绿色、智慧和面向未来的新校园，将学校作为运行中的绿色发展实验室。生态环境部宣传教育中心主任贾峰提出，绿色学校创建应该将生态文明教育内容纳入学校课程，将学校作为生态文明的示范基地，学校的管理者、老师和学生应携手共同参与到绿色低碳校园的建设中来。①联合国教科文组织总干事特别顾问汉斯·道维勒与全球文化网络主席、联合国高级经济学家梅里·玛达沙西认为：绿色校园倡议有两个不同层面，一方面是应用和引入绿色可持续的实践以及基础设施，将大学转换为节能降碳并且注重环境保护的机构；另一方面是通过国家层面将绿色发展理念纳入课程以及教材当中，对于学校来说应该把更多生态文明理念放到对学生的教育当中。中国地质大学（武汉）校长王焰新认为生态校园建设需要将"人与自然和谐共生"的理念，深度融入校园规划、设计、建设、运行、管理等各个方面，深度融入"生态理念、生态建设、生态环境、生态教育"等各个层面，深度融入学校领导、党员干部、广大师生等各类主体的内心深处。教育部学校规划建设发展中心将联合生态环境部宣传教育中心编制《绿色学校创建行动工作方案》，按照《绿色校园评价标准》《普通高等学校建筑面积指标》等新建设标准要求，做好校园规划，注重多规合一，将新技术、新理念、新工艺融入绿色校园建设中，引导学校做好新校园和既有校园的规划设计和建设工作。教育部学校规划建设发展中心于 2018 年 7 月正式发布《创建中国绿色学校倡议书》。

---

① 教育部学校规划建设发展中心. 生态文明贵阳国家论坛：加快创建中国绿色学校[EB/OL].（2018-07-09）. https://www.esdp.edu.cn/article/4069.html.

（二）绿色学校的内涵与建设目标

1．绿色大学的内涵

绿色大学是指在实现其基本的教育功能的基础上，将可持续发展和环境保护的原则、指导思想落实到大学的各项活动中，融入大学教育的全过程，充分利用校内外的一切资源和机会全面提高师生环境素养的学校。其核心内容包括三个方面：绿色教育、绿色科技和绿色校园。

绿色教育。增设有关可持续发展及环境保护的课程，并积极推动学生"绿色教育"课外实践。培养具有环境保护意识和可持续发展意识的高素质人才，使他们毕业后像绿色的种子一样播撒在祖国的大江南北、长城内外，成为我国环境保护和实施可持续发展战略的骨干和核心力量，为社会的可持续发展贡献力量，这也是绿色大学建设的核心思想。

绿色科技。绿色科研是绿色大学建设的重要内容。加强绿色科技创新与政策研究，不仅可以为国家生态文明建设做出直接贡献，也可以为绿色教育和绿色校园建设提供理论和技术支撑。用绿色科技意识开展科学研究和推进环保产业。加强环境污染治理与环境质量改善方面的科学研究，开发符合绿色理念的新工艺、新技术。将可持续发展和环境保护的意识贯穿到科学研究工作的各个方面与全过程，努力研发符合生态学原理的技术工艺和设备，促进环保产业的发展，为国民经济的可持续发展服务。

绿色校园。绿色校园是绿色大学建设的具体形式。一个处处充满绿色、时时体现节能环保、人与自然和谐相处的生态校园不仅为师生、员工提供一个学习、工作和生活的良好场所，而且具有环境育人的积极作用。实施校园绿化工程，建设与本高校历史、文化氛围及建筑风格相协调的校园景观。用绿色校园示范工程熏陶人。综合运用和展示国内外环境保护的先进技术，建立环境优美的生态校园示范区，为广大师生提供良好的工作、学习和生活环境，使之成为环境保护教育和可持续发展教育的基地。

2．绿色大学的建设目标

国内外绿色大学建设的实践证明，绿色大学的核心内涵应该是把可持续发展、环境保护与生态文明的理念贯穿到学校人才培养、科学研究、社会服务、传承文化、校园建设和学校管理等整个过程，绿色大学的建设应着力抓好培育绿色人才、开发绿色科技、提供绿色服务、推广绿色文化、建设绿色校园、实施绿色管理等工作。

培育绿色人才。培育高素质绿色人才是建设绿色大学的根本目标。学校应对所有专业的学生进行生态文明教育，坚持把可持续发展和生态文明理念贯穿于教育教学的全过程，在课堂教学当中开设生态文明、可持续发展、绿色环保的课程，在课外通过开展社会实践等活动，培养学生的生态文明意识和对人类可持续发展的责任心，使他们建立起人与自然协调发展的价值观，培养良好的行为规范，并为学生提供必备的知识和技能。另外，要专门培养懂环保、爱环境、重生态的绿色人才，特别是培养从事绿色科技的创新型人才。

开发绿色科技。科技是解决人与自然和谐发展、环境保护与经济协调发展的根本途径。为了适应可持续发展和生态文明建设的需要，大学就必须在绿色科技开发方面强化创新力度，实现创新突破，为实现绿色发展、低碳发展和循环发展提供科技支撑。国家、企业和社会有关部门应加强对学校绿色科技开发的投入。

提供绿色服务。大学培养人才、进行科学研究和传承文化都是为了服务社会、服务国家。高校要以服务求支持，以贡献求发展，实现政产学研结合，努力把绿色科技成果转化为现实生产力，推动全社会绿色发展。

推广绿色文化。绿色大学，在推进生态文明建设的历史进程当中，既要承担起生态建设的重任，也要当好绿色文化推广的先锋，在向社会传播人与自然和谐的绿色文化的过程中，围绕"培养什么样的绿色人才，怎样培养绿色人才"主题注重将科学教育与人文教育统一起来，重视对学生生态文明意识及可持续发展理念的培养，积极塑造与创造绿色文化所蕴含的公平、责任、可持续发展等核心价值观。

建设绿色校园。绿色校园建设是一项复杂的系统工程，要坚持以"绿色教育"和"绿色管理"并重、"绿色景观"与"绿色科技"并存、"生态适宜"与"生态文化"并行的建设理念与建设舒适优美校园为目标。学校建设项目都要积极运用生态环保理念，在建筑设计与建设、水电气等系统，以及校园环境优化及景观布置等方面都要尽量节能、节电、节水、节约材料，减少垃圾和废物，做好再生与回收利用，尽量让绿色大学与周边社区共同发展。2010 年，清华大学被《福布斯》杂志评选为 14 所"全球最美大学"之一，成为亚洲唯一上榜的大学。因此，清华园被誉为"清华三宝"之一。

实施绿色管理。绿色管理是生态文明建设视域下对高等学校管理的必然要求。绿色管理要求各项管理能满足市政员工的要求，做到及时、负责、满意。绿色管理首先是各项制度的绿色管理，是学校高效有序、正常稳定、方方面面和谐的基础。同时，要大力按制度办事，用制度管理人、财、物，推行绿色发展、低碳发展、循环发展、节约资源（包括人才资源和物质资源），保证校园舒适、优雅、美丽。

（三）绿色大学建设的创新模式

绿色大学的内涵随着环境教育目标的要求而改变，实践中，大学校园作为试验场，有条件促进当地、区域和国际层面的环境专家形成跨学科的网络，在研究和教育中就共同的环境主题展开合作。此外绿色大学的建设要重视对社会承担的责任、能源节约和环境保护、提高师生对可持续发展的认识等主题，并在各项工作中切实地体现和落实。

1. 互动模式：推动绿色科技与加强绿色管理并行

绿色管理要持续改进和提升大学的整体功能，通过理念和制度创新，改进和优化管理，为建立完善的生态管理运行机制奠定基础，更好地服务绿色大学建设和社会绿色科技的发展。

一是使绿色技术研发的社会重心前移。通过提高绿色技术系统的构建、发展与管理水平，向社会输送大批有科研能力的绿色人才，提高社会整体绿色科技水平。例如，随着能源困境的出现，太阳能技术的研究和生产包括太阳能跟踪、捕获、转换、传输和存储，更多利用清洁的太阳能极大地促进能源革新；加强环境污染治理与环境质量改善等方面的科学研究以及重大环境科技成果的转化工作，建立良好的绿色科技运行机制和促进其发展的制度。当今大学教师和学生拥有多元化的思维模式，学生跨专业、跨学科能力不断增强，教师拥有真正意义上的全球化视野，他们的科研方法和思维产生了优秀成果，这一变化鼓励着生态文化、创新模式的交融和升华。中国台湾大学成功在 2011 年启用的绿色魔法学校是台湾首个零碳建筑，屋顶有空中花园隔绝热气，有可随太阳转向的太阳能板及风力发电的桅杆。

二是倡导绿色管理是生态文明视域下高校的理性选择。绿色管理要制定层次分明的环境目标，完善能源管理制度。建立全新的能源管理机制，促进其向着节能专业化、技术先进化、管理科学化、成本节约化和风险降低化方向发展。绿色校园数字化平台可实时在线观测智能仪表的运行，准确计算各类实体的能源消耗及费用，努力实现各部门能耗的定额化管理，根据日常检查得出的环境动态信息及时预防和纠正问题发生，形成完善的内控机制。德国夏洛腾堡高校（Hochschul Campus Berlin Charlottenburg）的能源部门做到了持续改进校园能源与环境的平衡关系，并通过主动能源控制系统，逐步实现新的"能源总体规划"。加强校园区域、建筑群和单体建筑层面的跨学科试点与示范项目，聚焦于"零能耗"整修、节能建筑体量扩大、校园东区生产能源的新建筑即"能源增值建筑"，以此将校园转型为进行可持续建设与运转的学习、研究和试验场。

2. 共生模式："推进绿色城市与绿色大学生态环境保护"并举

一是推进绿色城市建设。绿色城市是"人、自然、环境"不断协调、有机进化的过程。它努力协调人与生态环境关系，强化自然环境的保护和再生，发挥环境特性并优化环境质量，在尊重自然的基础上，继承和保护历史环境，充分考虑校园环境容量，避免环境过载，保护校园各种自然要素，提炼有益的生态景观要素，追求经济-社会-环境系统"持续最佳"状态，保持和谐发展的增长动力。

二是绿色生态环境的保护和构建绿色大学建设评估体系。重视大学的生态系统与绿色景观的整合，通过多层级的景观体系实现大学丰富立体的景观环境。构建生态绿网和重视生态绿带的连贯；通过生态绿篱改善校园边界绿带的生态质量，作为隔离污染、噪声之用；利用绿化元素如公共绿地、车道绿带、庭院绿化等形成生态绿网。生态系统要围绕师生的生活方式和生存环境进行生态审美创造和研究，发挥其对解决生态问题、改善生态环境和促进生态文化的实践性功能。香港大学一百周年校园扩建利用一系列可持续的绿色技术，如绿色庭院、自然光线的利用、屋顶花园、风能利用、外墙节能表皮等，因此获得了美国绿色建筑标准 LEED 铂金奖（最高级别）。

（四）建设绿色学校的意义

1. 建设绿色大学是高校实施国家可持续发展战略的重要举措

全球经济在迅速增长的同时，也付出了诸多环境的代价。单纯依靠经济增长来衡量进步，而忽略环境成本，最终会破坏经济。面临日益突出的环境问题，20 世纪 80 年代，世界环境和发展委员会在发表的《我们共同的未来》报告中，第一次明确指出了可持续发展的定义：既满足当代人的需求，又不对后代人满足其需求的能力构成危害的发展。可持续发展的概念提出以后即被世界各国所认同。20 世纪 90 年代中期，国务院批准的《中国 21 世纪议程》正式提出了我国可持续发展的战略、政策和行动策略。可持续发展理念具体到高等教育领域就是，高校应以实际行动加强能源资源节约和生态环境保护。因此，加强可持续发展教育与建立生态环境良性循环的示范校园就成为高校贯彻实施可持续发展战略的具体部署。

2. 建设绿色大学是高校推进生态文明建设的内在要求

要把生态文明建设放在突出的地位，融入经济建设、政治建设、文化建设、社会建设的各个方面和全过程，努力建设美丽中国，实现中华民族永续发展。高等校园是城市生态系统的一个子系统、一个特殊的环境单元，与城市中其他环境单元关系密切，具有较强的开放性。资源、能源从校园系统外输入，人才向社会输出，废弃物的排放量和排放强度会影响整个城市的生态环境质量。绿色大学建设以生态文明倡导为自身价值诉求，其作为在高等教育领域推进生态文明战略的战术推荐，毋庸置疑，绿色大学建设过程中资源、能源的利用方式和利用效率必将对社会生态文明建设产生巨大的辐射作用与示范效应。因此，高校作为城市高素质群体密集的组织，应充分发挥体现绿色生态理念，践行生态文明要求的模范判断作用。

3. 建设绿色大学是高校贯彻落实科学发展观的迫切任务

面向未来，深入贯彻落实科学发展观，对坚持与发展中国特色社会主义具有重大现实意义和深远的历史意义，必须把科学发展观贯彻到我国现代化建设全过程，体现到党的建设的各个方面。科学发展观将是我国当前和今后相当长一个时期内经济社会发展的重要指导思想。高等教育作为社会大系统中的一个子系统，深入理解和贯彻落实科学发展观是高等教育改革与发展的重要任务。当前，我国高等教育已经实现跨越式发展，高等教育事业发展正处在新的历史起点上。面临"建设一个什么样的大学"和"怎样建设这样的大学"这两个根本性的问题，高校需要以科学发展观为统领，办人民满意的学校。绿色大学揭示了未来高校的发展趋势、发展道路和发展模式，是时代所需，是历史潮流所向。绿色大学的创建和实现人与自然和谐发展、人的全面发展提供了良好的生态环境，进而为推动高校进一步又好又快地发展，不断缩小与教育强国的差距奠定扎实的基础。

4. 建设绿色大学是高校转变发展方式的必然选择

在当代中国，坚持发展是硬道理的本质要求就是坚持科学发展，以科学发展为主题，以加快经济转型发展方式为主线，是关系我国发展全局的战略决策。要适应国内外经济形势新变化，加快形成新的经济发展方式，把推动发展的立足点转到提高质量和效益上来。因此，发展方式的转变就成为高校深化改革发展的应有内涵。当前，我国高校正处在转变发展方式的关键时期，迫切需要通过推进管理体制改革和合理配置资源，把高等教育发展的核心和生命转到提高质量和效益上来。《国家教育规划纲要》也明确将"提高质量"作为教育改革发展的核心任务，强调将高等教育从前一阶段的规模发展、外延发展转变到内涵发展、内涵建设上来。绿色大学的创建致力于将绿色理念和生态文明意识渗透到学校教学、科研、服务社会与文化引领的过程中。注重经济效益和社会效益的有机统一，追求学校的各项工作达到相对办学条件而言的最优化，在不断实现自身可持续发展的同时，推动社会可持续发展。

三、绿色社区

20 世纪八九十年代以后，随着生活水平的提高、可持续发展理念和新地方主义思想理论的兴起，以及城市化进程的不断推进等很多的因素，传统社区革新升级已成必然。一种能实现"自然-人-社会"共存、共生、共融、和谐发展的新型社区——"绿色社区"已成为人们的共识和追求。

（一）绿色社区的含义

绿色社区这一概念最初是由环保组织"地球村"引进中国的，最初的含义是指在社区层面上的环保实践。后来国内外学者尝试着从不同的角度对绿色社区的含义进行界定，但到目前为止绿色社区尚无一个权威的、统一的界定。尽管学界关于绿色社区的界定众说纷纭，但是基本已达成共识。具体来说，绿色社区包含以下几层含义。

绿色社区是一个以绿色发展为核心，尊重自然环境，具有良好自然生态的场域。绿色社区必定体现地域的特点，即环境美好、生态健康，同时又能充分适应和利用周围的环境并与之相协调，保护其赖以生存的生态环境和精神文化不断进步，体现可持续性。

绿色社区是一个合理有效地、节约型地利用资源的聚落。它积极倡导节约能源、节约用水、科学生活、绿色消费，它要求尽量利用可再生资源，减少不可再生资源的消耗，提高资源的利用率。

绿色社区是一个为居民提供优质生活的场所。它充分体现对人的关怀和对生活方式的尊重，促使子女身心健康、提供居民优质生活。同时也表明居民的经济生活、社会生活和文化生活达到了良好的水平。

绿色社区是一个具有绿色"硬"件、"软"件要求的区域。绿色社区是由绿色"硬件"和绿色"软件"构成的有机整体。其"硬件"包括绿色建筑和社区绿化、垃圾分类、污水处理、节水、节能、新能源应用等应用措施。其"软件"主要包括"十个一"：一个由政府各有关部门、民间生态环保组织、居委会和物业公司组成的联席会；一套先进的生态环境管理体系；一支起先锋骨干作用的生态环境保护志愿者队伍；一道造型优美、人与自然和谐的园林绿化景观；一个清洁舒适的生活环境；一种保护"自然-人-社会"和谐发展的行为意识；一系列持续性的生态环境保护活动；一块普及生态环境保护科学知识的宣传阵地；一定数量的绿色文明家庭；一种绿色健康的生活方式。

由此可知，绿色社区也称为生态社区或可持续社区，是综合社会、经济与自然的符合生态系统的，通过维持原有社区生态系统平衡，实现资源和能源的高效循环利用，减少废物排放，实现社区和谐、经济高效、生态良性循环的社区。它包含硬件设施和软件设施两个方面。

（二）绿色社区的功能

绿色社区之所以成为人类社会社区发展的未来指引，在于它具有重大价值——绿色社区的功能。它除了具有一般社区所具有的空间功能、连接功能、社会化功能、控制功能、传播功能和援助功能以外，还具有"绿色"功能——厚植社会主义生态文明理念的功能，助推绿色发展的功能，培养绿色人才的功能，推进绿色技术发展的功能和固化绿色生活的功能。

厚植社会主义生态文明理念。绿色社区以实现社区"自然-人-社会"共生、共存、共荣、和谐发展为立身之本，在绿色社区建设的实践中，人们必须实现"自然-人-社会"共同体的协调建设，实现人和自然的"两个解放"，从而使"尊重自然、顺应自然、保护自然"的社会主义生态文明理念在社区规划、建设、治理和制度供给全过程中实现全覆盖、全渗透，并体现在社区居民的日常生活方式和生产方式之中。

助推绿色发展。绿色发展已经成为世界发展的潮流和趋势。当今世界，各国都在积极追求绿色、智能、可持续的发展。绿色发展理念是中国当前和今后一个时期始终坚持的发展理念。绿色发展是当今世界共同的先进的发展理念，也是我们破解发展难题、厚植发展优势的必由之路。在建设绿色社区的实践中，通过绿色技术创新、治理体制机制创新，构建低碳能源体系、发展绿色建筑和低碳交通、优化社区产业结构、践行绿色生产生活方式，从而形成人与自然和谐发展的新格局。

培育绿色人才。人是一切建设之根本，也是建设的根本推动力。社区居民在绿色社区建设实践中，通过社会主义生态文明理念的熏陶、社区绿色治理制度的规范、绿色生产方式和生活方式的实践，从而成长为"观念-行为-生活"绿色化的人才，为建设社会主义生态文明、推进绿色发展培育高素质的绿色人才。

推进绿色技术发展。绿色社区建设需要绿色科学技术的强力支撑，在这一强大的内在驱动力的驱动下，社区内各组织、企业、学校、居民必将大力开展绿色技术创新，现代绿色企业，形成开发绿色科学技术活力，推进绿色科技发展。

固化绿色生活。绿色社区大力倡导绿色生活，使生态环境保护成为一种生活方式，一种社区文化，一种人人参与的行为和时尚。社区内生态环境保护教育的开展、绿色发展理念的形成、社区绿色发展制度的建立、绿色生产方式和生活方式的养成，这一切都将使社区的绿色生活方式常态化并形成一种内聚力，固化社区绿色生活。

（三）绿色社区建设的目标和方向

1. 绿色社区建设的目标

绿色社区建设的总体目标是建立社区的绿色、环保、低碳的自我教育、自我管理体系和公众参与机制。在这一总目标下，我国绿色社区建设包括以下三个子目标。

推动法治化建设。绿色社区的居民作为一个生存于共同的生态环境、有着共同环境权益的群体，他们是帮助和监督环境执法的基层力量。他们既可以举报有法不依的违法者，又可以监督执法不严的执法者，从而将公众参与环境执法监督落到实处。

加强决策的民主化、科学化。绿色社区创造了政府与民众在环境问题上的沟通机制和交流渠道，使社区居民（无论是科学家、教师、企业家、工人、学生还是家庭主妇），有了直接的具体渠道，表达他们对环境问题的见解、建议，并使原国家环保局出台的"公众听证会"等制度有了最为基层的载体。

普及绿色生活方式。绿色社区的自我教育和自我管理机制，引导居民选择绿色生活，如节能、节水、垃圾分类、绿色消费、大众交通、拒用野生动物制品等，把环保变成了一种生活方式、一种社区文化，从而把可持续消费模式落实到实处，由此推动中国的社会、经济朝着可持续发展的方向发展。

2. 绿色社区建设的方向

我国绿色社区的建设历程，如从 20 世纪 90 年代初的"环保特色学校"创建开始，至今已经 30 多个年头了。30 多年来，绿色社区的创立和建设取得了巨大的成就，也存在着极大的发展空间。今后，我国绿色社区的建设，亟须明确绿色社区建设的"八化"发展方向：民主化、服务化、网络化、环保化、人性化、福利化、绿色文化与和谐化。

民主化。绿色社区的发展要高度重视社区居民的民主权利，即民主化。民选的绿色社区领导小组要代表全体社区居民的意愿行事，为全体社区居民服务。居民的民主权利和社区事务的公开性可以集中体现在每月召开的社区会议上，会上要通过社区报纸、文化通讯、年度报告等各种形式向居民通报社区工作的情况和信息。社区居民的任何意见、想法、建议都可以直接在社区会议上提出。在高度民主化的社区中，居民不再是被动接受管理的对象，而是真正当家作主的社区主人。

服务化。为居民服务是社区一切工作的出发点和落脚点。要不断满足人民群众日益增长的物质文化需求，拓展社区服务。社区服务是社区建设的龙头，要把拓展社区服务作为丰富社区建设内涵的重要方向来抓。社区服务的重点，要放在面向社会特殊群体的社会救助和社会福利服务、面向社区单位的社会化服务以及面向下岗失业人员的再就业服务和社会保障社会化服务上。社区服务要以坚持产业化、社会化为方向，以最大限度地满足居民的需求为内容。要体现大社区、大服务，当前，最重要的是要做好下岗失业人员的再就业服务。

网络化。网络时代，互联网在我国城市社区中的应用越来越广泛。一方面，我国的各个绿色社区的建设，需要大量的资料、信息、技术、知识等来完善社区的建设，而且社区和社区之间也需要一起工作、交流、互相传递信息、工作经验、取得的成效等。因此，需要建立一个绿色社区网络，把全国各个社区以点与点的形式相互连接，资源共享并不断充实、完善，使各个社区能够更快更有效地实行合作和发展。另一方面，随着现代生产力的发展，城市社区居民的工作条件大大改善，在家工作备受人们青睐，家庭网络成为社区居民工作、生活的得力助手，通过网络设立"社区论坛"，使"社区论坛"作为一种组织形式和机制来进行社区环境教育、加强居民对社区发展尤其是绿色社区活动的参与意识，同时作为社区居民间、居民与社会中的其他群体交流和讨论的平台。

环保化。当前，绿色住宅的消费意识已经开始根植于一部分尤其是大中城市居民的脑海中，这是 21 世纪新型的住宅形态，不仅迎合了人们亲近自然的心理诉求，更反映了住宅建筑理念和居住文化的升迁。"绿色住宅"的理念已全面推出，即在"以人为本"的基础上，利用自然条件和人工手段来创造一个有利于人们舒适、健康的生活环境，同时又要控制对自然资源的利用，实现向自然索取与回报之间的平衡。

人性化。绿色社区建设的全部内容，都是为了能够使人们的生存环境更加舒适，体现以人为本的理念。这里的人性化有两个层面的含义：一是在尊重人的基本权利的同时，十分关心人与自然的关系，即满足人的开发活动、生活行为时要尽量减少对周边自然环境的影响。二是在关注本社区居民利益的同时，也应十分关注社区与城市的关系。在照顾到本社区特定人群的价值观、文化取向、经济利益的同时，必须兼顾到与城市周边区域人群的利益与城市更大空间的和谐发展。

福利化。福利性是绿色社区服务的本质特征。它以维护社区的弱势群体、优抚对象和大多数居民的基本生活权益为出发点，强调社会效益优先。通过有效的社区服务，美化社区自然环境和社会环境，为居民提供基本生活保障，提高其生活水平和生活质量，实现共同发展和共同进步。

绿色文化。文化是一种土壤，营造绿色文化是保护生态环境，实现可持续发展的根本保证，是人类与自然环境协调发展、和谐共进，并能使人类可持续发展的依托。绿色文化是人类与自然环境协同发展、和谐共进，并能使人类可持续发展的文化。绿色文化包括持续农业、生态工业、绿色企业，也包括有绿色象征意义的生态意识、生态哲学、环境美学、生态艺术、生态旅游、生态伦理和生态教育等诸多方面。以社区为单元，围绕生态环境保护，开展有针对性的宣传、教育活动和通过建立公约、法规保护绿色环境，提高居民的生态环境意识，培养居民爱护环境，保护生态的风尚，提高生活质量的理念，营造根植于民众的绿色文化，使生态环境保护成为广大群众的自觉行为。

和谐化。绿色社区服务不仅追求环境优美，而且力图将社区的自然环境、人居环境、服务设施和居民融为有机的整体，形成互惠共生结构，以保证社区发展的健康、持续和协调。社区服务追求社区中各种自然景观之间、社区居民和自然环境之间、自然与社会之间、居民之间的良性循环和高度和谐，使人们生活在一个温馨、舒适、宁静、清洁的环境里。

（四）绿色社区建设的原则

1. 遵循生态设计，体现节约能源和经济高效

构建绿色社区首先要遵循生态设计原则，生态设计要无污染、无危害、可循环利用，体现出绿色社区的节约能源和经济高效。降低对各种自然的消耗，并对自然和能源充分利用，是绿色社区有别于传统社区的特色所在。

2. 软硬件结合，环境质量与物质需求兼顾

在绿色社区的建设中，既要注重对物质环境的生态设计规划和塑造，又要注重对人文社会环境精神层面的培育和改善，在满足人们生理需求的同时满足心理需求，两者缺一不可。

3. 因地制宜，统筹兼顾

建设绿色社区非常重要的一点是，注意因地制宜，充分结合当地的地形地貌特点及原料材质，借用外部的林木、河流等景观就地取材，对环境进行整体的规划和设计，将对自然环境原始特征的改造降至最低限度，充分体现当地特色。

4. 保护历史文脉，以人为本

人作为社会的主体，在追求经济高效节约能源的同时，要保证生活质量，不能以牺牲人的身心健康及舒适性作为代价，因此在构建绿色社区的过程当中，要树立以人为本的基本思想，力求做到社区环境，能给予居民亲切自豪和认同的感受，为居民生活添加丰富的色彩和气味。

（五）绿色社区建设的内容

1. 绿色社区的硬件建设

社区物质设施既是社区居民日常生活和城市各种社区活动的必要前提，又是社区精神文明建设和制度建设的重要载体。改革开放以来，我国的现代化进程不断加快，城乡的物质设施面貌也大有改观，但在社会需求日益增长的情况下，供需之间的矛盾仍然不同程度地存在着。在社区层面上，物质设施数量不足、类型不全、标准不高等问题依然比较严重。因此，进一步加强物质设施建设，也是我国绿色社区建设面临的一项重要任务。

绿色社区物质设施建设涉及的内容十分广泛。按性质划分，通常可以分为盈利性设施和公益性设施两大类，前者以经济效益为主要目标，如社区商业网点；后者以社会效益为主要目标，如社区绿地、社区公园等。按功能划分，绿色社区物质设施可大致分为9种类型：居住设施、市政公用配套设施、管理设施、商贸金融设施、文教科技设施、医疗保健设施、运动与休闲设施、社会服务设施、生态绿化设施。

绿色社区物质设施的数量与质量不仅关系到社区居民的生活便利程度，而且会产生广泛和复杂的经济效果，因此，必须要有科学合理的建设规划加以引导。一般而言，绿色社区规模越大，物质社会建设的数量和类型越多，建设的要求也越高。根据我国经济社会发展状况，一个大型城市综合居住绿色社区在物质设施建设方面的基本要求是逐步建立一套功能完善、设施先进、布置合理、能满足治理基本活动需求的社区公共服务中心系统。

绿色建筑。是指采用环保建材和环保涂料，在采光方面、房体保温、通风等方面都符合环保要求的建筑。

社区绿化。小区绿化覆盖面积占小区总面积的30%，采用多种绿化方式（立体绿化、屋顶绿化等）。

垃圾分类与回收利用设施。设置生物垃圾处理机、分类垃圾桶，大的居民区可以建立社区自己的垃圾分类回收清运系统。污水处理设施，在小区配置生活污水处理再利用系统，居民家庭的卫生用水可以使用二次水。

节水、节能。居民家中使用节水龙头、节能灯等，随时关掉不用的灯，不开长明灯。白天尽量利用自然光，在自然光线充足的地方学习。市区绿地浇水采用喷灌。采用太阳能热水器。关掉不用的电器。尽量用扫帚和抹布打扫卫生，减少吸尘器的使用。使用风扇防暑降温，尽量不装空调和少开空调。

新能源设施。目前新能源主要有太阳能、风能、潮汐能、地热能、生物能、核能。

2．绿色社区的软件建设

（1）建立强有力的绿色社区领导和管理机构

一是创建社区领导机构。根据绿色社区建设的特殊性，在社区的建设过程中需要制定很多政策和解决相关的问题，在此过程中需要征求和采纳很多意见和建议，因此需要建立新生的领导机构。该机构包括各个阶层的人士，即要求绿色社区的代表有广泛性，这样社区所制定的各项政策才具有科学性，才能使其采取的各项措施易于被居民接受。绿色社区的领导机构不同于一般的行政领导机构，其中既包括行政人员，也包括各界人士、研究人员，他们一起努力建设绿色社区。

二是志愿者组织。志愿者组织是绿色社区建设的先锋队和主力军。社区建设的效果在很大程度上取决于志愿者队伍的综合素质和活动程度。志愿者要明确自己的权利和义务。他们在绿色社区的建设过程中要重视宣传，在具体活动中要事事走在前面，如垃圾分类、种植树木、社区助残、助老爱幼、青少年的政治思想与品德教育、协作就业等，志愿者行动的意义很大，其活动本身就具有教育意义。青少年是绿色社区建设过程中重要的群体成员，这个群体以社区志愿者的身份参与到绿色社区的建设中，他们如果能成功地以此进行社会化推广，则必能成为绿色社区建设的主力。要鼓励他们多多参与，让他们从身边的每件小事做起，关心环境，关心他人，持之以恒。

（2）建立完善的绿色社区管理体系

联席会是绿色社区环境管理体系的核心，负责社区的环境管理和具体实施，根据其管理主体的特点大致分为三种模式。

一是政府有关部门、民间组织与物业公司共同参与的社区环境管理。由政府有关部门

（包括精神文明办、生态环境局、环卫局、街道办事处）、民间环保组织、居委会和有关企业（物业公司）组成联席会，联席会的成员各尽其责；精神文明办主管社区总体环境文明建设；生态环境局负责社区环保和污染控制的事务；环卫局承担垃圾分类的硬件设施和清运工作，进行垃圾分类回收的宣传；街道办事处和居委会负责有关社区环境的行政性的事务和教育培训，引导公众对环保的参与。其特点是：由政府有关部门参与，加强社区环境管理的力度，能够较有效地协调与周围单位所发生的环境问题。

二是以居委会为主的社区环境管理。居委会经常开展环境宣传教育活动，组织各种环保活动，实施垃圾分类等；民间组织起到策划、推动、协助和沟通的作用。其特点是通过实施环境管理，指导居民参与各种环保活动，倡导居民选择绿色生活方式，以实现绿色社区的自我教育、自我管理和公众参与的目标。

三是以物业公司、业主委员会为主的社区环境管理。它要求物业公司有较高的环境意识和环境管理能力，能够主动地与生态环境部门和环保组织联系，开展环保活动，选择绿色生活方式。这种模式从房地产开发开始，房地产公司就将环保建设的理念贯穿于设计、施工、管理的全过程，使社区一开始就具备较高水平的环保设施。在业主入住以后，物业公司和环保组织合作，建设绿色社区的软件体系。

（3）绿色社区的文化建设

绿色宣传工作。要实现绿色社区建设目标，还需要宣传教育和文化设施的建设，社区的其他服务设施建设也需要与绿色社区的理念和谐一致。绿色社区应设立绿色宣传橱窗和宣传栏、警示牌，主要树木以及珍稀植物应该悬挂讲解牌。宣传橱窗和宣传栏应该配合定期开展的绿色社区活动而经常更换内容，从而起到宣传、号召和感染气氛的作用。绿色社区还应该有绿色资料分发地点和阅览室，可在管理处和文化活动中心设立专门书架和报刊架，摆放生态环境保护与可持续发展类的书籍、报纸、杂志等，有条件的可以开辟专门的阅览室。另外，可利用阅览室、居委会、小区门卫等地方作为绿色宣传资料的分发地点，分发诸如"市民环保手册""某某绿色社区居民行为规范""绿色家庭的标准"等。

绿色管理理念。社区管理者必须有现代化的管理理念，必须有高度的责任心，同时必须有崇高的服务意识与奉献精神；社区广大居民及广大的被管理者并非被动服从管理，都要有主人翁的意识、责任意识和监督意识，积极协助管理者建设好自己的社区。社区文化建设要发挥群众的主体作用，让群众在社区文化建设中唱主角。绿色社区还应根据居民的需要开展文娱活动，丰富居民的文化生活，在活动中加强居民之间的沟通，提高居民的精神文明水平，丰富居民的文化生活，增强对居民的思想教育，提升社区居民的综合素质。

绿色消费理念。绿色社区要定期组织居民开展保护环境的公益活动，积极向居民宣传环保方面的法律、法规及相关的科普知识，更重要的是创造一种可持续的消费理念，从环境与发展相协调的角度来考虑建立一种崭新的消费模式——绿色消费模式。倡导广大居民实行绿色消费，倡导合理、科学的消费观，树立"节约光荣、浪费可耻"的社会道德风尚。倡导有利于节约资源、保护环境的消费方式，从我做起，从现在做起，从平时的一滴水、一度电开始，以自己的自觉行动教育人们，节约不仅仅是节约几分钱的事情，而是一件关乎人类可持续发展的大事，使社会上每一位成员为发展循环经济尽一份责、出一份力，做到节能、节水、节材、节粮、垃圾分类回收，不要为了图一时的方便而大量消费一次性的用品。绿色社区应积极宣传、推广、使用带有"绿色商标"的"绿色产品"。

（4）绿色社区的人文关怀

社会保障。绿色社区的建设最初起源于对环境的关心。但在社会发展过程中，人们越来越对社会保障产生了期望。这些社会保障包括生活保障、安全保障等。社区生活保障包括的内容很多，其中包括对社区困难群体的生活救助。社区中总有一些居民因某些方面的原因而生活处于贫困状态，在此情况下，社区可采取相应的措施对贫困群体的基本情况进行调查研究，运用相关的政策对他们进行生活方面的救助；社区治安环境是衡量一个社区优劣的重要标志，是社区能否正常运转的基本条件。现代绿色社区非常重视社区的安全保障工作，在社区中设立了社区警务、社区安全保障人员，他们与社区管理者和社区居民相互配合，共同做好社区安全保障工作。社区保障的顺利实施离不开社区居民的关心和努力，只有大家齐心协力才能实现更大程度上的社区整合、和谐与平安。以往社区保障的形式比较单一，以政府实施的各类保障措施为主，而在现代社区当中，在有关部门的引导下，社区组织和社区成员在力所能及的情况下承担各种形式的保障工作，完善社区社会保障，体现更大程度上的人文关怀。

社会服务。社区社会服务功能主要体现在社区救助、社区助残、社区助老、社区养老、社区就业、社区卫生服务、社区教育等方面。社区救助在社区服务中占很重要的地位。社区助老工作也是社会服务的重要内容，在老龄化社会中，老年人在社会人口中占很大的比例，这部分人群的生活质量是社区关心的重点之一。他们在生活方面是"弱势群体"，需要关心和帮助，社区在这方面有很多的工作要做。社区养老更重要的方面是丰富老年人的精神生活，开展各种文化活动为他们的晚年生活增加乐趣，使他们的生活更加丰富多彩。社区的就业也是一个非常重要的内容，一方面可以为失业人员提供相应的工作岗位；另一方面，可以为他们提供各种培训机会，提高他们的再就业和适应新岗位的能力，为社会减少压力。社区卫生服务工作是以基层医疗卫生单位为载体，以社区的医疗服务需求为目标，面向广大居民所提供的综合性医疗卫生服务，其服务内容包括预防并治疗疾病，实施康复、健康教育，进行卫生保健，等等。社区教育也是绿色社区建设的保证之一，社区教育包括各种相关的社区学校，如各种老年大学、培训各类服务业人员的专业技术学校，以及各种心理咨询中心等。

社会协调。在社区发展过程中，其协调的功能日益显现出来，社区的很多事情需要多方面合作才能顺利进行，很多环境和社会问题绝不是单靠某一方面的力量就能解决的。社区的社会协调包括以下几方面的内容：政府与社区之间关系的协调，社区管理者与物业管理部门的协调，社区各种组织与政府之间关系的协调，社区居民之间关系的协调等。政府与社区之间的关系大部分体现在前者对后者工作的指导上。现代社区在发展过程中遇到的很大的难题是如何处理物业公司之间的机构与其所在的社区之间的关系问题。物业公司和社区组织要在对社区居民服务方面密切配合，互相协调，把社区的各项工作做好。社区工作的顺利完成离不开社会团体的参与，它们的支持是社区做好服务工作的重要保证。社会协调作用还表现在邻里之间关系的沟通和协调上，社区要达到协调社区居民关系的目的，就是要创造各种机会，举办各种活动，以便居民之间经常沟通。

（六）国外绿色社区建设的经验

1. 德国弗莱堡生态社区建设的先进经验

20 世纪八九十年代以来，欧美等发达国家纷纷开始探索并积极推动生态社区的建设。生态社区以生态设计基本原理为基础，以现代生态技术和方法，融合人与自然和谐的理念，以资源和能源使用高效化、节约化为目标来设计与组织社区的空间环境，形成了一种自然、健康、舒适、和谐的生态社区环境。

德国弗莱堡处于莱茵河上游和黑森林之间，有 22 万人口和 155 hm^2 的土地。弗莱堡建于 1120 年，经过几个世纪的成长与现代化，已经成为德国非常著名的生态城市，被誉为"绿色城市"、德国的生态资本，并获得多个环境奖项。例如，弗莱堡于 1992 年获得"生态资本"奖，2004 年获得"可持续发展城市"奖，并多次获得"国家太阳能联盟"奖。弗莱堡在生态规划、能源、废物管理等方面处于领先地位，其生态社区发展有以下经验。

（1）完善的法律法规和城市规划。德国的联邦制度促进了政府权力下放，从国家层面到城市层面，德国都出台了相应的生态建设政策及管理办法，如《可再生能源法》《节能法》《水资源法》《温室气体排放交易法》等。联邦州在联邦政府的基础上，对本州内的生态建设项目提供技术政策及财政法规支持。弗莱堡有道路建设、城市改造和社会福利改善的能力，根据上级政策制定城市发展政策及生态规划。同时，弗莱堡地方政府积极邀请当地企业和居民参与社区建设。这不仅提高了居民的节能意识，而且内置社会资本，形成了节能减排、环境保护的社会支持结构。

（2）能源节约与高效利用。弗莱堡政府通过政策支持等方式从能源节约、高效技术和可再生能源开发等方面来促进能源的高效利用。例如，为提高现有建筑的能源效率，弗莱堡制订了家庭能源改造支持计划，使得每栋建筑能源消耗大幅减少。为了高效使用能源，弗莱堡开发了热电联采技术，利用该技术将电力产生的废热转化成电力和热能，以产生更多的能源，同时充分利用水力发电、生物质能、太阳能和风能等可再生能源。

（3）废弃物综合防治。德国非常注重废弃物的治理，其固体废物数量不断减少。到目前为止，大量的废弃物被回收利用，垃圾填埋场已大幅减少。弗莱堡生态社区中的每个家庭或公寓楼都配备了装不同废弃物的箱子：废纸、有机食品与园艺废品和不可回收垃圾。不同垃圾必须按照分类存放在社区不同颜色的垃圾桶中，生物垃圾每周清理一次，其余垃圾每两周清理一次。

2. 美国阿卡塔生态社区建设的先进经验

阿卡塔位于美国加利福尼亚北部红木海岸，建于 1850 年，位于洪堡湾。阿卡塔市大约一半的居民是红堡州立大学的学生。在严重的污水处理和湾区治理问题上，为了保护生态环境，阿卡塔市居民通过努力，将计划的不可持续性污水处理方案转变为生态社区可持续发展方案，从而建立阿卡塔沼泽和野生动物保护区及社区森林，不仅有效处理了城市废水，还创建了一个美好的自然娱乐区，成为世界其他生态社区发展的典范，其生态社区建设的经验如下。

（1）因地制宜的生态社区发展政策。随着城市化发展，洪堡湾水资源遭到严重污染。1972 年，联邦新立法要求改善海湾的水质。1975 年，加利福尼亚州及阿卡塔地方当局根据《联邦水污染控制法案修订案》制定了严格的城市废水管理政策，如北部海岸地区综合治理计划、建设区域废水处理厂。然而，这一政策的弊端日益明显，随后在充分考虑成本收益及当地自然环境后开始探索建设人工湿地的分散设计系统。这个政策不但能保护湾区的所有现有用途，而且能创造广阔的娱乐空间和鸟类栖息地。同时，阿卡塔市政厅采取多种环保计划以促进社区发展，如温室气体排放计划、固体废物减少计划、开放空间计划、杀虫剂减少计划、行人/自行车代替汽车计划和社区森林计划等。

（2）建立污水处理系统。阿卡塔市污水处理过程分为两个阶段：一级处理在渠道和澄清池中进行，是将固体与液体分离的机械过程；二级处理主要在氧化池、氯化池、湿地处理池和增强湿地池中进行，去除液体中对人体有害的污染物和病原体。首先，家庭及工业污水流向地下水管道，然后通过地下隧道流经各处理系统。具体的污水处理经过如下：污水通过筛网和砂粒分离器后进入澄清池，经过大约 4 小时澄清后，液体流入氧化池，而固体被送到消化池，经过厌氧微生物发酵产生沼气，剩余的污泥进入污泥干燥床，产生生物肥料；污水在氧化池进行二次沉淀，将污水中漂浮和沉淀的有机物分解，产生氧气；污水进一步通过湿地处理系统循环并流入消毒设施，进行消毒杀菌，最后流入增强湿地池，经湿地植物吸收来净化污水。污水处理周期大约为 50 天，净化后的污水可直接排放到洪堡湾。

（3）学术机构提供技术支持。洪堡州立大学拥有唯一被称为"环境资源工程"的方案，整合了生物学、化学、物理学和生态学等分散的领域，具有独一无二的科研优势。其为阿卡塔生态湿地和社区森林建设提供了免费的技术支持、数据收集、检测和研究。并且洪堡州立大学学生具有投票资格，对阿卡塔生态社区发展产生了较大的政治影响力，促进了该社区生态文明创新。

（七）国内建设绿色社区的典型模式

1."共管式"管理模式——沈阳万科花园新城

沈阳万科花园新城先后被原沈阳市环保局评为无噪声安静小区、生态环保模范小区和环境达标小区、"沈阳市生态环保示范小区评比 A 类一等奖"，沈阳万科花园新城是首批获得"辽宁省绿色社区""辽宁省绿色社区垃圾分类试点小区"称号的示范小区。同时万科花园新城是国家康居示范小区。2003 年 11 月，在万科花园新城小区内举行了由辽宁省环保局委托开展"共创绿色社区倡导绿色生活，实施垃圾分类"的辽宁省绿色社区垃圾分类试点的启动仪式。此次活动的目的就是要用循环经济的发展方式，影响和规范居民的环境行为，创造良好的社区环境文化氛围，改善社区环境，提高居民的环保意识。

在园区内开展大量的宣传工作。通过发放《致每位业主的一封信》，在园区内现场宣讲垃圾分类的益处，将各种宣传画张贴在园区内信息板和单元内的张贴板上，给业主发放环保布袋，宣传绿色社区和垃圾分类的重要意义。

在园区内制作了 200 面喷绘挂旗，美化了园区。社区管理者根据活动开展的需要在市区内悬挂了 200 面喷绘旗帜及少量警示性的标语，这不仅起到了提高居民环境保护意识的作用，同时也美化了社区的环境。

设置了可回收和不可回收、有毒有害垃圾箱。在每个单元口和园区的主要位置设置了可回收垃圾箱和不可回收垃圾箱，重点位置设置了有毒有害垃圾箱，积极引导业主实施垃圾分类回收。同时万科花园新城小区还是沈阳有机垃圾回收示范项目，城市可生物降解垃垃圾能源和资源化利用项目。由原沈阳市环保局和沈阳航空学院在小区内选取 60 户居民作为示范点收集有机垃圾，将收集的有机垃圾在"小山家"进行堆肥处理。此项目的研究结果可以找到新的垃圾回收和再利用的方法。社区打出"让我们共同创建绿色社区、美好家园，创造绿色生活达成共同目标——美丽的新城我的家"标语，激励社区居民为创建绿色社区共同努力。

独特的社区环境管理模式。沈阳万科花园新城委托沈阳万科物业管理有限公司进行物业管理服务，公司自 1996 年率先在所管理社区内推行由业主参与小区物业管理的独特模式，成立了市内首家社团法人组织——"业主委员会"。业主自治与物业公司专业管理相结合的共管模式，已在沈阳万科开发的各项目内广泛实施。万科花园新城自业主入住后形成物业公司、业主管理委员会和社区管理委员会三方联合管理的"共管式"管理模式。

健康丰富的社区氛围营造与建设。万科童子军团、万科夕阳红团是万科社区的特色组团，由万科物业及各自组团负责人不定期共同组织进行有益于社会、有益于社区、丰富自我的各类团体活动；2002 年，万科花园新城由业主自发、物业组织成立了老年大学和男子足球俱乐部。

2. "自助绿化"模式——北京石景山区八角街道八角北路社区

北京市石景山区八角北路社区是建成于 1987 年的老社区，社区拥有 500 m^2 的社区服务分中心，有一支 100 余人的环境保护志愿者队伍，"自助绿化"在北京市乃至全国名列前茅，为改善社区的生态环境质量、保障居民的身体健康、办好绿色奥运做出了较大的贡献。《人民日报》《北京日报》、中央电视台、北京电视台等 30 余家媒体报道了八角北路社区的建设情况。与全国其他先进社区、绿色社区相比，北京市石景山区八角北路社区最为突出的特点就是早在 20 世纪 90 年代末期就首创了"自助绿化"模式，并通过这种公众参与的模式维护了社区绿化、陶冶了社区居民热爱大自然的情操，增强了人与自然和谐的环境意识。

"自助绿化"实行自主管理。以居委会为核心，与居民签订"绿地"认养协议，并加以统筹规划、科学管理，本着"年年有投入，年年有变化"的原则，明确双方的权利和义务，聘请专家向居民传授绿化和环境保护方面的知识，定期举办花木种植培训班，开展"绿色家庭"评比活动等。由于社区居民群众的广泛参与，推动了"自助绿化"深入开展，居民们结合社区实际开动脑筋，寻找自己喜欢的花草树木、乡愁植物悉心种植，既降低了社区园林化和绿化的成本，使树木、花卉成活率达到 90%，又使这项活动成为一种凝聚力，促使广大社区居民增强了对社区改善人居环境状况的责任心。

社区居委会鼓励并倡导社区居民参与认养荒地种植花草。2002 年春天，八角北路社区开展"美化家园迎奥运，养花种草健身心"的活动，社区的老年人养花种草，既美化了环境，又节约了能源，锻炼了身体，还增强了邻里之间的和睦团结。居民的"自助绿化"提高了社区居民的主要功能意识。例如，"雨水、雪水回灌"与利用"变废为宝"，就是社区居民在"自助绿化"中节水的新思路，大家把居民楼的热水管延伸到绿地，并备有一些取水容器，不怕天旱无水，随时可以浇灌花木，全社区每年因此节水近千吨。每年冬天，社区居民、保洁人员将落叶收集起来，将花草全面覆盖，这样既保持了水土，又保持了土地的湿度和温度，对植物的越冬大有好处。

通过"自助绿化"活动教育孩子从小树立主人翁的意识、树立环境保护的意识。社区利用寒暑假组织少年儿童开展"三个一"活动，即读一本环境保护书籍；写一篇环境保护日记，参加一次社区环境保护活动。开展"小手拉大手"环境保护日活动，组织他们识别树木、花草品种和名称。这种活动使孩子们了解了很多植物知识和种植常识，增强了环境保护意识。

以"自助绿化"活动为契机和切入点，在创建绿色社区过程中，组织了丰富多彩的活动促进社区和谐。2006年7月13日是北京申奥成功5周年纪念日，八角北路社区远洋乡土植物园揭牌，新闻媒体、各级领导、社区居民500多人参加了此项活动。社区"自助绿化"提升了层次，体现了水平。2006年6月5日的世界环境日，为了让每一个人拥有美好的环境，社区开展了"为首都多一个蓝天，我们每月少开一天车"的活动。社区居民代表、司机代表、学生代表纷纷提出倡议，用他们爱护环境的实际行动树立典范。通过开展各项活动，提高了广大居民爱护环境、建设环境的积极性，也为创建绿色和谐社区打造了良好基础。

3. "政府推动"模式——湖北武汉市江岸区百步亭花园社区

武汉市百步亭花园社区是全国文明社区示范点，是唯一荣获首届"中国人居环境范例奖"的社区。中央宣传部、中央文明办、建设部、文化部四部委联合发文向全国推广百步亭社区经验。社区先后荣获湖北省、武汉市绿色社区及国家、省、市级文化先进社区、文明社区、社区建设示范区等200多项荣誉称号和表彰。近年来，百步亭花园社区按照创建绿色社区的要求，围绕环境保护和可持续发展目标，坚持"以人为本""以德为魂"，以居民群众的安居乐业为主线，以提高居民群众生活质量为根本出发点，不断努力并不断取得新的创建成果。目前，社区各种污染源全部实现达标排放，社区绿化率达40%，居民群众对社区环境状况满意率大于99%。

建立健全环境管理和监督机制，狠抓落实。百步亭花园社区把社区开发建设、管理服务与进一步提升社区的环境质量有机地结合在一起，建立健全了环境管理和监督机制。建立创建绿色社区领导机构和执行机构，制订了创建绿色社区的工作计划和实施方案，建立了绿色社区创建工作的档案记录，组建起社区绿色志愿者队伍，建立了环境管理协调机制，建立了可持续改进的自我完善体系。

合理规划，加强环保设施的建设和管理。百步亭社区在建设过程中，以武汉市城市总体规划为指导，以7 km²、30万人居住的百步亭为城市发展目标，做到统一规划、分步实施、成片开放，在建设和施工中严格遵守环境影响评价制度和"三同时"制度。在开发前期资金、人力、施工条件等尚不完全具备的情况下，从保护环境的长远利益的战略上考虑，花大本钱建设和完善环境保护配套设施及设备。抓好先进实用的环境保护技术的推广使用。实施绿色工程，保护人居环境。

以创建绿色社区为载体，常抓不懈营造绿色环境，百步亭社区积极倡导绿色环保概念，着力营造绿色环境，有针对性地在社区居民当中创造绿色生活，宣传提倡广泛使用节能灯具、节水装置。有条件的住户在不破坏房屋结构、不影响整体外观的前提下，大多安装使用了太阳能热水器。绿色社区创建工作是一项十分艰巨复杂的系统工程，百步亭社区坚持走共同关心环保、人人参与管理、群策群力自治的管理道路，从而形成了全体社区居民参与创建绿色社区的良好氛围。例如，在每年的植树节期间，社区都开展"植树造林、绿化家园、认养树木"的活动，社区各单位部门、居民群众、中小学生踊跃参加；在每年的世界环境日，社区都要在中心广场举行大规模的环境保护主题宣传活动，广大居民群众积极参加，同时通过社区居委会组织居民进行"环境保护知识测试题"的竞赛活动，开展了评选"绿色家庭"和"环境保护先进个人"的评比，围绕"绿色社区·温馨家园"这一主题举办一系列有关环境与健康的社区环境保护论坛，并组织青年志愿者们上门宣传垃圾分类、收集废旧电池等活动。

（八）绿色社区建设的路径

1. 提供绿色社区制度保障

当前，我国仅在一些大型城市建立了一些单一的条例或规定，制度体系建设较为单薄。因此，各地政府应尽快制定绿色社区建设的专项制度，如领导干部环保考核问责制度、绿色 GDP 核算制度、战略环境影响评价制度、公众参与制度和听证制度等，明确绿色社区的建立和评价标准，并积极规划各级下属城市绿色社区建设的方向。同时，各地方政府还应根据国家制定的宏观制度框架，结合本地实际情况制定绿色社区建设规范和办法，以确保绿色社区建设的合法化、制度化和规范化。此外，构建绿色社区要遵循生态设计原则，要求绿色社区降低对各种资源的消耗，并充分利用资源和能源。当前我国绿色社区建设模式处于发展阶段，建设指标涉及的方面众多且难以准确估量，应根据各个地区的特点和发展水平制定符合实际、细化的指标，设计出社区生态文明建设的具体指标值，并通过评价指标客观有效地降低居民生活对生态环境的破坏。

2. 构建主体多元化合作的"绿色社区"建设模式

建设绿色社区的主体不应仅限于政府和社区组织，还应该包括社会资本和公益性社会组织，更应该发挥群众在社区文化建设中的主体地位。首先，政府要制定相关政策，指导和保障当地绿色社区的建设。一是要明确建设绿色社区的目的、方针、评价体系，二是要明确政府、大众媒体、社会组织、企业各自在绿色社区建设过程中的地位、职责和作用。其次，绿色社区的建设应做到"防""治"结合，不仅注重当前存在问题的治理，还关注未来的持续发展。政府作为绿色社区建设的责任主体，应杜绝形式主义，积极建立绿色社区监督部门，制定公民参与绿色社区创建的相关法律规定。再次，社区内还可以组织成立监督小组并要求加入第三方评估组织，针对绿色社区建设进行全面评估与监督，保证绿色社区建设高效完成。最后，绿色社区的主流文化是参与性文化，注重居民的生活质量，应以人为本，根据居民需求开展社区文化和娱乐活动，时刻体现民主、平等和公平的精神。

3. 完善绿色社区建设拨款制度

绿色社区作为一个非营利性的环保组织，资金来源较为有限，很大程度上依靠政府支持，极大地制约了自身发展。因而，保证经费合理、充足的投入，才能保证绿色社区建设工作的正常开展以及调动绿色社区建设的积极性。完善地方绿色社区建设拨款制度是绿色社区持续发展的重要保障。一些发达城市用于社区治理和环境保护的经费投入占比很高，而相对欠发达的地区，政府则更应保证一定标准的财政支持、环保设施及人力投入。同时，如何引进企业和更多的合作伙伴共同投入绿色社区的建设中也是需要关注和思考的问题。此外，社会组织、居委会也要主动承担监督责任，监督绿色社区的建设程度以及资金利用率等，严防以权谋私现象。

4. 构筑浓厚的社区"绿色文化"氛围和伦理价值观念

绿色社区的建设还要注意人文社会的精神层面的培育和改造，它的建设离不开社区居民思想的认同，思想"绿色"才能促使行动"绿色"。绿色社区的建设在追求经济高效、节能时，更要确保其生活质量，不能以牺牲人的身心健康、舒适度为代价，要让社区居民积极参与到绿色社区建设中去，并给予居民亲切、自豪和认同的感受。同时，在绿色社区建设实际工作中，要将人与自然和谐发展的价值理念渗透到各项工作中去，通过宣传教育、文娱活动等方式，推行绿色理念，使全社会达成共识。

四、绿色家庭

（一）家庭的含义及特征

家庭是微观人口经济学研究的基本单元之一，家庭是追求效用满足最大化的理性经济组织。广义的家庭经济行为除了微观经济学中讨论的商品消费、收入储蓄和投资外，还包括婚姻行为、家庭劳动、闲暇选择、生育行为和人力资本投资。一个家庭的生活活动除了生产（劳动）与消费外，还要参加必要的社会交往活动，以求家庭成员的生存和发展。家庭是社会的最小细胞，家庭生活方式是社会生活方式的缩影。

家庭的基本特征是组成成员之间有婚姻和血缘关系。随着社会的发展，符合法律程序的收养关系也列为家庭组成成员。家庭虽然是一个微小细胞，但家庭问题是关系国家和社会发展的重大问题，也是关系个人生活质量和幸福指数的主要问题。

（二）绿色家庭的特征

（1）绿色家庭要求家庭劳动方式科学化。父母教育孩子尊老爱幼，热爱劳动，家务劳动要让孩子适当分担，不能包办孩子自身的清洁工作，要改变不良的卫生习惯和生活习惯，反对参与赌博以及封建迷信活动。

（2）绿色家庭要求家庭消费方式绿色化。一般来说，一个家庭的收入总是花费在维持日常生活、维持家庭的社会经济地位和生育、抚育孩子三个方面。因此，在家庭收入一定的情况下，要合理安排家庭理财投资和消费结构，增强家庭保险意识，积极参加以养老保险、医疗保险为主体的家庭保险项目，确保家庭平安。尤其要增强勤俭节约意识和环保意识，节能（节能煤气）、节水（一水多用）、选择公交和自行车出行、自觉选购低排量低油耗的汽车、不吃野味、选择绿色有机食品、绿色产品、绿色家装等。

（3）绿色家庭要求教育方式民主化、生态化。家庭教育是学校教育和社会教育的基础，而且是伴随一生的终身教育。绿色生活方式离不开家庭教育，只有得到了家庭教育的响应，才会产生强大的合力。显然，家长需要具备一定的环境素质，应该具备较高的环境素养，这样才能为孩子树立榜样，让孩子形成良好的、健康的生活习惯。父母还应该根据孩子不同的年龄段采取不同的教育方式和引导方式，家庭成员之间相互模仿相互影响，在整个家庭中营造一种讲卫生、保护环境的氛围。

（4）绿色家庭要求家庭闲暇生活方式绿色化、情趣化。在家庭收入一定的情况下，父母选择自己照料和抚养孩子，父母和其他家庭成员由此就失去了闲暇时间和消费娱乐时间。因此，绿色家庭要求合理安排利用工作和休息闲暇时间，并利用其继续充电学习，更新工作中需要的新知识；多参加社会交往活动，参加文体、健身活动，不断提高自身的情趣素养；多亲近自然、走进自然，领略祖国的山川美景。

（三）绿色家庭的创建

家庭积极参与"绿色家庭"创建活动，积极倡导绿色设计、绿色家装、绿色家具、绿色庭院、绿色照明、绿色出行等绿色环保理念。绿色家庭是积极参与社区环保活动，带头实施绿色生活方式的家庭。绿色家庭影响和带动其他家庭选择绿色生活方式，使更多的家庭加入绿色家庭的行列。绿色社区的每个家庭都应该通过选择绿色生活来参与环保。

1. 节约用水

人们每天都要喝水、洗澡、洗衣服……可地球上维系人类生命的淡水资源十分紧缺。我国是世界上12个赤水国家之一，人均淡水资源还不到世界人均水量的1/4，所以我们更应该养成良好的用水习惯，节约用水。早晨刷牙、洗手、洗脸后，要及时关闭水龙头；洗澡的时候，尽量选择淋浴，不要把水一直开着；若衣物不多的时候，尽量手洗，少用洗衣机；准备一些装水的桶，尽可能一水多用；清洗餐具时，先用纸巾擦拭，然后再用水清洗；有条件的家庭可以备一个大桶接水，冲洗厕所；夏季空调滴下来的水，可以变废为宝；家里的水管在不用的时候，一定要拧紧水龙头。

2. 保护水源，减少水污染

水资源短缺是自然条件决定的，水污染完全是人为造成的。那我们能为减少水污染做些什么呢？保护环境，清理水源垃圾，从自我做起；植树造林，不乱砍滥伐森林，防止水源枯竭；开拓创新，应用新技术、新设备，处理净化水质，提高水再循环再利用；爱护水资源，从点滴做起，从自我做起；见到污染水源的现象要及时制止，或报有关部门。

3. 节约用电

节约用电是为了节省能源，减少污染。我国发电主要靠燃煤，燃煤产生的大量粉尘在空气中形成悬浮颗粒物。这种颗粒物随着人的呼吸进入肺部，会对人体造成伤害。因此，节电是多么的重要。在家庭生活中，应从以下小事做起，节约每度电。白天的时候，尽可能利用自然光照明；养成随手关灯的好习惯，避免"长明灯"；合理选择灯具，尽量使用节能灯；每天少看一分钟的电视，缩短计算机的使用时间；合理使用电冰箱能减少电能的损耗；使用节能电器取代旧电器；电器在不用的时候，不要设置成待机状态，一定要及时关闭电源开关，拔掉插头；尽可能减少对电器的依赖，只使用自己真正需要的电器。

4. 绿色出行

绿色出行就是采用对环境影响最小的出行方式，即节约能源、提高能效、减少污染、有益于健康、兼顾效率的出行方式。多乘公共汽车、地铁等交通工具，合作乘车，环保驾车，或者步行、骑自行车等。只要是能降低自己出行中的能耗和污染，就叫作绿色出行。绿色出行通常是人们自觉减少不必要的出行、尽量选择小汽车合乘出行等；绿色车辆选择是指在确实需要购置小汽车时，尽可能选择混合动力、燃气等低排放、低能耗的车型；绿色驾驶习惯是指在驾驶机动车的过程中尽可能少急刹车、长时间等待关闭引擎、少摁喇叭等。

创建绿色出行行动的方法和措施：一是积极开展绿色出行宣传活动。广泛宣传倡导绿色、环保、低碳的生活方式，传播低碳理念，倡导广大人民群众绿色出行，"能走路就不乘车，能乘车就尽量不开车"，选择公共交通、选择绿色出行，公交优先、市民优先、环保优先。二是鼓励更大范围内推广新能源汽车，包括纯电动汽车、插电式混合动力汽车及燃料电池汽车。纯电动汽车无污染、噪声小、能量转换效率高。选择新能源汽车，可以减少碳排放，有利于保护环境，有利于人体健康。三是坚持以人为本的原则，形成各种交通方式和谐共存、有序衔接的城市交通系统。彻底改变大城市交通中重"车"轻"人"的设计思路，树立"慢交通优先"理念，努力打造步行和自行车的慢行交通系统建设。慢行交通系统代表性模式有："步行+自行车为主体""步行+自行车+公交均衡""以小汽车为主，步行+自行车为补充"。让绿色出行更加畅通无阻和更加便捷。

5．使用再生纸

节约用纸，使用再生纸。造纸需要使用大量木材。据统计，全国每年造纸消耗木材100万 m^3；在造纸过程中还会排出大量废水而污染河水，它所造成的污染占整个水域污染的30%以上。而再生纸是用回收的废纸生产的，1 t废纸能生产800 kg再生纸，可少砍17棵大树，节省 3 m^3 垃圾填埋空间；还可以节约一半以上的造纸能源，减少35%的水污染。使用再生纸是一件利国利民的大好事。

6．选用绿色产品和绿色食品

绿色产品是指在生产、运输、消费、废弃的过程中不会给环境造成污染的产品，这些产品外都贴着环境标志。我国环境标志图形的中心是山、水和太阳，表示人类的生存环境；外围有 10 个环，表示大家共同参与环境保护。目前，我国的环保产品有无氟冰箱和不含氟的发用摩丝、定型发胶、领洁净、空气清新剂等，还有无铅汽油、无磷洗衣粉、低噪声洗衣机、节能荧光屏。

绿色食品是我国经专门机构认定的无污染的、安全的、优质的、营养类食品的统称。绿色食品标志是由太阳、叶片和蓓蕾三部分组成，标志着绿色食品是出自纯净、良好生态环境的安全无污染食品。人们每天吃的很多蔬菜、水果都喷洒过农药，施过化肥，还有很多食品不适当地使用了添加剂。

目前，我国的绿色食品达 700 多种，涉及饮料、酒类、果品等各个食品门类，人们应尽可能选购绿色食品以促进健康，也给绿色食品行业带来生机，使生态环境得以改善。

7．少用一次性制品

人们身边有太多的一次性用品，如快餐盒、一次性筷子、一次性圆珠笔、塑料袋、塑料保鲜膜、纸尿布、一次性照相机……这些用完就扔掉的用品既浪费了很多资源，又增加了大量的垃圾。

我国仅塑料年度废气量就达百万吨。有关资料显示，某市平均每人每天扔掉一个塑料袋，一天就要扔掉9.4 t聚乙烯膜，仅原料就要扔掉近 4 万元，所以，我们应该尽可能地多用可重复使用的耐用品。

8．积极践行生活垃圾分类

（1）垃圾分类简介。2017 年 3 月，国务院办公厅发布《生活垃圾分类制度实施方案》。该方案指出，生活垃圾分类的基本原则是政府推动，全民参与；因地制宜，循序渐进；完善机制，创新发展；协同推进，有效衔接。2019 年 7 月 1 日，《上海市生活垃圾管理条例》正式实施，垃圾分类已然成为一种新的生活方式。如果上海人（包括在上海的外地游客）不能做到垃圾分类投放就要被开罚单。个人罚 200 元，单位罚 5 万元。

（2）垃圾分类的实施。《生活垃圾分类制度实施方案》指出，垃圾分类的实施采取强制分类与引导分类同时展开的方法。公共机构、相关企业进行强制分类。强制分类的实施范围包括直辖市、省会城市和计划单列市，第一批生活垃圾分类示范城市，国家生态文明试验区，各地新城新区。同时城市人民政府可结合实际制定居民生活垃圾分类指南，引导居民自觉、科学地开展生活垃圾分类。实施强制垃圾分类的城市应开展居民生活垃圾强制分类示范试点，已对居民实施强制分类的地区按原规定继续施行。

（3）强制分类要求。《生活垃圾分类制度实施方案》中的强制分类要求为：有害垃圾，如废电池、废荧光灯管、废温度计、废血压计等；易腐垃圾，如餐厨垃圾、蔬菜瓜果垃圾、腐肉、肉脆骨、蛋壳；可回收物，如废纸、废塑料、废金属、废包装物、废旧纺织物。

《上海市生活垃圾管理条例》将垃圾分为四种：可回收物，如废纸张、废塑料、废玻璃制品、废金属、废织物；有害垃圾，如废电池、废灯管、废药品、废油漆及其容器等；湿垃圾，也即易腐垃圾，指食材废料、剩菜剩饭、过期食品、瓜皮果核、花卉绿植、中药药渣等易腐的生物质生活废弃物；干垃圾，即其他垃圾，指除可回收垃圾、有害垃圾、湿垃圾以外的其他生活废弃物。

（4）垃圾分类的必要性。一是可以减少垃圾量，可以通过生活垃圾回收和资源化利用效率，从而减少生活垃圾焚烧、填埋过程中产生的空气和水体污染，降低填埋场等垃圾处理设施对土地的占用，优化人居环境，保障城市生态，为后代留下生存的土地；二是减轻垃圾中有害物质对土壤和水的污染，如回收废电池可以减少对土壤和水源的污染，有利于身体健康；三是变垃圾为资源，使地球的有限资源服务于人类无限的需要。

9. 爱护动物，保护自然

（1）保护动物的生存环境。不乱砍滥伐，破坏草坪和森林，不要随意堆放垃圾，不要滥用农药和杀虫剂，保护水源和空气也是保护动物栖息地的一部分，有良好的栖息环境动物才能长久生存。

（2）不乱捕滥杀。禁止乱杀野生动物，对于用珍稀野生动物做的制品，如皮衣、药品、补品等，也应坚决抵制，不参与捕猎、贩卖、购买国家保护动物。

（3）推广保护动物的意识。积极宣传保护野生动物的重要意义，从家庭做起，培养尊重一切生命的道德观，加强法治教育，树立公民意识，对违背国家《野生动物保护法》的现象要抵制、举报、监督。

（4）建立自然保护区。保护濒危动物的根本性措施就是保护其栖息地，而保护栖息地的主要途径是建立自然保护区。通过建立自然保护区，不仅可以保护濒危动物及其栖息地，而且还可以使其他种类的野生动植物得到很好的保护。

10. 参加植树护林等环保活动

森林素有"绿色金子"之称，森林可以把二氧化碳转换成氧气；森林可以像抽水机一样把地下的水分散发到天空；森林可以用巨大的根系使土壤和水分得到保持，控制洪涝和荒漠化的发生；森林是野生动物的家园。因此，人们应该积极参加植树护林的各项环保活动。

复习思考题

1. 我国为什么要加强生态文明教育的宣传力度？有什么意义？
2. 当前我国生态文明教育的现状如何？
3. 如何加强生态文明宣传教育？举例说明。
4. 创建绿色学校，人人有责。作为一名大学生，你可以采取哪些具体行动？
5. 什么是绿色生活？在日常生活中，我们应该养成什么样的绿色生活习惯？

参考文献

[1] 中共中央文献研究室. 习近平关于社会主义生态文明建设论述摘编[M]. 北京：中央文献出版社，2017.

[2] 习近平. 习近平谈治国理政（第三卷）[M]. 北京：外文出版社，2020.

[3] 国务院新闻办公室、中共中央文献研究室、中国外文局. 习近平谈治国理政[M]. 北京：外文出版社，2014.

[4] 习近平. 之江新语[M]. 杭州：浙江出版联合集团、浙江人民出版社，2007.

[5] 习近平. 决胜全面小康社会 夺取新时代中国特色社会主义伟大胜利——在中国共产党第十九次全国代表大会上的报告，2017.

[6] 全国干部培训教材编审指导委员会组织编写. 推进生态文明 建设美丽中国[M]. 北京：人民出版社，2019.

[7] 潘家华，等. 美丽中国 新中国 70 年 70 人论生态文明建设（上、下册）[M]. 北京：中国环境出版集团，2019.

[8] 解振华，潘家华. 中国的绿色发展之路[M]. 北京：外文出版社，2018.

[9] 刘思华. 生态文明与绿色低碳经济发展总论[M]. 北京：中国财政经济出版社，2011.

[10] 刘思华. 生态马克思主义经济学原理（修订版）[M]. 北京：人民出版社，2014.

[11] 沈满洪，等. 生态文明建设：思路与出路[M]. 北京：中国环境出版社，2014.

[12] 陶良虎，等. 美丽中国 生态文明建设的理论与实践[M]. 北京：人民出版社，2014.

[13] 郇庆治，等. 生态文明建设十讲[M]. 北京：商务印书馆，2014.

[14] 戴星翼，等. "五位一体"推进生态文明建设[M]. 上海：上海人民出版社，2014.

[15] 钱易，温宗国，等. 新时代生态文明建设总论[M]. 北京：中国环境出版集团，2021.

[16] 吴季松. 生态文明建设[M]. 北京：北京航空航天大学出版社，2016.

[17] 文血禹，李建铁. 大学生生态文明教育教程[M]. 北京：中国林业出版社，2016.

[18] 王火清，等. 生态文明教育[M]. 上海：同济大学出版社，2019.

[19] 高红贵. 绿色经济发展模式论[M]. 北京：中国环境出版社，2015.

[20] 高红贵. 生态文明建设与经济建设融合发展研究[M]. 北京：经济科学出版社，2020.

附　录

附录一

中共中央　国务院关于加快推进生态文明建设的意见

（中发〔2015〕12 号，2015 年 4 月 25 日印发）

生态文明建设是中国特色社会主义事业的重要内容，关系人民福祉，关乎民族未来，事关"两个一百年"奋斗目标和中华民族伟大复兴中国梦的实现。党中央、国务院高度重视生态文明建设，先后出台了一系列重大决策部署，推动生态文明建设取得了重大进展和积极成效。但总体上看我国生态文明建设水平仍滞后于经济社会发展，资源约束趋紧，环境污染严重，生态系统退化，发展与人口资源环境之间的矛盾日益突出，已成为经济社会可持续发展的重大瓶颈制约。

加快推进生态文明建设是加快转变经济发展方式、提高发展质量和效益的内在要求，是坚持以人为本、促进社会和谐的必然选择，是全面建成小康社会、实现中华民族伟大复兴中国梦的时代抉择，是积极应对气候变化、维护全球生态安全的重大举措。要充分认识加快推进生态文明建设的极端重要性和紧迫性，切实增强责任感和使命感，牢固树立尊重自然、顺应自然、保护自然的理念，坚持绿水青山就是金山银山，动员全党、全社会积极行动、深入持久地推进生态文明建设，加快形成人与自然和谐发展的现代化建设新格局，开创社会主义生态文明新时代。

一、总体要求

（一）指导思想。以邓小平理论、"三个代表"重要思想、科学发展观为指导，全面贯彻党的十八大和十八届二中、三中、四中全会精神，深入贯彻习近平总书记系列重要讲话精神，认真落实党中央、国务院的决策部署，坚持以人为本、依法推进，坚持节约资源和保护环境的基本国策，把生态文明建设放在突出的战略位置，融入经济建设、政治建设、文化建设、社会建设各方面和全过程，协同推进新型工业化、信息化、城镇化、农业现代化和绿色化，以健全生态文明制度体系为重点，优化国土空间开发格局，全面促进资源节约利用，加大自然生态系统和环境保护力度，大力推进绿色发展、循环发展、低碳发展，弘扬生态文化，倡导绿色生活，加快建设美丽中国，使蓝天常在、青山常在、绿水常在，实现中华民族永续发展。

（二）基本原则

坚持把节约优先、保护优先、自然恢复为主作为基本方针。在资源开发与节约中，把节约放在优先位置，以最少的资源消耗支撑经济社会持续发展；在环境保护与发展中，把保护放在优先位置，在发展中保护、在保护中发展；在生态建设与修复中，以自然恢复为主，与人工修复相结合。

坚持把绿色发展、循环发展、低碳发展作为基本途径。经济社会发展必须建立在资源得到高效循环利用、生态环境受到严格保护的基础上，与生态文明建设相协调，形成节约资源和保护环境的空间格局、产业结构、生产方式。

坚持把深化改革和创新驱动作为基本动力。充分发挥市场配置资源的决定性作用和更好发挥政府作用，不断深化制度改革和科技创新，建立系统完整的生态文明制度体系，强化科技创新引领作用，为生态文明建设注入强大动力。

坚持把培育生态文化作为重要支撑。将生态文明纳入社会主义核心价值体系，加强生态文化的宣传教育，倡导勤俭节约、绿色低碳、文明健康的生活方式和消费模式，提高全社会生态文明意识。

坚持把重点突破和整体推进作为工作方式。既立足当前，着力解决对经济社会可持续发展制约性强、群众反映强烈的突出问题，打好生态文明建设攻坚战；又着眼长远，加强顶层设计与鼓励基层探索相结合，持之以恒全面推进生态文明建设。

（三）主要目标

到 2020 年，资源节约型和环境友好型社会建设取得重大进展，主体功能区布局基本形成，经济发展质量和效益显著提高，生态文明主流价值观在全社会得到推行，生态文明建设水平与全面建成小康社会目标相适应。

——国土空间开发格局进一步优化。经济、人口布局向均衡方向发展，陆海空间开发强度、城市空间规模得到有效控制，城乡结构和空间布局明显优化。

——资源利用更加高效。单位国内生产总值二氧化碳排放强度比 2005 年下降 40%～45%，能源消耗强度持续下降，资源产出率大幅提高，用水总量力争控制在 6 700 亿立方米以内，万元工业增加值用水量降低到 65 立方米以下，农田灌溉水有效利用系数提高到 0.55 以上，非化石能源占一次能源消费比重达到 15%左右。

——生态环境质量总体改善。主要污染物排放总量继续减少，大气环境质量、重点流域和近岸海域水环境质量得到改善，重要江河湖泊水功能区水质达标率提高到 80%以上，饮用水安全保障水平持续提升，土壤环境质量总体保持稳定，环境风险得到有效控制。森林覆盖率达到 23%以上，草原综合植被覆盖度达到 56%，湿地面积不低于 8 亿亩，50%以上可治理沙化土地得到治理，自然岸线保有率不低于 35%，生物多样性丧失速度得到基本控制，全国生态系统稳定性明显增强。

——生态文明重大制度基本确立。基本形成源头预防、过程控制、损害赔偿、责任追究的生态文明制度体系，自然资源资产产权和用途管制、生态保护红线、生态保护补偿、生态环境保护管理体制等关键制度建设取得决定性成果。

二、强化主体功能定位，优化国土空间开发格局

国土是生态文明建设的空间载体。要坚定不移地实施主体功能区战略，健全空间规划体系，科学合理布局和整治生产空间、生活空间、生态空间。

（四）积极实施主体功能区战略。全面落实主体功能区规划，健全财政、投资、产业、

土地、人口、环境等配套政策和各有侧重的绩效考核评价体系。推进市县落实主体功能定位，推动经济社会发展、城乡、土地利用、生态环境保护等规划"多规合一"，形成一个市县一本规划、一张蓝图。区域规划编制、重大项目布局必须符合主体功能定位。对不同主体功能区的产业项目实行差别化市场准入政策，明确禁止开发区域、限制开发区域准入事项，明确优化开发区域、重点开发区域禁止和限制发展的产业。编制实施全国国土规划纲要，加快推进国土综合整治。构建平衡适宜的城乡建设空间体系，适当增加生活空间、生态用地，保护和扩大绿地、水域、湿地等生态空间。

（五）大力推进绿色城镇化。认真落实《国家新型城镇化规划（2014—2020 年）》，根据资源环境承载能力，构建科学合理的城镇化宏观布局，严格控制特大城市规模，增强中小城市承载能力，促进大中小城市和小城镇协调发展。尊重自然格局，依托现有山水脉络、气象条件等，合理布局城镇各类空间，尽量减少对自然的干扰和损害。保护自然景观，传承历史文化，提倡城镇形态多样性，保持特色风貌，防止"千城一面"。科学确定城镇开发强度，提高城镇土地利用效率、建成区人口密度，划定城镇开发边界，从严供给城市建设用地，推动城镇化发展由外延扩张式向内涵提升式转变。严格新城、新区设立条件和程序。强化城镇化过程中的节能理念，大力发展绿色建筑和低碳、便捷的交通体系，推进绿色生态城区建设，提高城镇供排水、防涝、雨水收集利用、供热、供气、环境等基础设施建设水平。所有县城和重点镇都要具备污水、垃圾处理能力，提高建设、运行、管理水平。加强城乡规划"三区四线"（禁建区、限建区和适建区，绿线、蓝线、紫线和黄线）管理，维护城乡规划的权威性、严肃性，杜绝大拆大建。

（六）加快美丽乡村建设。完善县域村庄规划，强化规划的科学性和约束力。加强农村基础设施建设，强化山水林田路综合治理，加快农村危旧房改造，支持农村环境集中连片整治，开展农村垃圾专项治理，加大农村污水处理和改厕力度。加快转变农业发展方式，推进农业结构调整，大力发展农业循环经济，治理农业污染，提升农产品质量安全水平。依托乡村生态资源，在保护生态环境的前提下，加快发展乡村旅游休闲业。引导农民在房前屋后、道路两旁植树护绿。加强农村精神文明建设，以环境整治和民风建设为重点，扎实推进文明村镇创建。

（七）加强海洋资源科学开发和生态环境保护。根据海洋资源环境承载力，科学编制海洋功能区划，确定不同海域主体功能。坚持"点上开发、面上保护"，控制海洋开发强度，在适宜开发的海洋区域，加快调整经济结构和产业布局，积极发展海洋战略性新兴产业，严格生态环境评价，提高资源集约节约利用和综合开发水平，最大程度减少对海域生态环境的影响。严格控制陆源污染物排海总量，建立并实施重点海域排污总量控制制度，加强海洋环境治理、海域海岛综合整治、生态保护修复，有效保护重要、敏感和脆弱海洋生态系统。加强船舶港口污染控制，积极治理船舶污染，增强港口码头污染防治能力。控制发展海水养殖，科学养护海洋渔业资源。开展海洋资源和生态环境综合评估。实施严格的围填海总量控制制度、自然岸线控制制度，建立陆海统筹、区域联动的海洋生态环境保护修复机制。

三、推动技术创新和结构调整，提高发展质量和效益

从根本上缓解经济发展与资源环境之间的矛盾，必须构建科技含量高、资源消耗低、

环境污染少的产业结构，加快推动生产方式绿色化，大幅提高经济绿色化程度，有效降低发展的资源环境代价。

（八）推动科技创新。结合深化科技体制改革，建立符合生态文明建设领域科研活动特点的管理制度和运行机制。加强重大科学技术问题研究，开展能源节约、资源循环利用、新能源开发、污染治理、生态修复等领域关键技术攻关，在基础研究和前沿技术研发方面取得突破。强化企业技术创新主体地位，充分发挥市场对绿色产业发展方向和技术路线选择的决定性作用。完善技术创新体系，提高综合集成创新能力，加强工艺创新与试验。支持生态文明领域工程技术类研究中心、实验室和实验基地建设，完善科技创新成果转化机制，形成一批成果转化平台、中介服务机构，加快成熟适用技术的示范和推广。加强生态文明基础研究、试验研发、工程应用和市场服务等科技人才队伍建设。

（九）调整优化产业结构。推动战略性新兴产业和先进制造业健康发展，采用先进适用节能低碳环保技术改造提升传统产业，发展壮大服务业，合理布局建设基础设施和基础产业。积极化解产能严重过剩矛盾，加强预警调控，适时调整产能严重过剩行业名单，严禁核准产能严重过剩行业新增产能项目。加快淘汰落后产能，逐步提高淘汰标准，禁止落后产能向中西部地区转移。做好化解产能过剩和淘汰落后产能企业职工安置工作。推动要素资源全球配置，鼓励优势产业走出去，提高参与国际分工的水平。调整能源结构，推动传统能源安全绿色开发和清洁低碳利用，发展清洁能源、可再生能源，不断提高非化石能源在能源消费结构中的比重。

（十）发展绿色产业。大力发展节能环保产业，以推广节能环保产品拉动消费需求，以增强节能环保工程技术能力拉动投资增长，以完善政策机制释放市场潜在需求，推动节能环保技术、装备和服务水平显著提升，加快培育新的经济增长点。实施节能环保产业重大技术装备产业化工程，规划建设产业化示范基地，规范节能环保市场发展，多渠道引导社会资金投入，形成新的支柱产业。加快核电、风电、太阳能光伏发电等新材料、新装备的研发和推广，推进生物质发电、生物质能源、沼气、地热、浅层地温能、海洋能等应用，发展分布式能源，建设智能电网，完善运行管理体系。大力发展节能与新能源汽车，提高创新能力和产业化水平，加强配套基础设施建设，加大推广普及力度。发展有机农业、生态农业，以及特色经济林、林下经济、森林旅游等林产业。

四、全面促进资源节约循环高效使用，推动利用方式根本转变

节约资源是破解资源瓶颈约束、保护生态环境的首要之策。要深入推进全社会节能减排，在生产、流通、消费各环节大力发展循环经济，实现各类资源节约高效利用。

（十一）推进节能减排。发挥节能与减排的协同促进作用，全面推动重点领域节能减排。开展重点用能单位节能低碳行动，实施重点产业能效提升计划。严格执行建筑节能标准，加快推进既有建筑节能和供热计量改造，从标准、设计、建设等方面大力推广可再生能源在建筑上的应用，鼓励建筑工业化等建设模式。优先发展公共交通，优化运输方式，推广节能与新能源交通运输装备，发展甩挂运输。鼓励使用高效节能农业生产设备。开展节约型公共机构示范创建活动。强化结构、工程、管理减排，继续削减主要污染物排放总量。

（十二）发展循环经济。按照减量化、再利用、资源化的原则，加快建立循环型工业、

农业、服务业体系，提高全社会资源产出率。完善再生资源回收体系，实行垃圾分类回收，开发利用"城市矿产"，推进秸秆等农林废弃物以及建筑垃圾、餐厨废弃物资源化利用，发展再制造和再生利用产品，鼓励纺织品、汽车轮胎等废旧物品回收利用。推进煤矸石、矿渣等大宗固体废物综合利用。组织开展循环经济示范行动，大力推广循环经济典型模式。推进产业循环式组合，促进生产和生活系统的循环链接，构建覆盖全社会的资源循环利用体系。

（十三）加强资源节约。节约集约利用水、土地、矿产等资源，加强全过程管理，大幅降低资源消耗强度。加强用水需求管理，以水定需、量水而行，抑制不合理用水需求，促进人口、经济等与水资源相均衡，建设节水型社会。推广高效节水技术和产品，发展节水农业，加强城市节水，推进企业节水改造。积极开发利用再生水、矿井水、空中云水、海水等非常规水源，严控无序调水和人造水景工程，提高水资源安全保障水平。按照严控增量、盘活存量、优化结构、提高效率的原则，加强土地利用的规划管控、市场调节、标准控制和考核监管，严格土地用途管制，推广应用节地技术和模式。发展绿色矿业，加快推进绿色矿山建设，促进矿产资源高效利用，提高矿产资源开采回采率、选矿回收率和综合利用率。

五、加大自然生态系统和环境保护力度，切实改善生态环境质量

良好生态环境是最公平的公共产品，是最普惠的民生福祉。要严格源头预防、不欠新账，加快治理突出生态环境问题、多还旧账，让人民群众呼吸新鲜的空气，喝上干净的水，在良好的环境中生产生活。

（十四）保护和修复自然生态系统。加快生态安全屏障建设，形成以青藏高原、黄土高原－川滇、东北森林带、北方防沙带、南方丘陵山地带、近岸近海生态区以及大江大河重要水系为骨架，以其他重点生态功能区为重要支撑，以禁止开发区域为重要组成的生态安全战略格局。实施重大生态修复工程，扩大森林、湖泊、湿地面积，提高沙区、草原植被覆盖率，有序实现休养生息。加强森林保护，将天然林资源保护范围扩大到全国；大力开展植树造林和森林经营，稳定和扩大退耕还林范围，加快重点防护林体系建设；完善国有林场和国有林区经营管理体制，深化集体林权制度改革。严格落实禁牧休牧和草畜平衡制度，加快推进基本草原划定和保护工作；加大退牧还草力度，继续实行草原生态保护补助奖励政策；稳定和完善草原承包经营制度。启动湿地生态效益补偿和退耕还湿。加强水生生物保护，开展重要水域增殖放流活动。继续推进京津风沙源治理、黄土高原地区综合治理、石漠化综合治理，开展沙化土地封禁保护试点。加强水土保持，因地制宜推进小流域综合治理。实施地下水保护和超采漏斗区综合治理，逐步实现地下水采补平衡。强化农田生态保护，实施耕地质量保护与提升行动，加大退化、污染、损毁农田改良和修复力度，加强耕地质量调查监测与评价。实施生物多样性保护重大工程，建立监测评估与预警体系，健全国门生物安全查验机制，有效防范物种资源丧失和外来物种入侵，积极参加生物多样性国际公约谈判和履约工作。加强自然保护区建设与管理，对重要生态系统和物种资源实施强制性保护，切实保护珍稀濒危野生动植物、古树名木及自然生境。建立国家公园体制，实行分级、统一管理，保护自然生态和自然文化遗产原真性、完整性。研究建立江河湖泊生态水量保障机制。加快灾害调查评价、监测预警、防治和应急等防灾减灾体系建设。

（十五）全面推进污染防治。按照以人为本、防治结合、标本兼治、综合施策的原则，建立以保障人体健康为核心、以改善环境质量为目标、以防控环境风险为基线的环境管理体系，健全跨区域污染防治协调机制，加快解决人民群众反映强烈的大气、水、土壤污染等突出环境问题。继续落实大气污染防治行动计划，逐渐消除重污染天气，切实改善大气环境质量。实施水污染防治行动计划，严格饮用水源保护，全面推进涵养区、源头区等水源地环境整治，加强供水全过程管理，确保饮用水安全；加强重点流域、区域、近岸海域水污染防治和良好湖泊生态环境保护，控制和规范淡水养殖，严格入河（湖、海）排污管理；推进地下水污染防治。制定实施土壤污染防治行动计划，优先保护耕地土壤环境，强化工业污染场地治理，开展土壤污染治理与修复试点。加强农业面源污染防治，加大种养业特别是规模化畜禽养殖污染防治力度，科学施用化肥、农药，推广节能环保型炉灶，净化农产品产地和农村居民生活环境。加大城乡环境综合整治力度。推进重金属污染治理。开展矿山地质环境恢复和综合治理，推进尾矿安全、环保存放，妥善处理处置矿渣等大宗固体废物。建立健全化学品、持久性有机污染物、危险废物等环境风险防范与应急管理工作机制。切实加强核设施运行监管，确保核安全万无一失。

（十六）积极应对气候变化。坚持当前长远相互兼顾、减缓适应全面推进，通过节约能源和提高能效，优化能源结构，增加森林、草原、湿地、海洋碳汇等手段，有效控制二氧化碳、甲烷、氢氟碳化物、全氟化碳、六氟化硫等温室气体排放。提高适应气候变化特别是应对极端天气和气候事件能力，加强监测、预警和预防，提高农业、林业、水资源等重点领域和生态脆弱地区适应气候变化的水平。扎实推进低碳省区、城市、城镇、产业园区、社区试点。坚持共同但有区别的责任原则、公平原则、各自能力原则，积极建设性地参与应对气候变化国际谈判，推动建立公平合理的全球应对气候变化格局。

六、健全生态文明制度体系

加快建立系统完整的生态文明制度体系，引导、规范和约束各类开发、利用、保护自然资源的行为，用制度保护生态环境。

（十七）健全法律法规。全面清理现行法律法规中与加快推进生态文明建设不相适应的内容，加强法律法规间的衔接。研究制定节能评估审查、节水、应对气候变化、生态补偿、湿地保护、生物多样性保护、土壤环境保护等方面的法律法规，修订土地管理法、大气污染防治法、水污染防治法、节约能源法、循环经济促进法、矿产资源法、森林法、草原法、野生动物保护法等。

（十八）完善标准体系。加快制定修订一批能耗、水耗、地耗、污染物排放、环境质量等方面的标准，实施能效和排污强度"领跑者"制度，加快标准升级步伐。提高建筑物、道路、桥梁等建设标准。环境容量较小、生态环境脆弱、环境风险高的地区要执行污染物特别排放限值。鼓励各地区依法制定更加严格的地方标准。建立与国际接轨、适应我国国情的能效和环保标识认证制度。

（十九）健全自然资源资产产权制度和用途管制制度。对水流、森林、山岭、草原、荒地、滩涂等自然生态空间进行统一确权登记，明确国土空间的自然资源资产所有者、监管者及其责任。完善自然资源资产用途管制制度，明确各类国土空间开发、利用、保护边界，实现能源、水资源、矿产资源按质量分级、梯级利用。严格节能评估审查、水资源论证和取水许可制度。坚持并完善最严格的耕地保护和节约用地制度，强化土地利用总体规划和年度计划管控，加强土地用途转用许可管理。完善矿产资源规划制度，强化矿产开发准入管理。有序推进国家自然资源资产管理体制改革。

（二十）完善生态环境监管制度。建立严格监管所有污染物排放的环境保护管理制度。完善污染物排放许可证制度，禁止无证排污和超标准、超总量排污。违法排放污染物、造成或可能造成严重污染的，要依法查封扣押排放污染物的设施设备。对严重污染环境的工艺、设备和产品实行淘汰制度。实行企事业单位污染物排放总量控制制度，适时调整主要污染物指标种类，纳入约束性指标。健全环境影响评价、清洁生产审核、环境信息公开等制度。建立生态保护修复和污染防治区域联动机制。

（二十一）严守资源环境生态红线。树立底线思维，设定并严守资源消耗上限、环境质量底线、生态保护红线，将各类开发活动限制在资源环境承载能力之内。合理设定资源消耗"天花板"，加强能源、水、土地等战略性资源管控，强化能源消耗强度控制，做好能源消费总量管理。继续实施水资源开发利用控制、用水效率控制、水功能区限制纳污三条红线管理。划定永久基本农田，严格实施永久保护，对新增建设用地占用耕地规模实行总量控制，落实耕地占补平衡，确保耕地数量不下降、质量不降低。严守环境质量底线，将大气、水、土壤等环境质量"只能更好、不能变坏"作为地方各级政府环保责任红线，相应确定污染物排放总量限值和环境风险防控措施。在重点生态功能区、生态环境敏感区和脆弱区等区域划定生态红线，确保生态功能不降低、面积不减少、性质不改变；科学划定森林、草原、湿地、海洋等领域生态红线，严格自然生态空间征（占）用管理，有效遏制生态系统退化的趋势。探索建立资源环境承载能力监测预警机制，对资源消耗和环境容量接近或超过承载能力的地区，及时采取区域限批等限制性措施。

（二十二）完善经济政策。健全价格、财税、金融等政策，激励、引导各类主体积极投身生态文明建设。深化自然资源及其产品价格改革，凡是能由市场形成价格的都交给市场，政府定价要体现基本需求与非基本需求以及资源利用效率高低的差异，体现生态环境损害成本和修复效益。进一步深化矿产资源有偿使用制度改革，调整矿业权使用费征收标准。加大财政资金投入，统筹有关资金，对资源节约和循环利用、新能源和可再生能源开发利用、环境基础设施建设、生态修复与建设、先进适用技术研发示范等给予支持。将高耗能、高污染产品纳入消费税征收范围。推动环境保护费改税。加快资源税从价计征改革，清理取消相关收费基金，逐步将资源税征收范围扩展到占用各种自然生态空间。完善节能环保、新能源、生态建设的税收优惠政策。推广绿色信贷，支持符合条件的项目通过资本市场融资。探索排污权抵押等融资模式。深化环境污染责任保险试点，研究建立巨灾保险制度。

（二十三）推行市场化机制。加快推行合同能源管理、节能低碳产品和有机产品认证、能效标识管理等机制。推进节能发电调度，优先调度可再生能源发电资源，按机组能耗和污染物排放水平依次调用化石类能源发电资源。建立节能量、碳排放权交易制度，深化交易试点，推动建立全国碳排放权交易市场。加快水权交易试点，培育和规范水权市场。全面推进矿业权市场建设。扩大排污权有偿使用和交易试点范围，发展排污权交易市场。积极推进环境污染第三方治理，引入社会力量投入环境污染治理。

（二十四）健全生态保护补偿机制。科学界定生态保护者与受益者权利义务，加快形成生态损害者赔偿、受益者付费、保护者得到合理补偿的运行机制。结合深化财税体制改革，完善转移支付制度，归并和规范现有生态保护补偿渠道，加大对重点生态功能区的转移支付力度，逐步提高其基本公共服务水平。建立地区间横向生态保护补偿机制，引导生态受益地区与保护地区之间、流域上游与下游之间，通过资金补助、产业转移、人才培训、共建园区等方式实施补偿。建立独立公正的生态环境损害评估制度。

（二十五）健全政绩考核制度。建立体现生态文明要求的目标体系、考核办法、奖惩机制。把资源消耗、环境损害、生态效益等指标纳入经济社会发展综合评价体系，大幅增加考核权重，强化指标约束，不唯经济增长论英雄。完善政绩考核办法，根据区域主体功能定位，实行差别化的考核制度。对限制开发区域、禁止开发区域和生态脆弱的国家扶贫开发工作重点县，取消地区生产总值考核；对农产品主产区和重点生态功能区，分别实行农业优先和生态保护优先的绩效评价；对禁止开发的重点生态功能区，重点评价其自然文化资源的原真性、完整性。根据考核评价结果，对生态文明建设成绩突出的地区、单位和个人给予表彰奖励。探索编制自然资源资产负债表，对领导干部实行自然资源资产和环境责任离任审计。

（二十六）完善责任追究制度。建立领导干部任期生态文明建设责任制，完善节能减排目标责任考核及问责制度。严格责任追究，对违背科学发展要求、造成资源环境生态严重破坏的要记录在案，实行终身追责，不得转任重要职务或提拔使用，已经调离的也要问责。对推动生态文明建设工作不力的，要及时诫勉谈话；对不顾资源和生态环境盲目决策、造成严重后果的，要严肃追究有关人员的领导责任；对履职不力、监管不严、失职渎职的，要依纪依法追究有关人员的监管责任。

七、加强生态文明建设统计监测和执法监督

坚持问题导向，针对薄弱环节，加强统计监测、执法监督，为推进生态文明建设提供有力保障。

（二十七）加强统计监测。建立生态文明综合评价指标体系。加快推进对能源、矿产资源、水、大气、森林、草原、湿地、海洋和水土流失、沙化土地、土壤环境、地质环境、温室气体等的统计监测核算能力建设，提升信息化水平，提高准确性、及时性，实现信息共享。加快重点用能单位能源消耗在线监测体系建设。建立循环经济统计指标体系、矿产资源合理开发利用评价指标体系。利用卫星遥感等技术手段，对自然资源和生态环境保护状况开展全天候监测，健全覆盖所有资源环境要素的监测网络体系。提高环境风险防控和突发环境事件应急能力，健全环境与健康调查、监测和风险评估制度。定期开展全国生态状况调查和评估。加大各级政府预算内投资等财政性资金对统计监测等基础能力建设的支持力度。

（二十八）强化执法监督。加强法律监督、行政监察，对各类环境违法违规行为实行"零容忍"，加大查处力度，严厉惩处违法违规行为。强化对浪费能源资源、违法排污、破坏生态环境等行为的执法监察和专项督察。资源环境监管机构独立开展行政执法，禁止领导干部违法违规干预执法活动。健全行政执法与刑事司法的衔接机制，加强基层执法队伍、环境应急处置救援队伍建设。强化对资源开发和交通建设、旅游开发等活动的生态环境监管。

八、加快形成推进生态文明建设的良好社会风尚

生态文明建设关系各行各业、千家万户。要充分发挥人民群众的积极性、主动性、创造性，凝聚民心、集中民智、汇集民力，实现生活方式绿色化。

（二十九）提高全民生态文明意识。积极培育生态文化、生态道德，使生态文明成为社会主流价值观，成为社会主义核心价值观的重要内容。从娃娃和青少年抓起，从家庭、学校教育抓起，引导全社会树立生态文明意识。把生态文明教育作为素质教育的重要内容，纳入国民教育体系和干部教育培训体系。将生态文化作为现代公共文化服务体系建设的重要内容，挖掘优秀传统生态文化思想和资源，创作一批文化作品，创建一批教育基地，满足广大人民群众对生态文化的需求。通过典型示范、展览展示、岗位创建等形式，广泛动员全民参与生态文明建设。组织好世界地球日、世界环境日、世界森林日、世界水日、世界海洋日和全国节能宣传周等主题宣传活动。充分发挥新闻媒体作用，树立理性、积极的舆论导向，加强资源环境国情宣传，普及生态文明法律法规、科学知识等，报道先进典型，曝光反面事例，提高公众节约意识、环保意识、生态意识，形成人人、事事、时时崇尚生态文明的社会氛围。

（三十）培育绿色生活方式。倡导勤俭节约的消费观。广泛开展绿色生活行动，推动全民在衣、食、住、行、游等方面加快向勤俭节约、绿色低碳、文明健康的方式转变，坚决抵制和反对各种形式的奢侈浪费、不合理消费。积极引导消费者购买节能与新能源汽车、高能效家电、节水型器具等节能环保低碳产品，减少一次性用品的使用，限制过度包装。大力推广绿色低碳出行，倡导绿色生活和休闲模式，严格限制发展高耗能、高耗水服务业。在餐饮企业、单位食堂、家庭全方位开展反食品浪费行动。党政机关、国有企业要带头厉行勤俭节约。

（三十一）鼓励公众积极参与。完善公众参与制度，及时准确披露各类环境信息，扩大公开范围，保障公众知情权，维护公众环境权益。健全举报、听证、舆论和公众监督等制度，构建全民参与的社会行动体系。建立环境公益诉讼制度，对污染环境、破坏生态的行为，有关组织可提起公益诉讼。在建设项目立项、实施、后评价等环节，有序增强公众参与程度。引导生态文明建设领域各类社会组织健康有序发展，发挥民间组织和志愿者的积极作用。

九、切实加强组织领导

健全生态文明建设领导体制和工作机制，勇于探索和创新，推动生态文明建设蓝图逐步成为现实。

（三十二）强化统筹协调。各级党委和政府对本地区生态文明建设负总责，要建立协调机制，形成有利于推进生态文明建设的工作格局。各有关部门要按照职责分工，密切协调配合，形成生态文明建设的强大合力。

（三十三）探索有效模式。抓紧制定生态文明体制改革总体方案，深入开展生态文明先行示范区建设，研究不同发展阶段、资源环境禀赋、主体功能定位地区生态文明建设的有效模式。各地区要抓住制约本地区生态文明建设的瓶颈，在生态文明制度创新方面积极实践，力争取得重大突破。及时总结有效做法和成功经验，完善政策措施，形成有效模式，

加大推广力度。

（三十四）广泛开展国际合作。统筹国内国际两个大局，以全球视野加快推进生态文明建设，树立负责任大国形象，把绿色发展转化为新的综合国力、综合影响力和国际竞争新优势。发扬包容互鉴、合作共赢的精神，加强与世界各国在生态文明领域的对话交流和务实合作，引进先进技术装备和管理经验，促进全球生态安全。加强南南合作，开展绿色援助，对其他发展中国家提供支持和帮助。

（三十五）抓好贯彻落实。各级党委和政府及中央有关部门要按照本意见要求，抓紧提出实施方案，研究制定与本意见相衔接的区域性、行业性和专题性规划，明确目标任务、责任分工和时间要求，确保各项政策措施落到实处。各地区各部门贯彻落实情况要及时向党中央、国务院报告，同时抄送国家发展改革委。中央就贯彻落实情况适时组织开展专项监督检查。

附 录 **203**

附录二

中共中央　国务院关于全面加强生态环境保护
坚决打好污染防治攻坚战的意见
（2018 年 6 月 16 日）

良好生态环境是实现中华民族永续发展的内在要求，是增进民生福祉的优先领域。为深入学习贯彻习近平新时代中国特色社会主义思想和党的十九大精神，决胜全面建成小康社会，全面加强生态环境保护，打好污染防治攻坚战，提升生态文明，建设美丽中国，现提出如下意见。

一、深刻认识生态环境保护面临的形势

党的十八大以来，以习近平同志为核心的党中央把生态文明建设作为统筹推进"五位一体"总体布局和协调推进"四个全面"战略布局的重要内容，谋划开展了一系列根本性、长远性、开创性工作，推动生态文明建设和生态环境保护从实践到认识发生了历史性、转折性、全局性变化。各地区各部门认真贯彻落实党中央、国务院决策部署，生态文明建设和生态环境保护制度体系加快形成，全面节约资源有效推进，大气、水、土壤污染防治行动计划深入实施，生态系统保护和修复重大工程进展顺利，核与辐射安全得到有效保障，生态文明建设成效显著，美丽中国建设迈出重要步伐，我国成为全球生态文明建设的重要参与者、贡献者、引领者。

同时，我国生态文明建设和生态环境保护面临不少困难和挑战，存在许多不足。一些地方和部门对生态环境保护认识不到位，责任落实不到位；经济社会发展同生态环境保护的矛盾仍然突出，资源环境承载能力已经达到或接近上限；城乡区域统筹不够，新老环境问题交织，区域性、布局性、结构性环境风险凸显，重污染天气、黑臭水体、垃圾围城、生态破坏等问题时有发生。这些问题，成为重要的民生之患、民心之痛，成为经济社会可持续发展的瓶颈制约，成为全面建成小康社会的明显短板。

进入新时代，解决人民日益增长的美好生活需要和不平衡不充分的发展之间的矛盾对生态环境保护提出许多新要求。当前，生态文明建设正处于压力叠加、负重前行的关键期，已进入提供更多优质生态产品以满足人民日益增长的优美生态环境需要的攻坚期，也到了有条件有能力解决突出生态环境问题的窗口期。必须加大力度、加快治理、加紧攻坚，打好标志性的重大战役，为人民创造良好生产生活环境。

二、深入贯彻习近平生态文明思想

习近平总书记传承中华民族传统文化、顺应时代潮流和人民意愿，站在坚持和发展中国特色社会主义、实现中华民族伟大复兴中国梦的战略高度，深刻回答了为什么建设生态文明、建设什么样的生态文明、怎样建设生态文明等重大理论和实践问题，系统形成了习近平生态文明思想，有力指导生态文明建设和生态环境保护取得历史性成就、发生历史性

变革。

坚持生态兴则文明兴。建设生态文明是关系中华民族永续发展的根本大计，功在当代、利在千秋，关系人民福祉，关乎民族未来。

坚持人与自然和谐共生。保护自然就是保护人类，建设生态文明就是造福人类。必须尊重自然、顺应自然、保护自然，像保护眼睛一样保护生态环境，像对待生命一样对待生态环境，推动形成人与自然和谐发展现代化建设新格局，还自然以宁静、和谐、美丽。

坚持绿水青山就是金山银山。绿水青山既是自然财富、生态财富，又是社会财富、经济财富。保护生态环境就是保护生产力，改善生态环境就是发展生产力。必须坚持和贯彻绿色发展理念，平衡和处理好发展与保护的关系，推动形成绿色发展方式和生活方式，坚定不移走生产发展、生活富裕、生态良好的文明发展道路。

坚持良好生态环境是最普惠的民生福祉。生态文明建设同每个人息息相关。环境就是民生，青山就是美丽，蓝天也是幸福。必须坚持以人民为中心，重点解决损害群众健康的突出环境问题，提供更多优质生态产品。

坚持山水林田湖草是生命共同体。生态环境是统一的有机整体。必须按照系统工程的思路，构建生态环境治理体系，着力扩大环境容量和生态空间，全方位、全地域、全过程开展生态环境保护。

坚持用最严格制度最严密法治保护生态环境。保护生态环境必须依靠制度、依靠法治。必须构建产权清晰、多元参与、激励约束并重、系统完整的生态文明制度体系，让制度成为刚性约束和不可触碰的高压线。

坚持建设美丽中国全民行动。美丽中国是人民群众共同参与共同建设共同享有的事业。必须加强生态文明宣传教育，牢固树立生态文明价值观念和行为准则，把建设美丽中国化为全民自觉行动。

坚持共谋全球生态文明建设。生态文明建设是构建人类命运共同体的重要内容。必须同舟共济、共同努力，构筑尊崇自然、绿色发展的生态体系，推动全球生态环境治理，建设清洁美丽世界。

习近平生态文明思想为推进美丽中国建设、实现人与自然和谐共生的现代化提供了方向指引和根本遵循，必须用以武装头脑、指导实践、推动工作。要教育广大干部增强"四个意识"，树立正确政绩观，把生态文明建设重大部署和重要任务落到实处，让良好生态环境成为人民幸福生活的增长点、成为经济社会持续健康发展的支撑点、成为展现我国良好形象的发力点。

三、全面加强党对生态环境保护的领导

加强生态环境保护、坚决打好污染防治攻坚战是党和国家的重大决策部署，各级党委和政府要强化对生态文明建设和生态环境保护的总体设计和组织领导，统筹协调处理重大问题，指导、推动、督促各地区各部门落实党中央、国务院重大政策措施。

（一）落实党政主体责任。落实领导干部生态文明建设责任制，严格实行党政同责、一岗双责。地方各级党委和政府必须坚决扛起生态文明建设和生态环境保护的政治责任，对本行政区域的生态环境保护工作及生态环境质量负总责，主要负责人是本行政区域生态环境保护第一责任人，至少每季度研究一次生态环境保护工作，其他有关领导成员在职责

范围内承担相应责任。各地要制定责任清单，把任务分解落实到有关部门。抓紧出台中央和国家机关相关部门生态环境保护责任清单。各相关部门要履行好生态环境保护职责，制定生态环境保护年度工作计划和措施。各地区各部门落实情况每年向党中央、国务院报告。

健全环境保护督察机制。完善中央和省级环境保护督察体系，制定环境保护督察工作规定，以解决突出生态环境问题、改善生态环境质量、推动高质量发展为重点，夯实生态文明建设和生态环境保护政治责任，推动环境保护督察向纵深发展。完善督查、交办、巡查、约谈、专项督察机制，开展重点区域、重点领域、重点行业专项督察。

（二）强化考核问责。制定对省（自治区、直辖市）党委、人大、政府以及中央和国家机关有关部门污染防治攻坚战成效考核办法，对生态环境保护立法执法情况、年度工作目标任务完成情况、生态环境质量状况、资金投入使用情况、公众满意程度等相关方面开展考核。各地参照制定考核实施细则。开展领导干部自然资源资产离任审计。考核结果作为领导班子和领导干部综合考核评价、奖惩任免的重要依据。

严格责任追究。对省（自治区、直辖市）党委和政府以及负有生态环境保护责任的中央和国家机关有关部门贯彻落实党中央、国务院决策部署不坚决不彻底、生态文明建设和生态环境保护责任制执行不到位、污染防治攻坚任务完成严重滞后、区域生态环境问题突出的，约谈主要负责人，同时责成其向党中央、国务院作出深刻检查。对年度目标任务未完成、考核不合格的市、县，党政主要负责人和相关领导班子成员不得评优评先。对在生态环境方面造成严重破坏负有责任的干部，不得提拔使用或者转任重要职务。对不顾生态环境盲目决策、违法违规审批开发利用规划和建设项目的，对造成生态环境质量恶化、生态严重破坏的，对生态环境事件多发高发、应对不力、群众反映强烈的，对生态环境保护责任没有落实、推诿扯皮、没有完成工作任务的，依纪依法严格问责、终身追责。

四、总体目标和基本原则

（一）总体目标。到 2020 年，生态环境质量总体改善，主要污染物排放总量大幅减少，环境风险得到有效管控，生态环境保护水平同全面建成小康社会目标相适应。

具体指标：全国细颗粒物（$PM_{2.5}$）未达标地级及以上城市浓度比 2015 年下降 18%以上，地级及以上城市空气质量优良天数比率达到 80%以上；全国地表水 I～III 类水体比例达到 70%以上，劣 V 类水体比例控制在 5%以内；近岸海域水质优良（一、二类）比例达到 70%左右；二氧化硫、氮氧化物排放量比 2015 年减少 15%以上，化学需氧量、氨氮排放量减少 10%以上；受污染耕地安全利用率达到 90%左右，污染地块安全利用率达到 90%以上；生态保护红线面积占比达到 25%左右；森林覆盖率达到 23.04%以上。

通过加快构建生态文明体系，确保到 2035 年节约资源和保护生态环境的空间格局、产业结构、生产方式、生活方式总体形成，生态环境质量实现根本好转，美丽中国目标基本实现。到本世纪中叶，生态文明全面提升，实现生态环境领域国家治理体系和治理能力现代化。

（二）基本原则

——坚持保护优先。落实生态保护红线、环境质量底线、资源利用上线硬约束，深化供给侧结构性改革，推动形成绿色发展方式和生活方式，坚定不移走生产发展、生活富裕、生态良好的文明发展道路。

——强化问题导向。以改善生态环境质量为核心，针对流域、区域、行业特点，聚焦问题、分类施策、精准发力，不断取得新成效，让人民群众有更多获得感。

——突出改革创新。深化生态环境保护体制机制改革，统筹兼顾、系统谋划，强化协调、整合力量，区域协作、条块结合，严格环境标准，完善经济政策，增强科技支撑和能力保障，提升生态环境治理的系统性、整体性、协同性。

——注重依法监管。完善生态环境保护法律法规体系，健全生态环境保护行政执法和刑事司法衔接机制，依法严惩重罚生态环境违法犯罪行为。

——推进全民共治。政府、企业、公众各尽其责、共同发力，政府积极发挥主导作用，企业主动承担环境治理主体责任，公众自觉践行绿色生活。

五、推动形成绿色发展方式和生活方式

坚持节约优先，加强源头管控，转变发展方式，培育壮大新兴产业，推动传统产业智能化、清洁化改造，加快发展节能环保产业，全面节约能源资源，协同推动经济高质量发展和生态环境高水平保护。

（一）促进经济绿色低碳循环发展。对重点区域、重点流域、重点行业和产业布局开展规划环评，调整优化不符合生态环境功能定位的产业布局、规模和结构。严格控制重点流域、重点区域环境风险项目。对国家级新区、工业园区、高新区等进行集中整治，限期进行达标改造。加快城市建成区、重点流域的重污染企业和危险化学品企业搬迁改造，2018年年底前，相关城市政府就此制定专项计划并向社会公开。促进传统产业优化升级，构建绿色产业链体系。继续化解过剩产能，严禁钢铁、水泥、电解铝、平板玻璃等行业新增产能，对确有必要新建的必须实施等量或减量置换。加快推进危险化学品生产企业搬迁改造工程。提高污染排放标准，加大钢铁等重点行业落后产能淘汰力度，鼓励各地制定范围更广、标准更严的落后产能淘汰政策。构建市场导向的绿色技术创新体系，强化产品全生命周期绿色管理。大力发展节能环保产业、清洁生产产业、清洁能源产业，加强科技创新引领，着力引导绿色消费，大力提高节能、环保、资源循环利用等绿色产业技术装备水平，培育发展一批骨干企业。大力发展节能和环境服务业，推行合同能源管理、合同节水管理，积极探索区域环境托管服务等新模式。鼓励新业态发展和模式创新。在能源、冶金、建材、有色、化工、电镀、造纸、印染、农副食品加工等行业，全面推进清洁生产改造或清洁化改造。

（二）推进能源资源全面节约。强化能源和水资源消耗、建设用地等总量和强度双控行动，实行最严格的耕地保护、节约用地和水资源管理制度。实施国家节水行动，完善水价形成机制，推进节水型社会和节水型城市建设，到2020年，全国用水总量控制在6700亿立方米以内。健全节能、节水、节地、节材、节矿标准体系，大幅降低重点行业和企业能耗、物耗，推行生产者责任延伸制度，实现生产系统和生活系统循环链接。鼓励新建建筑采用绿色建材，大力发展装配式建筑，提高新建绿色建筑比例。以北方采暖地区为重点，推进既有居住建筑节能改造。积极应对气候变化，采取有力措施确保完成2020年控制温室气体排放行动目标。扎实推进全国碳排放权交易市场建设，统筹深化低碳试点。

（三）引导公众绿色生活。加强生态文明宣传教育，倡导简约适度、绿色低碳的生活方式，反对奢侈浪费和不合理消费。开展创建绿色家庭、绿色学校、绿色社区、绿色商场、

绿色餐馆等行动。推行绿色消费，出台快递业、共享经济等新业态的规范标准，推广环境标志产品、有机产品等绿色产品。提倡绿色居住，节约用水用电，合理控制夏季空调和冬季取暖室内温度。大力发展公共交通，鼓励自行车、步行等绿色出行。

六、坚决打赢蓝天保卫战

编制实施打赢蓝天保卫战三年作战计划，以京津冀及周边、长三角、汾渭平原等重点区域为主战场，调整优化产业结构、能源结构、运输结构、用地结构，强化区域联防联控和重污染天气应对，进一步明显降低 $PM_{2.5}$ 浓度，明显减少重污染天数，明显改善大气环境质量，明显增强人民的蓝天幸福感。

（一）加强工业企业大气污染综合治理。全面整治"散乱污"企业及集群，实行拉网式排查和清单式、台账式、网格化管理，分类实施关停取缔、整合搬迁、整改提升等措施，京津冀及周边区域 2018 年年底前完成，其他重点区域 2019 年年底前完成。坚决关停用地、工商手续不全并难以通过改造达标的企业，限期治理可以达标改造的企业，逾期依法一律关停。强化工业企业无组织排放管理，推进挥发性有机物排放综合整治，开展大气氨排放控制试点。到 2020 年，挥发性有机物排放总量比 2015 年下降 10%以上。重点区域和大气污染严重城市加大钢铁、铸造、炼焦、建材、电解铝等产能压减力度，实施大气污染物特别排放限值。加大排放高、污染重的煤电机组淘汰力度，在重点区域加快推进。到 2020 年，具备改造条件的燃煤电厂全部完成超低排放改造，重点区域不具备改造条件的高污染燃煤电厂逐步关停。推动钢铁等行业超低排放改造。

（二）大力推进散煤治理和煤炭消费减量替代。增加清洁能源使用，拓宽清洁能源消纳渠道，落实可再生能源发电全额保障性收购政策。安全高效发展核电。推动清洁低碳能源优先上网。加快重点输电通道建设，提高重点区域接受外输电比例。因地制宜、加快实施北方地区冬季清洁取暖五年规划。鼓励余热、浅层地热能等清洁能源取暖。加强煤层气（煤矿瓦斯）综合利用，实施生物天然气工程。到 2020 年，京津冀及周边、汾渭平原的平原地区基本完成生活和冬季取暖散煤替代；北京、天津、河北、山东、河南及珠三角区域煤炭消费总量比 2015 年均下降 10%左右，上海、江苏、浙江、安徽及汾渭平原煤炭消费总量均下降 5%左右；重点区域基本淘汰每小时 35 蒸吨以下燃煤锅炉。推广清洁高效燃煤锅炉。

（三）打好柴油货车污染治理攻坚战。以开展柴油货车超标排放专项整治为抓手，统筹开展油、路、车治理和机动车船污染防治。严厉打击生产销售不达标车辆、排放检验机构检测弄虚作假等违法行为。加快淘汰老旧车，鼓励清洁能源车辆、船舶的推广使用。建设"天地车人"一体化的机动车排放监控系统，完善机动车遥感监测网络。推进钢铁、电力、电解铝、焦化等重点工业企业和工业园区货物由公路运输转向铁路运输。显著提高重点区域大宗货物铁路水路货运比例，提高沿海港口集装箱铁路集疏港比例。重点区域提前实施机动车国六排放标准，严格实施船舶和非道路移动机械大气排放标准。鼓励淘汰老旧船舶、工程机械和农业机械。落实珠三角、长三角、环渤海京津冀水域船舶排放控制区管理政策，全国主要港口和排放控制区内港口靠港船舶率先使用岸电。到 2020 年，长江干线、西江航运干线、京杭运河水上服务区和待闸锚地基本具备船舶岸电供应能力。2019 年 1 月 1 日起，全国供应符合国六标准的车用汽油和车用柴油，力争重点区域提前供应。尽快实现车用柴油、普通柴油和部分船舶用油标准并轨。内河和江海直达船舶必须使用硫含量不大于 10 毫克/千克的柴油。严厉打击生产、销售和使用非标车（船）用燃料行为，彻底清除黑加油站点。

（四）强化国土绿化和扬尘管控。积极推进露天矿山综合整治，加快环境修复和绿化。开展大规模国土绿化行动，加强北方防沙带建设，实施京津风沙源治理工程、重点防护林工程，增加林草覆盖率。在城市功能疏解、更新和调整中，将腾退空间优先用于留白增绿。落实城市道路和城市范围内施工工地等扬尘管控。

（五）有效应对重污染天气。强化重点区域联防联控联治，统一预警分级标准、信息发布、应急响应，提前采取应急减排措施，实施区域应急联动，有效降低污染程度。完善应急预案，明确政府、部门及企业的应急责任，科学确定重污染期间管控措施和污染源减排清单。指导公众做好重污染天气健康防护。推进预测预报预警体系建设，2018 年年底前，进一步提升国家级空气质量预报能力，区域预报中心具备 7 至 10 天空气质量预报能力，省级预报中心具备 7 天空气质量预报能力并精确到所辖各城市。重点区域采暖季节，对钢铁、焦化、建材、铸造、电解铝、化工等重点行业企业实施错峰生产。重污染期间，对钢铁、焦化、有色、电力、化工等涉及大宗原材料及产品运输的重点企业实施错峰运输；强化城市建设施工工地扬尘管控措施，加强道路机扫。依法严禁秸秆露天焚烧，全面推进综合利用。到 2020 年，地级及以上城市重污染天数比 2015 年减少 25%。

七、着力打好碧水保卫战

深入实施水污染防治行动计划，扎实推进河长制湖长制，坚持污染减排和生态扩容两手发力，加快工业、农业、生活污染源和水生态系统整治，保障饮用水安全，消除城市黑臭水体，减少污染严重水体和不达标水体。

（一）打好水源地保护攻坚战。加强水源水、出厂水、管网水、末梢水的全过程管理。划定集中式饮用水水源保护区，推进规范化建设。强化南水北调水源地及沿线生态环境保护。深化地下水污染防治。全面排查和整治县级及以上城市水源保护区内的违法违规问题，长江经济带于 2018 年年底前、其他地区于 2019 年年底前完成。单一水源供水的地级及以上城市应当建设应急水源或备用水源。定期监（检）测、评估集中式饮用水水源、供水单位供水和用户水龙头水质状况，县级及以上城市至少每季度向社会公开一次。

（二）打好城市黑臭水体治理攻坚战。实施城镇污水处理"提质增效"三年行动，加快补齐城镇污水收集和处理设施短板，尽快实现污水管网全覆盖、全收集、全处理。完善污水处理收费政策，各地要按规定将污水处理收费标准尽快调整到位，原则上应补偿到污水处理和污泥处置设施正常运营并合理盈利。对中西部地区，中央财政给予适当支持。加强城市初期雨水收集处理设施建设，有效减少城市面源污染。到 2020 年，地级及以上城市建成区黑臭水体消除比例达 90% 以上。鼓励京津冀、长三角、珠三角区域城市建成区尽早全面消除黑臭水体。

（三）打好长江保护修复攻坚战。开展长江流域生态隐患和环境风险调查评估，划定高风险区域，从严实施生态环境风险防控措施。优化长江经济带产业布局和规模，严禁污染型产业、企业向上中游地区转移。排查整治入河入湖排污口及不达标水体，市、县级政府制定实施不达标水体限期达标规划。到 2020 年，长江流域基本消除劣 V 类水体。强化船舶和港口污染防治，现有船舶到 2020 年全部完成达标改造，港口、船舶修造厂环卫设施、污水处理设施纳入城市设施建设规划。加强沿河环湖生态保护，修复湿地等水生态系统，因地制宜建设人工湿地水质净化工程。实施长江流域上中游水库群联合调度，保障干流、主要支流和湖泊基本生态用水。

（四）打好渤海综合治理攻坚战。以渤海海区的渤海湾、辽东湾、莱州湾、辽河口、黄河口等为重点，推动河口海湾综合整治。全面整治入海污染源，规范入海排污口设置，全部清理非法排污口。严格控制海水养殖等造成的海上污染，推进海洋垃圾防治和清理。率先在渤海实施主要污染物排海总量控制制度，强化陆海污染联防联控，加强入海河流治理与监管。实施最严格的围填海和岸线开发管控，统筹安排海洋空间利用活动。渤海禁止审批新增围填海项目，引导符合国家产业政策的项目消化存量围填海资源，已审批但未开工的项目要依法重新进行评估和清理。

（五）打好农业农村污染治理攻坚战。以建设美丽宜居村庄为导向，持续开展农村人居环境整治行动，实现全国行政村环境整治全覆盖。到 2020 年，农村人居环境明显改善，村庄环境基本干净整洁有序，东部地区、中西部城市近郊区等有基础、有条件的地区人居环境质量全面提升，管护长效机制初步建立；中西部有较好基础、基本具备条件的地区力争实现 90% 左右的村庄生活垃圾得到治理，卫生厕所普及率达到 85% 左右，生活污水乱排乱放得到管控。减少化肥农药使用量，制修订并严格执行化肥农药等农业投入品质量标准，严格控制高毒高风险农药使用，推进有机肥替代化肥、病虫害绿色防控替代化学防治和废弃农膜回收，完善废旧地膜和包装废弃物等回收处理制度。到 2020 年，化肥农药使用量实现零增长。坚持种植和养殖相结合，就地就近消纳利用畜禽养殖废弃物。合理布局水产养殖空间，深入推进水产健康养殖，开展重点江河湖库及重点近岸海域破坏生态环境的养殖方式综合整治。到 2020 年，全国畜禽粪污综合利用率达到 75% 以上，规模养殖场粪污处理设施装备配套率达到 95% 以上。

八、扎实推进净土保卫战

全面实施土壤污染防治行动计划，突出重点区域、行业和污染物，有效管控农用地和城市建设用地土壤环境风险。

（一）强化土壤污染管控和修复。加强耕地土壤环境分类管理。严格管控重度污染耕地，严禁在重度污染耕地种植食用农产品。实施耕地土壤环境治理保护重大工程，开展重点地区涉重金属行业排查和整治。2018 年年底前，完成农用地土壤污染状况详查。2020 年年底前，编制完成耕地土壤环境质量分类清单。建立建设用地土壤污染风险管控和修复名录，列入名录且未完成治理修复的地块不得作为住宅、公共管理与公共服务用地。建立污染地块联动监管机制，将建设用地土壤环境管理要求纳入用地规划和供地管理，严格控制用地准入，强化暂不开发污染地块的风险管控。2020 年年底前，完成重点行业企业用地土壤污染状况调查。严格土壤污染重点行业企业搬迁改造过程中拆除活动的环境监管。

（二）加快推进垃圾分类处理。到 2020 年，实现所有城市和县城生活垃圾处理能力全覆盖，基本完成非正规垃圾堆放点整治；直辖市、计划单列市、省会城市和第一批分类示范城市基本建成生活垃圾分类处理系统。推进垃圾资源化利用，大力发展垃圾焚烧发电。推进农村垃圾就地分类、资源化利用和处理，建立农村有机废弃物收集、转化、利用网络体系。

（三）强化固体废物污染防治。全面禁止洋垃圾入境，严厉打击走私，大幅减少固体废物进口种类和数量，力争 2020 年年底前基本实现固体废物零进口。开展"无废城市"试点，推动固体废物资源化利用。调查、评估重点工业行业危险废物产生、贮存、利用、处置情况。完善危险废物经营许可、转移等管理制度，建立信息化监管体系，提升危险废物处理处置能力，实施全过程监管。严厉打击危险废物非法跨界转移、倾倒等违法犯罪活动。深入推进长江经济带固体废物大排查活动。评估有毒有害化学品在生态环境中的风险状况，严格限制高风险化学品生产、使用、进出口，并逐步淘汰、替代。

九、加快生态保护与修复

坚持自然恢复为主，统筹开展全国生态保护与修复，全面划定并严守生态保护红线，提升生态系统质量和稳定性。

（一）划定并严守生态保护红线。按照应保尽保、应划尽划的原则，将生态功能重要区域、生态环境敏感脆弱区域纳入生态保护红线。到 2020 年，全面完成全国生态保护红线划定、勘界定标，形成生态保护红线全国"一张图"，实现一条红线管控重要生态空间。制定实施生态保护红线管理办法、保护修复方案，建设国家生态保护红线监管平台，开展生态保护红线监测预警与评估考核。

（二）坚决查处生态破坏行为。2018 年年底前，县级及以上地方政府全面排查违法违规挤占生态空间、破坏自然遗迹等行为，制定治理和修复计划并向社会公开。开展病危险尾矿库和"头顶库"专项整治。持续开展"绿盾"自然保护区监督检查专项行动，严肃查处各类违法违规行为，限期进行整治修复。

（三）建立以国家公园为主体的自然保护地体系。到 2020 年，完成全国自然保护区范围界限核准和勘界立标，整合设立一批国家公园，自然保护地相关法规和管理制度基本建立。对生态严重退化地区实行封禁管理，稳步实施退耕还林还草和退牧还草，扩大轮作休耕试点，全面推行草原禁牧休牧和草畜平衡制度。依法依规解决自然保护地内的矿业权合理退出问题。全面保护天然林，推进荒漠化、石漠化、水土流失综合治理，强化湿地保护和恢复。加强休渔禁渔管理，推进长江、渤海等重点水域禁捕限捕，加强海洋牧场建设，加大渔业资源增殖放流。推动耕地草原森林河流湖泊海洋休养生息。

十、改革完善生态环境治理体系

深化生态环境保护管理体制改革，完善生态环境管理制度，加快构建生态环境治理体系，健全保障举措，增强系统性和完整性，大幅提升治理能力。

（一）完善生态环境监管体系。整合分散的生态环境保护职责，强化生态保护修复和污染防治统一监管，建立健全生态环境保护领导和管理体制、激励约束并举的制度体系、政府企业公众共治体系。全面完成省以下生态环境机构监测监察执法垂直管理制度改革，推进综合执法队伍特别是基层队伍的能力建设。完善农村环境治理体制。健全区域流域海域生态环境管理体制，推进跨地区环保机构试点，加快组建流域环境监管执法机构，按海域设置监管机构。建立独立权威高效的生态环境监测体系，构建天地一体化的生态环境监测网络，实现国家和区域生态环境质量预报预警和质控，按照适度上收生态环境质量监测事权的要求加快推进有关工作。省级党委和政府加快确定生态保护红线、环境质量底线、资源利用上线，制定生态环境准入清单，在地方立法、政策制定、规划编制、执法监管中不得变通突破、降低标准，不符合不衔接不适应的于 2020 年年底前完成调整。实施生态环境统一监管。推行生态环境损害赔偿制度。编制生态环境保护规划，开展全国生态环境状况评估，建立生态环境保护综合监控平台。推动生态文明示范创建、绿水青山就是金山银山实践创新基地建设活动。

严格生态环境质量管理。生态环境质量只能更好、不能变坏。生态环境质量达标地区要保持稳定并持续改善；生态环境质量不达标地区的市、县级政府，要于 2018 年年底前制定实施限期达标规划，向上级政府备案并向社会公开。加快推行排污许可制度，对固定污染源实施全过程管理和多污染物协同控制，按行业、地区、时限核发排污许可证，全面落实企业治污责任，强化证后监管和处罚。在长江经济带率先实施入河污染源排放、排污口排放和水体水质联动管理。2020 年，将排污许可证制度建设成为固定源环境管理核心制度，实现"一证式"管理。健全环保信用评价、信息强制性披露、严惩重罚等制度。将企业环境信用信息纳入全国信用信息共享平台和国家企业信用信息公示系统，依法通过"信用中国"网站和国家企业信用信息公示系统向社会公示。监督上市公司、发债企业等市场主体全面、及时、准确地披露环境信息。建立跨部门联合奖惩机制。完善国家核安全工作协调机制，强化对核安全工作的统筹。

（二）健全生态环境保护经济政策体系。资金投入向污染防治攻坚战倾斜，坚持投入同攻坚任务相匹配，加大财政投入力度。逐步建立常态化、稳定的财政资金投入机制。扩大中央财政支持北方地区清洁取暖的试点城市范围，国有资本要加大对污染防治的投入。完善居民取暖用气用电定价机制和补贴政策。增加中央财政对国家重点生态功能区、生态保护红线区域等生态功能重要地区的转移支付，继续安排中央预算内投资对重点生态功能区给予支持。各省（自治区、直辖市）合理确定补偿标准，并逐步提高补偿水平。完善助力绿色产业发展的价格、财税、投资等政策。大力发展绿色信贷、绿色债券等金融产品。设立国家绿色发展基金。落实有利于资源节约和生态环境保护的价格政策，落实相关税收优惠政策。研究对从事污染防治的第三方企业比照高新技术企业实行所得税优惠政策，研究出台"散乱污"企业综合治理激励政策。推动环境污染责任保险发展，在环境高风险领域建立环境污染强制责任保险制度。推进社会化生态环境治理和保护。采用直接投资、投资补助、运营补贴等方式，规范支持政府和社会资本合作项目；对政府实施的环境绩效合同服务项目，公共财政支付水平同治理绩效挂钩。鼓励通过政府购买服务方式实施生态环境治理和保护。

（三）健全生态环境保护法治体系。依靠法治保护生态环境，增强全社会生态环境保护法治意识。加快建立绿色生产消费的法律制度和政策导向。加快制定和修改土壤污染防治、固体废物污染防治、长江生态环境保护、海洋环境保护、国家公园、湿地、生态环境监测、排污许可、资源综合利用、空间规划、碳排放权交易管理等方面的法律法规。鼓励地方在生态环境保护领域先于国家进行立法。建立生态环境保护综合执法机关、公安机关、检察机关、审判机关信息共享、案情通报、案件移送制度，完善生态环境保护领域民事、行政公益诉讼制度，加大生态环境违法犯罪行为的制裁和惩处力度。加强涉生态环境保护的司法力量建设。整合组建生态环境保护综合执法队伍，统一实行生态环境保护执法。将生态环境保护综合执法机构列入政府行政执法机构序列，推进执法规范化建设，统一着装、统一标识、统一证件、统一保障执法用车和装备。

（四）强化生态环境保护能力保障体系。增强科技支撑，开展大气污染成因与治理、水体污染控制与治理、土壤污染防治等重点领域科技攻关，实施京津冀环境综合治理重大项目，推进区域性、流域性生态环境问题研究。完成第二次全国污染源普查。开展大数据应用和环境承载力监测预警。开展重点区域、流域、行业环境与健康调查，建立风险监测网络及风险评估体系。健全跨部门、跨区域环境应急协调联动机制，建立全国统一的环境应急预案电子备案系统。国家建立环境应急物资储备信息库，省、市级政府建设环境应急物资储备库，企业环境应急装备和储备物资应纳入储备体系。落实全面从严治党要求，建设规范化、标准化、专业化的生态环境保护人才队伍，打造政治强、本领高、作风硬、敢担当，特别能吃苦、特别能战斗、特别能奉献的生态环境保护铁军。按省、市、县、乡不同层级工作职责配备相应工作力量，保障履职需要，确保同生态环境保护任务相匹配。加强国际交流和履约能力建设，推进生态环境保护国际技术交流和务实合作，支撑核安全和核电共同走出去，积极推动落实2030年可持续发展议程和绿色"一带一路"建设。

（五）构建生态环境保护社会行动体系。把生态环境保护纳入国民教育体系和党政领导干部培训体系，推进国家及各地生态环境教育设施和场所建设，培育普及生态文化。公共机构尤其是党政机关带头使用节能环保产品，推行绿色办公，创建节约型机关。健全生态环境新闻发布机制，充分发挥各类媒体作用。省、市两级要依托党报、电视台、政府网站，曝光突出环境问题，报道整改进展情况。建立政府、企业环境社会风险预防与化解机制。完善环境信息公开制度，加强重特大突发环境事件信息公开，对涉及群众切身利益的重大项目及时主动公开。2020年年底前，地级及以上城市符合条件的环保设施和城市污水垃圾处理设施向社会开放，接受公众参观。强化排污者主体责任，企业应严格守法，规范自身环境行为，落实资金投入、物资保障、生态环境保护措施和应急处置主体责任。实施工业污染源全面达标排放计划。2018年年底前，重点排污单位全部安装自动在线监控设备并同生态环境主管部门联网，依法公开排污信息。到2020年，实现长江经济带入河排污口监测全覆盖，并将监测数据纳入长江经济带综合信息平台。推动环保社会组织和志愿者队伍规范健康发展，引导环保社会组织依法开展生态环境保护公益诉讼等活动。按照国家有关规定表彰对保护和改善生态环境有显著成绩的单位和个人。完善公众监督、举报反馈机制，保护举报人的合法权益，鼓励设立有奖举报基金。

新思想引领新时代，新使命开启新征程。让我们更加紧密地团结在以习近平同志为核心的党中央周围，以习近平新时代中国特色社会主义思想为指导，不忘初心、牢记使命，锐意进取、勇于担当，全面加强生态环境保护，坚决打好污染防治攻坚战，为决胜全面建成小康社会、实现中华民族伟大复兴的中国梦不懈奋斗。

附录三

决胜全面建成小康社会　夺取新时代中国特色社会主义伟大胜利

——在中国共产党第十九次全国代表大会上的报告

（2017 年 10 月 18 日）

习近平

同志们：

现在，我代表第十八届中央委员会向大会作报告。

中国共产党第十九次全国代表大会，是在全面建成小康社会决胜阶段、中国特色社会主义进入新时代的关键时期召开的一次十分重要的大会。

大会的主题是：不忘初心，牢记使命，高举中国特色社会主义伟大旗帜，决胜全面建成小康社会，夺取新时代中国特色社会主义伟大胜利，为实现中华民族伟大复兴的中国梦不懈奋斗。

不忘初心，方得始终。中国共产党人的初心和使命，就是为中国人民谋幸福，为中华民族谋复兴。这个初心和使命是激励中国共产党人不断前进的根本动力。全党同志一定要永远与人民同呼吸、共命运、心连心，永远把人民对美好生活的向往作为奋斗目标，以永不懈怠的精神状态和一往无前的奋斗姿态，继续朝着实现中华民族伟大复兴的宏伟目标奋勇前进。

当前，国内外形势正在发生深刻复杂变化，我国发展仍处于重要战略机遇期，前景十分光明，挑战也十分严峻。全党同志一定要登高望远、居安思危，勇于变革、勇于创新，永不僵化、永不停滞，团结带领全国各族人民决胜全面建成小康社会，奋力夺取新时代中国特色社会主义伟大胜利。

一、过去五年的工作和历史性变革

十八大以来的五年，是党和国家发展进程中极不平凡的五年。面对世界经济复苏乏力、局部冲突和动荡频发、全球性问题加剧的外部环境，面对我国经济发展进入新常态等一系列深刻变化，我们坚持稳中求进工作总基调，迎难而上，开拓进取，取得了改革开放和社会主义现代化建设的历史性成就。

为贯彻十八大精神，党中央召开七次全会，分别就政府机构改革和职能转变、全面深化改革、全面推进依法治国、制定"十三五"规划、全面从严治党等重大问题作出决定和部署。五年来，我们统筹推进"五位一体"总体布局、协调推进"四个全面"战略布局，"十二五"规划胜利完成，"十三五"规划顺利实施，党和国家事业全面开创新局面。

经济建设取得重大成就。坚定不移贯彻新发展理念，坚决端正发展观念、转变发展方式，发展质量和效益不断提升。经济保持中高速增长，在世界主要国家中名列前茅，国内生产总值从五十四万亿元增长到八十万亿元，稳居世界第二，对世界经济增长贡献率超过百分之三十。供给侧结构性改革深入推进，经济结构不断优化，数字经济等新兴产业蓬勃发展，高铁、公路、桥梁、港口、机场等基础设施建设快速推进。农业现代化稳步推进，粮食生产能力达到一万二千亿斤。城镇化率年均提高一点二个百分点,八千多万农业转移人口成为城镇居民。区域发展协调性增强,"一带一路"建设、京津冀协同发展、长江经济带发展成效显著。创新驱动发展战略大力实施,创新型国家建设成果丰硕,天宫、蛟龙、天眼、悟空、墨子、大飞机等重大科技成果相继问世。南海岛礁建设积极推进。开放型经济新体制逐步健全,对外贸易、对外投资、外汇储备稳居世界前列。

全面深化改革取得重大突破。蹄疾步稳推进全面深化改革,坚决破除各方面体制机制弊端。改革全面发力、多点突破、纵深推进,着力增强改革系统性、整体性、协同性,压茬拓展改革广度和深度,推出一千五百多项改革举措,重要领域和关键环节改革取得突破性进展,主要领域改革主体框架基本确立。中国特色社会主义制度更加完善,国家治理体系和治理能力现代化水平明显提高,全社会发展活力和创新活力明显增强。

民主法治建设迈出重大步伐。积极发展社会主义民主政治,推进全面依法治国,党的领导、人民当家作主、依法治国有机统一的制度建设全面加强,党的领导体制机制不断完善,社会主义民主不断发展,党内民主更加广泛,社会主义协商民主全面展开,爱国统一战线巩固发展,民族宗教工作创新推进。科学立法、严格执法、公正司法、全民守法深入推进,法治国家、法治政府、法治社会建设相互促进,中国特色社会主义法治体系日益完善,全社会法治观念明显增强。国家监察体制改革试点取得实效,行政体制改革、司法体制改革、权力运行制约和监督体系建设有效实施。

思想文化建设取得重大进展。加强党对意识形态工作的领导,党的理论创新全面推进,马克思主义在意识形态领域的指导地位更加鲜明,中国特色社会主义和中国梦深入人心,社会主义核心价值观和中华优秀传统文化广泛弘扬,群众性精神文明创建活动扎实开展。公共文化服务水平不断提高,文艺创作持续繁荣,文化事业和文化产业蓬勃发展,互联网建设管理运用不断完善,全民健身和竞技体育全面发展。主旋律更加响亮,正能量更加强劲,文化自信得到彰显,国家文化软实力和中华文化影响力大幅提升,全党全社会思想上的团结统一更加巩固。

人民生活不断改善。深入贯彻以人民为中心的发展思想,一大批惠民举措落地实施,人民获得感显著增强。脱贫攻坚战取得决定性进展,六千多万贫困人口稳定脱贫,贫困发生率从百分之十点二下降到百分之四以下。教育事业全面发展,中西部和农村教育明显加强。就业状况持续改善,城镇新增就业年均一千三百万人以上。城乡居民收入增速超过经济增速,中等收入群体持续扩大。覆盖城乡居民的社会保障体系基本建立,人民健康和医疗卫生水平大幅提高,保障性住房建设稳步推进。社会治理体系更加完善,社会大局保持稳定,国家安全全面加强。

生态文明建设成效显著。大力度推进生态文明建设,全党全国贯彻绿色发展理念的自觉性和主动性显著增强,忽视生态环境保护的状况明显改变。生态文明制度体系加快形成,主体功能区制度逐步健全,国家公园体制试点积极推进。全面节约资源有效推进,能源资源消耗强度大幅下降。重大生态保护和修复工程进展顺利,森林覆盖率持续提高。生态环境治理明显加强,环境状况得到改善。引导应对气候变化国际合作,成为全球生态文明建设的重要参与者、贡献者、引领者。

强军兴军开创新局面。着眼于实现中国梦强军梦,制定新形势下军事战略方针,全力推进国防和军队现代化。召开古田全军政治工作会议,恢复和发扬我党我军光荣传统和优良作风，人民军队政治生态得到有效治理。国防和军队改革取得历史性突破，形成军委管总、战区主战、军种主建新格局，人民军队组织架构和力量体系实现革命性重塑。加强练兵备战，有效遂行海上维权、反恐维稳、抢险救灾、国际维和、亚丁湾护航、人道主义救援等重大任务，武器装备加快发展，军事斗争准备取得重大进展。人民军队在中国特色强军之路上迈出坚定步伐。

港澳台工作取得新进展。全面准确贯彻"一国两制"方针，牢牢掌握宪法和基本法赋予的中央对香港、澳门全面管治权，深化内地和港澳地区交流合作，保持香港、澳门繁荣稳定。坚持一个中国原则和"九二共识"，推动两岸关系和平发展，加强两岸经济文化交流合作，实现两岸领导人历史性会晤。妥善应对台湾局势变化，坚决反对和遏制"台独"分裂势力，有力维护台海和平稳定。

全方位外交布局深入展开。全面推进中国特色大国外交，形成全方位、多层次、立体化的外交布局，为我国发展营造了良好外部条件。实施共建"一带一路"倡议，发起创办亚洲基础设施投资银行，设立丝路基金，举办首届"一带一路"国际合作高峰论坛、亚太经合组织领导人非正式会议、二十国集团领导人杭州峰会、金砖国家领导人厦门会晤、亚信峰会。倡导构建人类命运共同体，促进全球治理体系变革。我国国际影响力、感召力、塑造力进一步提高，为世界和平与发展作出新的重大贡献。

全面从严治党成效卓著。全面加强党的领导和党的建设，坚决改变管党治党宽松软状况。推动全党尊崇党章，增强政治意识、大局意识、核心意识、看齐意识，坚决维护党中央权威和集中统一领导，严明党的政治纪律和政治规矩，层层落实管党治党政治责任。坚持照镜子、正衣冠、洗洗澡、治治病的要求，开展党的群众路线教育实践活动和"三严三实"专题教育，推进"两学一做"学习教育常态化制度化，全党理想信念更加坚定、党性更加坚强。贯彻新时期好干部标准，选人用人状况和风气明显好转。党的建设制度改革深入推进，党内法规制度体系不断完善。把纪律挺在前面，着力解决人民群众反映最强烈、对党的执政基础威胁最大的突出问题。出台中央八项规定，严厉整治形式主义、官僚主义、享乐主义和奢靡之风，坚决反对特权。巡视利剑作用彰显，实现中央和省级党委巡视全覆盖。坚持反腐败无禁区、全覆盖、零容忍，坚定不移"打虎"、"拍蝇"、"猎狐"，不敢腐的目标初步实现，不能腐的笼子越扎越牢，不想腐的堤坝正在构筑，反腐败斗争压倒性态势已经形成并巩固发展。

五年来的成就是全方位的、开创性的，五年来的变革是深层次的、根本性的。五年来，我们党以巨大的政治勇气和强烈的责任担当，提出一系列新理念新思想新战略，出台一系列重大方针政策，推出一系列重大举措，推进一系列重大工作，解决了许多长期想解决而没有解决的难题，办成了许多过去想办而没有办成的大事，推动党和国家事业发生历史性变革。这些历史性变革，对党和国家事业发展具有重大而深远的影响。

五年来，我们勇于面对党面临的重大风险考验和党内存在的突出问题，以顽强意志品质正风肃纪、反腐惩恶，消除了党和国家内部存在的严重隐患，党内政治生活气象更新，党内政治生态明显好转，党的创造力、凝聚力、战斗力显著增强，党的团结统一更加巩固，党群关系明显改善，党在革命性锻造中更加坚强，焕发出新的强大生机活力，为党和国家事业发展提供了坚强政治保证。

同时，必须清醒看到，我们的工作还存在许多不足，也面临不少困难和挑战。主要是：

发展不平衡不充分的一些突出问题尚未解决，发展质量和效益还不高，创新能力不够强，实体经济水平有待提高，生态环境保护任重道远；民生领域还有不少短板，脱贫攻坚任务艰巨，城乡区域发展和收入分配差距依然较大，群众在就业、教育、医疗、居住、养老等方面面临不少难题；社会文明水平尚需提高；社会矛盾和问题交织叠加，全面依法治国任务依然繁重，国家治理体系和治理能力有待加强；意识形态领域斗争依然复杂，国家安全面临新情况；一些改革部署和重大政策措施需要进一步落实；党的建设方面还存在不少薄弱环节。这些问题，必须着力加以解决。

五年来的成就，是党中央坚强领导的结果，更是全党全国各族人民共同奋斗的结果。我代表中共中央，向全国各族人民，向各民主党派、各人民团体和各界爱国人士，向香港特别行政区同胞、澳门特别行政区同胞和台湾同胞以及广大侨胞，向关心和支持中国现代化建设的各国朋友，表示衷心的感谢！

同志们！改革开放之初，我们党发出了走自己的路、建设中国特色社会主义的伟大号召。从那时以来，我们党团结带领全国各族人民不懈奋斗，推动我国经济实力、科技实力、国防实力、综合国力进入世界前列，推动我国国际地位实现前所未有的提升，党的面貌、国家的面貌、人民的面貌、军队的面貌、中华民族的面貌发生了前所未有的变化，中华民族正以崭新姿态屹立于世界的东方。

经过长期努力，中国特色社会主义进入了新时代，这是我国发展新的历史方位。

中国特色社会主义进入新时代，意味着近代以来久经磨难的中华民族迎来了从站起来、富起来到强起来的伟大飞跃，迎来了实现中华民族伟大复兴的光明前景；意味着科学社会主义在二十一世纪的中国焕发出强大生机活力，在世界上高高举起了中国特色社会主义伟大旗帜；意味着中国特色社会主义道路、理论、制度、文化不断发展，拓展了发展中国家走向现代化的途径，给世界上那些既希望加快发展又希望保持自身独立性的国家和民族提供了全新选择，为解决人类问题贡献了中国智慧和中国方案。

这个新时代，是承前启后、继往开来、在新的历史条件下继续夺取中国特色社会主义伟大胜利的时代，是决胜全面建成小康社会、进而全面建设社会主义现代化强国的时代，是全国各族人民团结奋斗、不断创造美好生活、逐步实现全体人民共同富裕的时代，是全体中华儿女勠力同心、奋力实现中华民族伟大复兴中国梦的时代，是我国日益走近世界舞台中央、不断为人类作出更大贡献的时代。

中国特色社会主义进入新时代，我国社会主要矛盾已经转化为人民日益增长的美好生活需要和不平衡不充分的发展之间的矛盾。我国稳定解决了十几亿人的温饱问题，总体上实现小康，不久将全面建成小康社会，人民美好生活需要日益广泛，不仅对物质文化生活提出了更高要求，而且在民主、法治、公平、正义、安全、环境等方面的要求日益增长。同时，我国社会生产力水平总体上显著提高，社会生产能力在很多方面进入世界前列，更加突出的问题是发展不平衡不充分，这已经成为满足人民日益增长的美好生活需要的主要制约因素。

必须认识到，我国社会主要矛盾的变化是关系全局的历史性变化，对党和国家工作提出了许多新要求。我们要在继续推动发展的基础上，着力解决好发展不平衡不充分问题，大力提升发展质量和效益，更好满足人民在经济、政治、文化、社会、生态等方面日益增长的需要，更好推动人的全面发展、社会全面进步。

必须认识到，我国社会主要矛盾的变化，没有改变我们对我国社会主义所处历史阶段的判断，我国仍处于并将长期处于社会主义初级阶段的基本国情没有变，我国是世界最大发展中国家的国际地位没有变。全党要牢牢把握社会主义初级阶段这个基本国情，牢牢立足社会主义初级阶段这个最大实际，牢牢坚持党的基本路线这个党和国家的生命线、人民的幸福线，领导和团结全国各族人民，以经济建设为中心，坚持四项基本原则，坚持改革开放，自力更生，艰苦创业，为把我国建设成为富强民主文明和谐美丽的社会主义现代化强国而奋斗。

同志们！中国特色社会主义进入新时代，在中华人民共和国发展史上、中华民族发展史上具有重大意义，在世界社会主义发展史上、人类社会发展史上也具有重大意义。全党要坚定信心、奋发有为，让中国特色社会主义展现出更加强大的生命力！

二、新时代中国共产党的历史使命

一百年前，十月革命一声炮响，给中国送来了马克思列宁主义。中国先进分子从马克思列宁主义的科学真理中看到了解决中国问题的出路。在近代以后中国社会的剧烈运动中，在中国人民反抗封建统治和外来侵略的激烈斗争中，在马克思列宁主义同中国工人运动的结合过程中，一九二一年中国共产党应运而生。从此，中国人民谋求民族独立、人民解放和国家富强、人民幸福的斗争就有了主心骨，中国人民就从精神上由被动转为主动。

中华民族有五千多年的文明历史，创造了灿烂的中华文明，为人类作出了卓越贡献，成为世界上伟大的民族。鸦片战争后，中国陷入内忧外患的黑暗境地，中国人民经历了战乱频仍、山河破碎、民不聊生的深重苦难。为了民族复兴，无数仁人志士不屈不挠、前仆后继，进行了可歌可泣的斗争，进行了各式各样的尝试，但终究未能改变旧中国的社会性质和中国人民的悲惨命运。

实现中华民族伟大复兴是近代以来中华民族最伟大的梦想。中国共产党一经成立，就把实现共产主义作为党的最高理想和最终目标，义无反顾肩负起实现中华民族伟大复兴的历史使命，团结带领人民进行了艰苦卓绝的斗争，谱写了气吞山河的壮丽史诗。

我们党深刻认识到，实现中华民族伟大复兴，必须推翻压在中国人民头上的帝国主义、封建主义、官僚资本主义三座大山，实现民族独立、人民解放、国家统一、社会稳定。我们党团结带领人民找到了一条以农村包围城市、武装夺取政权的正确革命道路，进行了二十八年浴血奋战，完成了新民主主义革命，一九四九年建立了中华人民共和国，实现了中国从几千年封建专制政治向人民民主的伟大飞跃。

我们党深刻认识到，实现中华民族伟大复兴，必须建立符合我国实际的先进社会制度。我们党团结带领人民完成社会主义革命，确立社会主义基本制度，推进社会主义建设，完成了中华民族有史以来最为广泛而深刻的社会变革，为当代中国一切发展进步奠定了根本政治前提和制度基础，实现了中华民族由近代不断衰落到根本扭转命运、持续走向繁荣富强的伟大飞跃。

我们党深刻认识到，实现中华民族伟大复兴，必须合乎时代潮流、顺应人民意愿，勇于改革开放，让党和人民事业始终充满奋勇前进的强大动力。我们党团结带领人民进行改革开放新的伟大革命，破除阻碍国家和民族发展的一切思想和体制障碍，开辟了中国特色社会主义道路，使中国大踏步赶上时代。

　　九十六年来，为了实现中华民族伟大复兴的历史使命，无论是弱小还是强大，无论是顺境还是逆境，我们党都初心不改、矢志不渝，团结带领人民历经千难万险，付出巨大牺牲，敢于面对曲折，勇于修正错误，攻克了一个又一个看似不可攻克的难关，创造了一个又一个彪炳史册的人间奇迹。

　　同志们！今天，我们比历史上任何时期都更接近、更有信心和能力实现中华民族伟大复兴的目标。

　　行百里者半九十。中华民族伟大复兴，绝不是轻轻松松、敲锣打鼓就能实现的。全党必须准备付出更为艰巨、更为艰苦的努力。

　　实现伟大梦想，必须进行伟大斗争。社会是在矛盾运动中前进的，有矛盾就会有斗争。我们党要团结带领人民有效应对重大挑战、抵御重大风险、克服重大阻力、解决重大矛盾，必须进行具有许多新的历史特点的伟大斗争，任何贪图享受、消极懈怠、回避矛盾的思想和行为都是错误的。全党要更加自觉地坚持党的领导和我国社会主义制度，坚决反对一切削弱、歪曲、否定党的领导和我国社会主义制度的言行；更加自觉地维护人民利益，坚决反对一切损害人民利益、脱离群众的行为；更加自觉地投身改革创新时代潮流，坚决破除一切顽瘴痼疾；更加自觉地维护我国主权、安全、发展利益，坚决反对一切分裂祖国、破坏民族团结和社会和谐稳定的行为；更加自觉地防范各种风险，坚决战胜一切在政治、经济、文化、社会等领域和自然界出现的困难和挑战。全党要充分认识这场伟大斗争的长期性、复杂性、艰巨性，发扬斗争精神，提高斗争本领，不断夺取伟大斗争新胜利。

　　实现伟大梦想，必须建设伟大工程。这个伟大工程就是我们党正在深入推进的党的建设新的伟大工程。历史已经并将继续证明，没有中国共产党的领导，民族复兴必然是空想。我们党要始终成为时代先锋、民族脊梁，始终成为马克思主义执政党，自身必须始终过硬。全党要更加自觉地坚定党性原则，勇于直面问题，敢于刮骨疗毒，消除一切损害党的先进性和纯洁性的因素，清除一切侵蚀党的健康肌体的病毒，不断增强党的政治领导力、思想引领力、群众组织力、社会号召力，确保我们党永葆旺盛生命力和强大战斗力。

　　实现伟大梦想，必须推进伟大事业。中国特色社会主义是改革开放以来党的全部理论和实践的主题，是党和人民历尽千辛万苦、付出巨大代价取得的根本成就。中国特色社会主义道路是实现社会主义现代化、创造人民美好生活的必由之路，中国特色社会主义理论体系是指导党和人民实现中华民族伟大复兴的正确理论，中国特色社会主义制度是当代中国发展进步的根本制度保障，中国特色社会主义文化是激励全党全国各族人民奋勇前进的强大精神力量。全党要更加自觉地增强道路自信、理论自信、制度自信、文化自信，既不走封闭僵化的老路，也不走改旗易帜的邪路，保持政治定力，坚持实干兴邦，始终坚持和发展中国特色社会主义。

　　伟大斗争，伟大工程，伟大事业，伟大梦想，紧密联系、相互贯通、相互作用，其中起决定性作用的是党的建设新的伟大工程。推进伟大工程，要结合伟大斗争、伟大事业、伟大梦想的实践来进行，确保党在世界形势深刻变化的历史进程中始终走在时代前列，在应对国内外各种风险和考验的历史进程中始终成为全国人民的主心骨，在坚持和发展中国特色社会主义的历史进程中始终成为坚强领导核心。

　　同志们！使命呼唤担当，使命引领未来。我们要不负人民重托、无愧历史选择，在新时代中国特色社会主义的伟大实践中，以党的坚强领导和顽强奋斗，激励全体中华儿女不断奋进，凝聚起同心共筑中国梦的磅礴力量！

三、新时代中国特色社会主义思想和基本方略

十八大以来，国内外形势变化和我国各项事业发展都给我们提出了一个重大时代课题，这就是必须从理论和实践结合上系统回答新时代坚持和发展什么样的中国特色社会主义、怎样坚持和发展中国特色社会主义，包括新时代坚持和发展中国特色社会主义的总目标、总任务、总体布局、战略布局和发展方向、发展方式、发展动力、战略步骤、外部条件、政治保证等基本问题，并且要根据新的实践对经济、政治、法治、科技、文化、教育、民生、民族、宗教、社会、生态文明、国家安全、国防和军队、"一国两制"和祖国统一、统一战线、外交、党的建设等各方面作出理论分析和政策指导，以利于更好坚持和发展中国特色社会主义。

围绕这个重大时代课题，我们党坚持以马克思列宁主义、毛泽东思想、邓小平理论、"三个代表"重要思想、科学发展观为指导，坚持解放思想、实事求是、与时俱进、求真务实，坚持辩证唯物主义和历史唯物主义，紧密结合新的时代条件和实践要求，以全新的视野深化对共产党执政规律、社会主义建设规律、人类社会发展规律的认识，进行艰辛理论探索，取得重大理论创新成果，形成了新时代中国特色社会主义思想。

新时代中国特色社会主义思想，明确坚持和发展中国特色社会主义，总任务是实现社会主义现代化和中华民族伟大复兴，在全面建成小康社会的基础上，分两步走在本世纪中叶建成富强民主文明和谐美丽的社会主义现代化强国；明确新时代我国社会主要矛盾是人民日益增长的美好生活需要和不平衡不充分的发展之间的矛盾，必须坚持以人民为中心的发展思想，不断促进人的全面发展、全体人民共同富裕；明确中国特色社会主义事业总体布局是"五位一体"、战略布局是"四个全面"，强调坚定道路自信、理论自信、制度自信、文化自信；明确全面深化改革总目标是完善和发展中国特色社会主义制度、推进国家治理体系和治理能力现代化；明确全面推进依法治国总目标是建设中国特色社会主义法治体系、建设社会主义法治国家；明确党在新时代的强军目标是建设一支听党指挥、能打胜仗、作风优良的人民军队，把人民军队建设成为世界一流军队；明确中国特色大国外交要推动构建新型国际关系，推动构建人类命运共同体；明确中国特色社会主义最本质的特征是中国共产党领导，中国特色社会主义制度的最大优势是中国共产党领导，党是最高政治领导力量，提出新时代党的建设总要求，突出政治建设在党的建设中的重要地位。

新时代中国特色社会主义思想，是对马克思列宁主义、毛泽东思想、邓小平理论、"三个代表"重要思想、科学发展观的继承和发展，是马克思主义中国化最新成果，是党和人民实践经验和集体智慧的结晶，是中国特色社会主义理论体系的重要组成部分，是全党全国人民为实现中华民族伟大复兴而奋斗的行动指南，必须长期坚持并不断发展。

全党要深刻领会新时代中国特色社会主义思想的精神实质和丰富内涵，在各项工作中全面准确贯彻落实。

（一）坚持党对一切工作的领导。党政军民学，东西南北中，党是领导一切的。必须增强政治意识、大局意识、核心意识、看齐意识，自觉维护党中央权威和集中统一领导，自觉在思想上政治上行动上同党中央保持高度一致，完善坚持党的领导的体制机制，坚持稳中求进工作总基调，统筹推进"五位一体"总体布局，协调推进"四个全面"战略布局，

提高党把方向、谋大局、定政策、促改革的能力和定力，确保党始终总揽全局、协调各方。

（二）坚持以人民为中心。人民是历史的创造者，是决定党和国家前途命运的根本力量。必须坚持人民主体地位，坚持立党为公、执政为民，践行全心全意为人民服务的根本宗旨，把党的群众路线贯彻到治国理政全部活动之中，把人民对美好生活的向往作为奋斗目标，依靠人民创造历史伟业。

（三）坚持全面深化改革。只有社会主义才能救中国，只有改革开放才能发展中国、发展社会主义、发展马克思主义。必须坚持和完善中国特色社会主义制度，不断推进国家治理体系和治理能力现代化，坚决破除一切不合时宜的思想观念和体制机制弊端，突破利益固化的藩篱，吸收人类文明有益成果，构建系统完备、科学规范、运行有效的制度体系，充分发挥我国社会主义制度优越性。

（四）坚持新发展理念。发展是解决我国一切问题的基础和关键，发展必须是科学发展，必须坚定不移贯彻创新、协调、绿色、开放、共享的发展理念。必须坚持和完善我国社会主义基本经济制度和分配制度，毫不动摇巩固和发展公有制经济，毫不动摇鼓励、支持、引导非公有制经济发展，使市场在资源配置中起决定性作用，更好发挥政府作用，推动新型工业化、信息化、城镇化、农业现代化同步发展，主动参与和推动经济全球化进程，发展更高层次的开放型经济，不断壮大我国经济实力和综合国力。

（五）坚持人民当家作主。坚持党的领导、人民当家作主、依法治国有机统一是社会主义政治发展的必然要求。必须坚持中国特色社会主义政治发展道路，坚持和完善人民代表大会制度、中国共产党领导的多党合作和政治协商制度、民族区域自治制度、基层群众自治制度，巩固和发展最广泛的爱国统一战线，发展社会主义协商民主，健全民主制度，丰富民主形式，拓宽民主渠道，保证人民当家作主落实到国家政治生活和社会生活之中。

（六）坚持全面依法治国。全面依法治国是中国特色社会主义的本质要求和重要保障。必须把党的领导贯彻落实到依法治国全过程和各方面，坚定不移走中国特色社会主义法治道路，完善以宪法为核心的中国特色社会主义法律体系，建设中国特色社会主义法治体系，建设社会主义法治国家，发展中国特色社会主义法治理论，坚持依法治国、依法执政、依法行政共同推进，坚持法治国家、法治政府、法治社会一体建设，坚持依法治国和以德治国相结合，依法治国和依规治党有机统一，深化司法体制改革，提高全民族法治素养和道德素质。

（七）坚持社会主义核心价值体系。文化自信是一个国家、一个民族发展中更基本、更深沉、更持久的力量。必须坚持马克思主义，牢固树立共产主义远大理想和中国特色社会主义共同理想，培育和践行社会主义核心价值观，不断增强意识形态领域主导权和话语权，推动中华优秀传统文化创造性转化、创新性发展，继承革命文化，发展社会主义先进文化，不忘本来、吸收外来、面向未来，更好构筑中国精神、中国价值、中国力量，为人民提供精神指引。

（八）坚持在发展中保障和改善民生。增进民生福祉是发展的根本目的。必须多谋民生之利、多解民生之忧，在发展中补齐民生短板、促进社会公平正义，在幼有所育、学有所教、劳有所得、病有所医、老有所养、住有所居、弱有所扶上不断取得新进展，深入开展脱贫攻坚，保证全体人民在共建共享发展中有更多获得感，不断促进人的全面发展、全体人民共同富裕。建设平安中国，加强和创新社会治理，维护社会和谐稳定，确保国家长治久安、人民安居乐业。

（九）坚持人与自然和谐共生。建设生态文明是中华民族永续发展的千年大计。必须树立和践行绿水青山就是金山银山的理念，坚持节约资源和保护环境的基本国策，像对待生命一样对待生态环境，统筹山水林田湖草系统治理，实行最严格的生态环境保护制度，形成绿色发展方式和生活方式，坚定走生产发展、生活富裕、生态良好的文明发展道路，建设美丽中国，为人民创造良好生产生活环境，为全球生态安全作出贡献。

（十）坚持总体国家安全观。统筹发展和安全，增强忧患意识，做到居安思危，是我们党治国理政的一个重大原则。必须坚持国家利益至上，以人民安全为宗旨，以政治安全为根本，统筹外部安全和内部安全、国土安全和国民安全、传统安全和非传统安全、自身安全和共同安全，完善国家安全制度体系，加强国家安全能力建设，坚决维护国家主权、安全、发展利益。

（十一）坚持党对人民军队的绝对领导。建设一支听党指挥、能打胜仗、作风优良的人民军队，是实现"两个一百年"奋斗目标、实现中华民族伟大复兴的战略支撑。必须全面贯彻党领导人民军队的一系列根本原则和制度，确立新时代党的强军思想在国防和军队建设中的指导地位，坚持政治建军、改革强军、科技兴军、依法治军，更加注重聚焦实战，更加注重创新驱动，更加注重体系建设，更加注重集约高效，更加注重军民融合，实现党在新时代的强军目标。

（十二）坚持"一国两制"和推进祖国统一。保持香港、澳门长期繁荣稳定，实现祖国完全统一，是实现中华民族伟大复兴的必然要求。必须把维护中央对香港、澳门特别行政区全面管治权和保障特别行政区高度自治权有机结合起来，确保"一国两制"方针不会变、不动摇，确保"一国两制"实践不变形、不走样。必须坚持一个中国原则，坚持"九二共识"，推动两岸关系和平发展，深化两岸经济合作和文化往来，推动两岸同胞共同反对一切分裂国家的活动，共同为实现中华民族伟大复兴而奋斗。

（十三）坚持推动构建人类命运共同体。中国人民的梦想同各国人民的梦想息息相通，实现中国梦离不开和平的国际环境和稳定的国际秩序。必须统筹国内国际两个大局，始终不渝走和平发展道路、奉行互利共赢的开放战略，坚持正确义利观，树立共同、综合、合作、可持续的新安全观，谋求开放创新、包容互惠的发展前景，促进和而不同、兼收并蓄的文明交流，构筑尊崇自然、绿色发展的生态体系，始终做世界和平的建设者、全球发展的贡献者、国际秩序的维护者。

（十四）坚持全面从严治党。勇于自我革命，从严管党治党，是我们党最鲜明的品格。必须以党章为根本遵循，把党的政治建设摆在首位，思想建党和制度治党同向发力，统筹推进党的各项建设，抓住"关键少数"，坚持"三严三实"，坚持民主集中制，严肃党内政治生活，严明党的纪律，强化党内监督，发展积极健康的党内政治文化，全面净化党内政治生态，坚决纠正各种不正之风，以零容忍态度惩治腐败，不断增强党自我净化、自我完善、自我革新、自我提高的能力，始终保持党同人民群众的血肉联系。

以上十四条，构成新时代坚持和发展中国特色社会主义的基本方略。全党同志必须全面贯彻党的基本理论、基本路线、基本方略，更好引领党和人民事业发展。

实践没有止境，理论创新也没有止境。世界每时每刻都在发生变化，中国也每时每刻都在发生变化，我们必须在理论上跟上时代，不断认识规律，不断推进理论创新、实践创新、制度创新、文化创新以及其他各方面创新。

同志们！时代是思想之母，实践是理论之源。只要我们善于聆听时代声音，勇于坚持真理、修正错误，二十一世纪中国的马克思主义一定能够展现出更强大、更有说服力的真理力量！

四、决胜全面建成小康社会，开启全面建设社会主义现代化国家新征程

改革开放之后，我们党对我国社会主义现代化建设作出战略安排，提出"三步走"战略目标。解决人民温饱问题、人民生活总体上达到小康水平这两个目标已提前实现。在这个基础上，我们党提出，到建党一百年时建成经济更加发展、民主更加健全、科教更加进步、文化更加繁荣、社会更加和谐、人民生活更加殷实的小康社会，然后再奋斗三十年，到新中国成立一百年时，基本实现现代化，把我国建成社会主义现代化国家。

从现在到二〇二〇年，是全面建成小康社会决胜期。要按照十六大、十七大、十八大提出的全面建成小康社会各项要求，紧扣我国社会主要矛盾变化，统筹推进经济建设、政治建设、文化建设、社会建设、生态文明建设，坚定实施科教兴国战略、人才强国战略、创新驱动发展战略、乡村振兴战略、区域协调发展战略、可持续发展战略、军民融合发展战略，突出抓重点、补短板、强弱项，特别是要坚决打好防范化解重大风险、精准脱贫、污染防治的攻坚战，使全面建成小康社会得到人民认可、经得起历史检验。

从十九大到二十大，是"两个一百年"奋斗目标的历史交汇期。我们既要全面建成小康社会、实现第一个百年奋斗目标，又要乘势而上开启全面建设社会主义现代化国家新征程，向第二个百年奋斗目标进军。

综合分析国际国内形势和我国发展条件，从二〇二〇年到本世纪中叶可以分两个阶段来安排。

第一个阶段，从二〇二〇年到二〇三五年，在全面建成小康社会的基础上，再奋斗十五年，基本实现社会主义现代化。到那时，我国经济实力、科技实力将大幅跃升，跻身创新型国家前列；人民平等参与、平等发展权利得到充分保障，法治国家、法治政府、法治社会基本建成，各方面制度更加完善，国家治理体系和治理能力现代化基本实现；社会文明程度达到新的高度，国家文化软实力显著增强，中华文化影响更加广泛深入；人民生活更为宽裕，中等收入群体比例明显提高，城乡区域发展差距和居民生活水平差距显著缩小，基本公共服务均等化基本实现，全体人民共同富裕迈出坚实步伐；现代社会治理格局基本形成，社会充满活力又和谐有序；生态环境根本好转，美丽中国目标基本实现。

第二个阶段，从二〇三五年到本世纪中叶，在基本实现现代化的基础上，再奋斗十五年，把我国建成富强民主文明和谐美丽的社会主义现代化强国。到那时，我国物质文明、政治文明、精神文明、社会文明、生态文明将全面提升，实现国家治理体系和治理能力现代化，成为综合国力和国际影响力领先的国家，全体人民共同富裕基本实现，我国人民将享有更加幸福安康的生活，中华民族将以更加昂扬的姿态屹立于世界民族之林。

同志们！从全面建成小康社会到基本实现现代化，再到全面建成社会主义现代化强国，是新时代中国特色社会主义发展的战略安排。我们要坚忍不拔、锲而不舍，奋力谱写社会主义现代化新征程的壮丽篇章！

五、贯彻新发展理念，建设现代化经济体系

实现"两个一百年"奋斗目标、实现中华民族伟大复兴的中国梦，不断提高人民生活水平，必须坚定不移把发展作为党执政兴国的第一要务，坚持解放和发展社会生产力，坚持社会主义市场经济改革方向，推动经济持续健康发展。

我国经济已由高速增长阶段转向高质量发展阶段，正处在转变发展方式、优化经济结构、转换增长动力的攻关期，建设现代化经济体系是跨越关口的迫切要求和我国发展的战略目标。必须坚持质量第一、效益优先，以供给侧结构性改革为主线，推动经济发展质量变革、效率变革、动力变革，提高全要素生产率，着力加快建设实体经济、科技创新、现代金融、人力资源协同发展的产业体系，着力构建市场机制有效、微观主体有活力、宏观调控有度的经济体制，不断增强我国经济创新力和竞争力。

（一）深化供给侧结构性改革。建设现代化经济体系，必须把发展经济的着力点放在实体经济上，把提高供给体系质量作为主攻方向，显著增强我国经济质量优势。加快建设制造强国，加快发展先进制造业，推动互联网、大数据、人工智能和实体经济深度融合，在中高端消费、创新引领、绿色低碳、共享经济、现代供应链、人力资本服务等领域培育新增长点、形成新动能。支持传统产业优化升级，加快发展现代服务业，瞄准国际标准提高水平。促进我国产业迈向全球价值链中高端，培育若干世界级先进制造业集群。加强水利、铁路、公路、水运、航空、管道、电网、信息、物流等基础设施网络建设。坚持去产能、去库存、去杠杆、降成本、补短板，优化存量资源配置，扩大优质增量供给，实现供需动态平衡。激发和保护企业家精神，鼓励更多社会主体投身创新创业。建设知识型、技能型、创新型劳动者大军，弘扬劳模精神和工匠精神，营造劳动光荣的社会风尚和精益求精的敬业风气。

（二）加快建设创新型国家。创新是引领发展的第一动力，是建设现代化经济体系的战略支撑。要瞄准世界科技前沿，强化基础研究，实现前瞻性基础研究、引领性原创成果重大突破。加强应用基础研究，拓展实施国家重大科技项目，突出关键共性技术、前沿引领技术、现代工程技术、颠覆性技术创新，为建设科技强国、质量强国、航天强国、网络强国、交通强国、数字中国、智慧社会提供有力支撑。加强国家创新体系建设，强化战略科技力量。深化科技体制改革，建立以企业为主体、市场为导向、产学研深度融合的技术创新体系，加强对中小企业创新的支持，促进科技成果转化。倡导创新文化，强化知识产权创造、保护、运用。培养造就一大批具有国际水平的战略科技人才、科技领军人才、青年科技人才和高水平创新团队。

（三）实施乡村振兴战略。农业农村农民问题是关系国计民生的根本性问题，必须始终把解决好"三农"问题作为全党工作重中之重。要坚持农业农村优先发展，按照产业兴旺、生态宜居、乡风文明、治理有效、生活富裕的总要求，建立健全城乡融合发展体制机制和政策体系，加快推进农业农村现代化。巩固和完善农村基本经营制度，深化农村土地制度改革，完善承包地"三权"分置制度。保持土地承包关系稳定并长久不变，第二轮土地承包到期后再延长三十年。深化农村集体产权制度改革，保障农民财产权益，壮大集体经济。确保国家粮食安全，把中国人的饭碗牢牢端在自己手中。构建现代农业产业体系、生产体系、经营体系，完善农业支持保护制度，发展多种形式适度规模经营，培育新型农

业经营主体，健全农业社会化服务体系，实现小农户和现代农业发展有机衔接。促进农村一二三产业融合发展，支持和鼓励农民就业创业，拓宽增收渠道。加强农村基层基础工作，健全自治、法治、德治相结合的乡村治理体系。培养造就一支懂农业、爱农村、爱农民的"三农"工作队伍。

（四）实施区域协调发展战略。加大力度支持革命老区、民族地区、边疆地区、贫困地区加快发展，强化举措推进西部大开发形成新格局，深化改革加快东北等老工业基地振兴，发挥优势推动中部地区崛起，创新引领率先实现东部地区优化发展，建立更加有效的区域协调发展新机制。以城市群为主体构建大中小城市和小城镇协调发展的城镇格局，加快农业转移人口市民化。以疏解北京非首都功能为"牛鼻子"推动京津冀协同发展，高起点规划、高标准建设雄安新区。以共抓大保护、不搞大开发为导向推动长江经济带发展。支持资源型地区经济转型发展。加快边疆发展，确保边疆巩固、边境安全。坚持陆海统筹，加快建设海洋强国。

（五）加快完善社会主义市场经济体制。经济体制改革必须以完善产权制度和要素市场化配置为重点，实现产权有效激励、要素自由流动、价格反应灵活、竞争公平有序、企业优胜劣汰。要完善各类国有资产管理体制，改革国有资本授权经营体制，加快国有经济布局优化、结构调整、战略性重组，促进国有资产保值增值，推动国有资本做强做优做大，有效防止国有资产流失。深化国有企业改革，发展混合所有制经济，培育具有全球竞争力的世界一流企业。全面实施市场准入负面清单制度，清理废除妨碍统一市场和公平竞争的各种规定和做法，支持民营企业发展，激发各类市场主体活力。深化商事制度改革，打破行政性垄断，防止市场垄断，加快要素价格市场化改革，放宽服务业准入限制，完善市场监管体制。创新和完善宏观调控，发挥国家发展规划的战略导向作用，健全财政、货币、产业、区域等经济政策协调机制。完善促进消费的体制机制，增强消费对经济发展的基础性作用。深化投融资体制改革，发挥投资对优化供给结构的关键性作用。加快建立现代财政制度，建立权责清晰、财力协调、区域均衡的中央和地方财政关系。建立全面规范透明、标准科学、约束有力的预算制度，全面实施绩效管理。深化税收制度改革，健全地方税体系。深化金融体制改革，增强金融服务实体经济能力，提高直接融资比重，促进多层次资本市场健康发展。健全货币政策和宏观审慎政策双支柱调控框架，深化利率和汇率市场化改革。健全金融监管体系，守住不发生系统性金融风险的底线。

（六）推动形成全面开放新格局。开放带来进步，封闭必然落后。中国开放的大门不会关闭，只会越开越大。要以"一带一路"建设为重点，坚持引进来和走出去并重，遵循共商共建共享原则，加强创新能力开放合作，形成陆海内外联动、东西双向互济的开放格局。拓展对外贸易，培育贸易新业态新模式，推进贸易强国建设。实行高水平的贸易和投资自由化便利化政策，全面实行准入前国民待遇加负面清单管理制度，大幅度放宽市场准入，扩大服务业对外开放，保护外商投资合法权益。凡是在我国境内注册的企业，都要一视同仁、平等对待。优化区域开放布局，加大西部开放力度。赋予自由贸易试验区更大改革自主权，探索建设自由贸易港。创新对外投资方式，促进国际产能合作，形成面向全球的贸易、投融资、生产、服务网络，加快培育国际经济合作和竞争新优势。

同志们！解放和发展社会生产力，是社会主义的本质要求。我们要激发全社会创造力和发展活力，努力实现更高质量、更有效率、更加公平、更可持续的发展！

六、健全人民当家作主制度体系，发展社会主义民主政治

我国是工人阶级领导的、以工农联盟为基础的人民民主专政的社会主义国家，国家一切权力属于人民。我国社会主义民主是维护人民根本利益的最广泛、最真实、最管用的民主。发展社会主义民主政治就是要体现人民意志、保障人民权益、激发人民创造活力，用制度体系保证人民当家作主。

中国特色社会主义政治发展道路，是近代以来中国人民长期奋斗历史逻辑、理论逻辑、实践逻辑的必然结果，是坚持党的本质属性、践行党的根本宗旨的必然要求。世界上没有完全相同的政治制度模式，政治制度不能脱离特定社会政治条件和历史文化传统来抽象评判，不能定于一尊，不能生搬硬套外国政治制度模式。要长期坚持、不断发展我国社会主义民主政治，积极稳妥推进政治体制改革，推进社会主义民主政治制度化、规范化、程序化，保证人民依法通过各种途径和形式管理国家事务，管理经济文化事业，管理社会事务，巩固和发展生动活泼、安定团结的政治局面。

（一）坚持党的领导、人民当家作主、依法治国有机统一。党的领导是人民当家作主和依法治国的根本保证，人民当家作主是社会主义民主政治的本质特征，依法治国是党领导人民治理国家的基本方式，三者统一于我国社会主义民主政治伟大实践。在我国政治生活中，党是居于领导地位的，加强党的集中统一领导，支持人大、政府、政协和法院、检察院依法依章程履行职能、开展工作、发挥作用，这两个方面是统一的。要改进党的领导方式和执政方式，保证党领导人民有效治理国家；扩大人民有序政治参与，保证人民依法实行民主选举、民主协商、民主决策、民主管理、民主监督；维护国家法制统一、尊严、权威，加强人权法治保障，保证人民依法享有广泛权利和自由。巩固基层政权，完善基层民主制度，保障人民知情权、参与权、表达权、监督权。健全依法决策机制，构建决策科学、执行坚决、监督有力的权力运行机制。各级领导干部要增强民主意识，发扬民主作风，接受人民监督，当好人民公仆。

（二）加强人民当家作主制度保障。人民代表大会制度是坚持党的领导、人民当家作主、依法治国有机统一的根本政治制度安排，必须长期坚持、不断完善。要支持和保证人民通过人民代表大会行使国家权力。发挥人大及其常委会在立法工作中的主导作用，健全人大组织制度和工作制度，支持和保证人大依法行使立法权、监督权、决定权、任免权，更好发挥人大代表作用，使各级人大及其常委会成为全面担负起宪法法律赋予的各项职责的工作机关，成为同人民群众保持密切联系的代表机关。完善人大专门委员会设置，优化人大常委会和专门委员会组成人员结构。

（三）发挥社会主义协商民主重要作用。有事好商量，众人的事情由众人商量，是人民民主的真谛。协商民主是实现党的领导的重要方式，是我国社会主义民主政治的特有形式和独特优势。要推动协商民主广泛、多层、制度化发展，统筹推进政党协商、人大协商、政府协商、政协协商、人民团体协商、基层协商以及社会组织协商。加强协商民主制度建设，形成完整的制度程序和参与实践，保证人民在日常政治生活中有广泛持续深入参与的权利。

人民政协是具有中国特色的制度安排，是社会主义协商民主的重要渠道和专门协商机构。人民政协工作要聚焦党和国家中心任务，围绕团结和民主两大主题，把协商民主贯穿

政治协商、民主监督、参政议政全过程，完善协商议政内容和形式，着力增进共识、促进团结。加强人民政协民主监督，重点监督党和国家重大方针政策和重要决策部署的贯彻落实。增强人民政协界别的代表性，加强委员队伍建设。

（四）深化依法治国实践。全面依法治国是国家治理的一场深刻革命，必须坚持厉行法治，推进科学立法、严格执法、公正司法、全民守法。成立中央全面依法治国领导小组，加强对法治中国建设的统一领导。加强宪法实施和监督，推进合宪性审查工作，维护宪法权威。推进科学立法、民主立法、依法立法，以良法促进发展、保障善治。建设法治政府，推进依法行政，严格规范公正文明执法。深化司法体制综合配套改革，全面落实司法责任制，努力让人民群众在每一个司法案件中感受到公平正义。加大全民普法力度，建设社会主义法治文化，树立宪法法律至上、法律面前人人平等的法治理念。各级党组织和全体党员要带头尊法学法守法用法，任何组织和个人都不得有超越宪法法律的特权，绝不允许以言代法、以权压法、逐利违法、徇私枉法。

（五）深化机构和行政体制改革。统筹考虑各类机构设置，科学配置党政部门及内设机构权力、明确职责。统筹使用各类编制资源，形成科学合理的管理体制，完善国家机构组织法。转变政府职能，深化简政放权，创新监管方式，增强政府公信力和执行力，建设人民满意的服务型政府。赋予省级及以下政府更多自主权。在省市县对职能相近的党政机关探索合并设立或合署办公。深化事业单位改革，强化公益属性，推进政事分开、事企分开、管办分离。

（六）巩固和发展爱国统一战线。统一战线是党的事业取得胜利的重要法宝，必须长期坚持。要高举爱国主义、社会主义旗帜，牢牢把握大团结大联合的主题，坚持一致性和多样性统一，找到最大公约数，画出最大同心圆。坚持长期共存、互相监督、肝胆相照、荣辱与共，支持民主党派按照中国特色社会主义参政党要求更好履行职能。全面贯彻党的民族政策，深化民族团结进步教育，铸牢中华民族共同体意识，加强各民族交往交流交融，促进各民族像石榴籽一样紧紧抱在一起，共同团结奋斗、共同繁荣发展。全面贯彻党的宗教工作基本方针，坚持我国宗教的中国化方向，积极引导宗教与社会主义社会相适应。加强党外知识分子工作，做好新的社会阶层人士工作，发挥他们在中国特色社会主义事业中的重要作用。构建亲清新型政商关系，促进非公有制经济健康发展和非公有制经济人士健康成长。广泛团结联系海外侨胞和归侨侨眷，共同致力于中华民族伟大复兴。

同志们！中国特色社会主义政治制度是中国共产党和中国人民的伟大创造。我们完全有信心、有能力把我国社会主义民主政治的优势和特点充分发挥出来，为人类政治文明进步作出充满中国智慧的贡献！

七、坚定文化自信，推动社会主义文化繁荣兴盛

文化是一个国家、一个民族的灵魂。文化兴国运兴，文化强民族强。没有高度的文化自信，没有文化的繁荣兴盛，就没有中华民族伟大复兴。要坚持中国特色社会主义文化发展道路，激发全民族文化创新创造活力，建设社会主义文化强国。

中国特色社会主义文化，源自于中华民族五千多年文明历史所孕育的中华优秀传统文化，熔铸于党领导人民在革命、建设、改革中创造的革命文化和社会主义先进文化，植根于中国特色社会主义伟大实践。发展中国特色社会主义文化，就是以马克思主义为指导，

坚守中华文化立场，立足当代中国现实，结合当今时代条件，发展面向现代化、面向世界、面向未来的，民族的科学的大众的社会主义文化，推动社会主义精神文明和物质文明协调发展。要坚持为人民服务、为社会主义服务，坚持百花齐放、百家争鸣，坚持创造性转化、创新性发展，不断铸就中华文化新辉煌。

（一）牢牢掌握意识形态工作领导权。意识形态决定文化前进方向和发展道路。必须推进马克思主义中国化时代化大众化，建设具有强大凝聚力和引领力的社会主义意识形态，使全体人民在理想信念、价值理念、道德观念上紧紧团结在一起。要加强理论武装，推动新时代中国特色社会主义思想深入人心。深化马克思主义理论研究和建设，加快构建中国特色哲学社会科学，加强中国特色新型智库建设。坚持正确舆论导向，高度重视传播手段建设和创新，提高新闻舆论传播力、引导力、影响力、公信力。加强互联网内容建设，建立网络综合治理体系，营造清朗的网络空间。落实意识形态工作责任制，加强阵地建设和管理，注意区分政治原则问题、思想认识问题、学术观点问题，旗帜鲜明反对和抵制各种错误观点。

（二）培育和践行社会主义核心价值观。社会主义核心价值观是当代中国精神的集中体现，凝结着全体人民共同的价值追求。要以培养担当民族复兴大任的时代新人为着眼点，强化教育引导、实践养成、制度保障，发挥社会主义核心价值观对国民教育、精神文明创建、精神文化产品创作生产传播的引领作用，把社会主义核心价值观融入社会发展各方面，转化为人们的情感认同和行为习惯。坚持全民行动、干部带头，从家庭做起，从娃娃抓起。深入挖掘中华优秀传统文化蕴含的思想观念、人文精神、道德规范，结合时代要求继承创新，让中华文化展现出永久魅力和时代风采。

（三）加强思想道德建设。人民有信仰，国家有力量，民族有希望。要提高人民思想觉悟、道德水准、文明素养，提高全社会文明程度。广泛开展理想信念教育，深化中国特色社会主义和中国梦宣传教育，弘扬民族精神和时代精神，加强爱国主义、集体主义、社会主义教育，引导人们树立正确的历史观、民族观、国家观、文化观。深入实施公民道德建设工程，推进社会公德、职业道德、家庭美德、个人品德建设，激励人们向上向善、孝老爱亲，忠于祖国、忠于人民。加强和改进思想政治工作，深化群众性精神文明创建活动。弘扬科学精神，普及科学知识，开展移风易俗、弘扬时代新风行动，抵制腐朽落后文化侵蚀。推进诚信建设和志愿服务制度化，强化社会责任意识、规则意识、奉献意识。

（四）繁荣发展社会主义文艺。社会主义文艺是人民的文艺，必须坚持以人民为中心的创作导向，在深入生活、扎根人民中进行无愧于时代的文艺创造。要繁荣文艺创作，坚持思想精深、艺术精湛、制作精良相统一，加强现实题材创作，不断推出讴歌党、讴歌祖国、讴歌人民、讴歌英雄的精品力作。发扬学术民主、艺术民主，提升文艺原创力，推动文艺创新。倡导讲品位、讲格调、讲责任，抵制低俗、庸俗、媚俗。加强文艺队伍建设，造就一大批德艺双馨名家大师，培育一大批高水平创作人才。

（五）推动文化事业和文化产业发展。满足人民过上美好生活的新期待，必须提供丰富的精神食粮。要深化文化体制改革，完善文化管理体制，加快构建把社会效益放在首位、社会效益和经济效益相统一的体制机制。完善公共文化服务体系，深入实施文化惠民工程，丰富群众性文化活动。加强文物保护利用和文化遗产保护传承。健全现代文化产业体系和市场体系，创新生产经营机制，完善文化经济政策，培育新型文化业态。广泛开展全民健身活动，加快推进体育强国建设，筹办好北京冬奥会、冬残奥会。加强中外人文交流，以我为主、兼收并蓄。推进国际传播能力建设，讲好中国故事，展现真实、立体、全面的中国，提高国家文化软实力。

同志们！中国共产党从成立之日起，既是中国先进文化的积极引领者和践行者，又是中华优秀传统文化的忠实传承者和弘扬者。当代中国共产党人和中国人民应该而且一定能够担负起新的文化使命，在实践创造中进行文化创造，在历史进步中实现文化进步！

八、提高保障和改善民生水平，加强和创新社会治理

全党必须牢记，为什么人的问题，是检验一个政党、一个政权性质的试金石。带领人民创造美好生活，是我们党始终不渝的奋斗目标。必须始终把人民利益摆在至高无上的地位，让改革发展成果更多更公平惠及全体人民，朝着实现全体人民共同富裕不断迈进。

保障和改善民生要抓住人民最关心最直接最现实的利益问题，既尽力而为，又量力而行，一件事情接着一件事情办，一年接着一年干。坚持人人尽责、人人享有，坚守底线、突出重点、完善制度、引导预期，完善公共服务体系，保障群众基本生活，不断满足人民日益增长的美好生活需要，不断促进社会公平正义，形成有效的社会治理、良好的社会秩序，使人民获得感、幸福感、安全感更加充实、更有保障、更可持续。

（一）优先发展教育事业。建设教育强国是中华民族伟大复兴的基础工程，必须把教育事业放在优先位置，深化教育改革，加快教育现代化，办好人民满意的教育。要全面贯彻党的教育方针，落实立德树人根本任务，发展素质教育，推进教育公平，培养德智体美全面发展的社会主义建设者和接班人。推动城乡义务教育一体化发展，高度重视农村义务教育，办好学前教育、特殊教育和网络教育，普及高中阶段教育，努力让每个孩子都能享有公平而有质量的教育。完善职业教育和培训体系，深化产教融合、校企合作。加快一流大学和一流学科建设，实现高等教育内涵式发展。健全学生资助制度，使绝大多数城乡新增劳动力接受高中阶段教育、更多接受高等教育。支持和规范社会力量兴办教育。加强师德师风建设，培养高素质教师队伍，倡导全社会尊师重教。办好继续教育，加快建设学习型社会，大力提高国民素质。

（二）提高就业质量和人民收入水平。就业是最大的民生。要坚持就业优先战略和积极就业政策，实现更高质量和更充分就业。大规模开展职业技能培训，注重解决结构性就业矛盾，鼓励创业带动就业。提供全方位公共就业服务，促进高校毕业生等青年群体、农民工多渠道就业创业。破除妨碍劳动力、人才社会性流动的体制机制弊端，使人人都有通过辛勤劳动实现自身发展的机会。完善政府、工会、企业共同参与的协商协调机制，构建和谐劳动关系。坚持按劳分配原则，完善按要素分配的体制机制，促进收入分配更合理、更有序。鼓励勤劳守法致富，扩大中等收入群体，增加低收入者收入，调节过高收入，取缔非法收入。坚持在经济增长的同时实现居民收入同步增长、在劳动生产率提高的同时实现劳动报酬同步提高。拓宽居民劳动收入和财产性收入渠道。履行好政府再分配调节职能，加快推进基本公共服务均等化，缩小收入分配差距。

（三）加强社会保障体系建设。按照兜底线、织密网、建机制的要求，全面建成覆盖全民、城乡统筹、权责清晰、保障适度、可持续的多层次社会保障体系。全面实施全民参保计划。完善城镇职工基本养老保险和城乡居民基本养老保险制度，尽快实现养老保险全

国统筹。完善统一的城乡居民基本医疗保险制度和大病保险制度。完善失业、工伤保险制度。建立全国统一的社会保险公共服务平台。统筹城乡社会救助体系，完善最低生活保障制度。坚持男女平等基本国策，保障妇女儿童合法权益。完善社会救助、社会福利、慈善事业、优抚安置等制度，健全农村留守儿童和妇女、老年人关爱服务体系。发展残疾人事业，加强残疾康复服务。坚持房子是用来住的、不是用来炒的定位，加快建立多主体供给、多渠道保障、租购并举的住房制度，让全体人民住有所居。

（四）坚决打赢脱贫攻坚战。让贫困人口和贫困地区同全国一道进入全面小康社会是我们党的庄严承诺。要动员全党全国全社会力量，坚持精准扶贫、精准脱贫，坚持中央统筹省负总责市县抓落实的工作机制，强化党政一把手负总责的责任制，坚持大扶贫格局，注重扶贫同扶志、扶智相结合，深入实施东西部扶贫协作，重点攻克深度贫困地区脱贫任务，确保到二〇二〇年我国现行标准下农村贫困人口实现脱贫，贫困县全部摘帽，解决区域性整体贫困，做到脱真贫、真脱贫。

（五）实施健康中国战略。人民健康是民族昌盛和国家富强的重要标志。要完善国民健康政策，为人民群众提供全方位全周期健康服务。深化医药卫生体制改革，全面建立中国特色基本医疗卫生制度、医疗保障制度和优质高效的医疗卫生服务体系，健全现代医院管理制度。加强基层医疗卫生服务体系和全科医生队伍建设。全面取消以药养医，健全药品供应保障制度。坚持预防为主，深入开展爱国卫生运动，倡导健康文明生活方式，预防控制重大疾病。实施食品安全战略，让人民吃得放心。坚持中西医并重，传承发展中医药事业。支持社会办医，发展健康产业。促进生育政策和相关经济社会政策配套衔接，加强人口发展战略研究。积极应对人口老龄化，构建养老、孝老、敬老政策体系和社会环境，推进医养结合，加快老龄事业和产业发展。

（六）打造共建共治共享的社会治理格局。加强社会治理制度建设，完善党委领导、政府负责、社会协同、公众参与、法治保障的社会治理体制，提高社会治理社会化、法治化、智能化、专业化水平。加强预防和化解社会矛盾机制建设，正确处理人民内部矛盾。树立安全发展理念，弘扬生命至上、安全第一的思想，健全公共安全体系，完善安全生产责任制，坚决遏制重特大安全事故，提升防灾减灾救灾能力。加快社会治安防控体系建设，依法打击和惩治黄赌毒黑拐骗等违法犯罪活动，保护人民人身权、财产权、人格权。加强社会心理服务体系建设，培育自尊自信、理性平和、积极向上的社会心态。加强社区治理体系建设，推动社会治理重心向基层下移，发挥社会组织作用，实现政府治理和社会调节、居民自治良性互动。

（七）有效维护国家安全。国家安全是安邦定国的重要基石，维护国家安全是全国各族人民根本利益所在。要完善国家安全战略和国家安全政策，坚决维护国家政治安全，统筹推进各项安全工作。健全国家安全体系，加强国家安全法治保障，提高防范和抵御安全风险能力。严密防范和坚决打击各种渗透颠覆破坏活动、暴力恐怖活动、民族分裂活动、宗教极端活动。加强国家安全教育，增强全党全国人民国家安全意识，推动全社会形成维护国家安全的强大合力。

同志们！党的一切工作必须以最广大人民根本利益为最高标准。我们要坚持把人民群众的小事当作自己的大事，从人民群众关心的事情做起，从让人民群众满意的事情做起，带领人民不断创造美好生活！

九、加快生态文明体制改革，建设美丽中国

人与自然是生命共同体，人类必须尊重自然、顺应自然、保护自然。人类只有遵循自然规律才能有效防止在开发利用自然上走弯路，人类对大自然的伤害最终会伤及人类自身，这是无法抗拒的规律。

我们要建设的现代化是人与自然和谐共生的现代化，既要创造更多物质财富和精神财富以满足人民日益增长的美好生活需要，也要提供更多优质生态产品以满足人民日益增长的优美生态环境需要。必须坚持节约优先、保护优先、自然恢复为主的方针，形成节约资源和保护环境的空间格局、产业结构、生产方式、生活方式，还自然以宁静、和谐、美丽。

（一）推进绿色发展。加快建立绿色生产和消费的法律制度和政策导向，建立健全绿色低碳循环发展的经济体系。构建市场导向的绿色技术创新体系，发展绿色金融，壮大节能环保产业、清洁生产产业、清洁能源产业。推进能源生产和消费革命，构建清洁低碳、安全高效的能源体系。推进资源全面节约和循环利用，实施国家节水行动，降低能耗、物耗，实现生产系统和生活系统循环链接。倡导简约适度、绿色低碳的生活方式，反对奢侈浪费和不合理消费，开展创建节约型机关、绿色家庭、绿色学校、绿色社区和绿色出行等行动。

（二）着力解决突出环境问题。坚持全民共治、源头防治，持续实施大气污染防治行动，打赢蓝天保卫战。加快水污染防治，实施流域环境和近岸海域综合治理。强化土壤污染管控和修复，加强农业面源污染防治，开展农村人居环境整治行动。加强固体废物和垃圾处置。提高污染排放标准，强化排污者责任，健全环保信用评价、信息强制性披露、严惩重罚等制度。构建政府为主导、企业为主体、社会组织和公众共同参与的环境治理体系。积极参与全球环境治理，落实减排承诺。

（三）加大生态系统保护力度。实施重要生态系统保护和修复重大工程，优化生态安全屏障体系，构建生态廊道和生物多样性保护网络，提升生态系统质量和稳定性。完成生态保护红线、永久基本农田、城镇开发边界三条控制线划定工作。开展国土绿化行动，推进荒漠化、石漠化、水土流失综合治理，强化湿地保护和恢复，加强地质灾害防治。完善天然林保护制度，扩大退耕还林还草。严格保护耕地，扩大轮作休耕试点，健全耕地草原森林河流湖泊休养生息制度，建立市场化、多元化生态补偿机制。

（四）改革生态环境监管体制。加强对生态文明建设的总体设计和组织领导，设立国有自然资源资产管理和自然生态监管机构，完善生态环境管理制度，统一行使全民所有自然资源资产所有者职责，统一行使所有国土空间用途管制和生态保护修复职责，统一行使监管城乡各类污染排放和行政执法职责。构建国土空间开发保护制度，完善主体功能区配套政策，建立以国家公园为主体的自然保护地体系。坚决制止和惩处破坏生态环境行为。

同志们！生态文明建设功在当代、利在千秋。我们要牢固树立社会主义生态文明观，推动形成人与自然和谐发展现代化建设新格局，为保护生态环境作出我们这代人的努力！

十、坚持走中国特色强军之路，全面推进国防和军队现代化

国防和军队建设正站在新的历史起点上。面对国家安全环境的深刻变化，面对强国强军的时代要求，必须全面贯彻新时代党的强军思想，贯彻新形势下军事战略方针，建设强

大的现代化陆军、海军、空军、火箭军和战略支援部队，打造坚强高效的战区联合作战指挥机构，构建中国特色现代作战体系，担当起党和人民赋予的新时代使命任务。

适应世界新军事革命发展趋势和国家安全需求，提高建设质量和效益，确保到二〇二〇年基本实现机械化，信息化建设取得重大进展，战略能力有大的提升。同国家现代化进程相一致，全面推进军事理论现代化、军队组织形态现代化、军事人员现代化、武器装备现代化，力争到二〇三五年基本实现国防和军队现代化，到本世纪中叶把人民军队全面建成世界一流军队。

加强军队党的建设，开展"传承红色基因、担当强军重任"主题教育，推进军人荣誉体系建设，培养有灵魂、有本事、有血性、有品德的新时代革命军人，永葆人民军队性质、宗旨、本色。继续深化国防和军队改革，深化军官职业化制度、文职人员制度、兵役制度等重大政策制度改革，推进军事管理革命，完善和发展中国特色社会主义军事制度。树立科技是核心战斗力的思想，推进重大技术创新、自主创新，加强军事人才培养体系建设，建设创新型人民军队。全面从严治军，推动治军方式根本性转变，提高国防和军队建设法治化水平。

军队是要准备打仗的，一切工作都必须坚持战斗力标准，向能打仗、打胜仗聚焦。扎实做好各战略方向军事斗争准备，统筹推进传统安全领域和新型安全领域军事斗争准备，发展新型作战力量和保障力量，开展实战化军事训练，加强军事力量运用，加快军事智能化发展，提高基于网络信息体系的联合作战能力、全域作战能力，有效塑造态势、管控危机、遏制战争、打赢战争。

坚持富国和强军相统一，强化统一领导、顶层设计、改革创新和重大项目落实，深化国防科技工业改革，形成军民融合深度发展格局，构建一体化的国家战略体系和能力。完善国防动员体系，建设强大稳固的现代边海空防。组建退役军人管理保障机构，维护军人军属合法权益，让军人成为全社会尊崇的职业。深化武警部队改革，建设现代化武装警察部队。

同志们！我们的军队是人民军队，我们的国防是全民国防。我们要加强全民国防教育，巩固军政军民团结，为实现中国梦强军梦凝聚强大力量！

十一、坚持"一国两制"，推进祖国统一

香港、澳门回归祖国以来，"一国两制"实践取得举世公认的成功。事实证明，"一国两制"是解决历史遗留的香港、澳门问题的最佳方案，也是香港、澳门回归后保持长期繁荣稳定的最佳制度。

保持香港、澳门长期繁荣稳定，必须全面准确贯彻"一国两制"、"港人治港"、"澳人治澳"、高度自治的方针，严格依照宪法和基本法办事，完善与基本法实施相关的制度和机制。要支持特别行政区政府和行政长官依法施政、积极作为，团结带领香港、澳门各界人士齐心协力谋发展、促和谐，保障和改善民生，有序推进民主，维护社会稳定，履行维护国家主权、安全、发展利益的宪制责任。

香港、澳门发展同内地发展紧密相连。要支持香港、澳门融入国家发展大局，以粤港澳大湾区建设、粤港澳合作、泛珠三角区域合作等为重点，全面推进内地同香港、澳门互利合作，制定完善便利香港、澳门居民在内地发展的政策措施。

我们坚持爱国者为主体的"港人治港"、"澳人治澳",发展壮大爱国爱港爱澳力量,增强香港、澳门同胞的国家意识和爱国精神,让香港、澳门同胞同祖国人民共担民族复兴的历史责任、共享祖国繁荣富强的伟大荣光。

解决台湾问题、实现祖国完全统一,是全体中华儿女共同愿望,是中华民族根本利益所在。必须继续坚持"和平统一、一国两制"方针,推动两岸关系和平发展,推进祖国和平统一进程。

一个中国原则是两岸关系的政治基础。体现一个中国原则的"九二共识"明确界定了两岸关系的根本性质,是确保两岸关系和平发展的关键。承认"九二共识"的历史事实,认同两岸同属一个中国,两岸双方就能开展对话,协商解决两岸同胞关心的问题,台湾任何政党和团体同大陆交往也不会存在障碍。

两岸同胞是命运与共的骨肉兄弟,是血浓于水的一家人。我们秉持"两岸一家亲"理念,尊重台湾现有的社会制度和台湾同胞生活方式,愿意率先同台湾同胞分享大陆发展的机遇。我们将扩大两岸经济文化交流合作,实现互利互惠,逐步为台湾同胞在大陆学习、创业、就业、生活提供与大陆同胞同等的待遇,增进台湾同胞福祉。我们将推动两岸同胞共同弘扬中华文化,促进心灵契合。

我们坚决维护国家主权和领土完整,绝不容忍国家分裂的历史悲剧重演。一切分裂祖国的活动都必将遭到全体中国人坚决反对。我们有坚定的意志、充分的信心、足够的能力挫败任何形式的"台独"分裂图谋。我们绝不允许任何人、任何组织、任何政党、在任何时候、以任何形式、把任何一块中国领土从中国分裂出去!

同志们!实现中华民族伟大复兴,是全体中国人共同的梦想。我们坚信,只要包括港澳台同胞在内的全体中华儿女顺应历史大势、共担民族大义,把民族命运牢牢掌握在自己手中,就一定能够共创中华民族伟大复兴的美好未来!

十二、坚持和平发展道路,推动构建人类命运共同体

中国共产党是为中国人民谋幸福的政党,也是为人类进步事业而奋斗的政党。中国共产党始终把为人类作出新的更大的贡献作为自己的使命。

中国将高举和平、发展、合作、共赢的旗帜,恪守维护世界和平、促进共同发展的外交政策宗旨,坚定不移在和平共处五项原则基础上发展同各国的友好合作,推动建设相互尊重、公平正义、合作共赢的新型国际关系。

世界正处于大发展大变革大调整时期,和平与发展仍然是时代主题。世界多极化、经济全球化、社会信息化、文化多样化深入发展,全球治理体系和国际秩序变革加速推进,各国相互联系和依存日益加深,国际力量对比更趋平衡,和平发展大势不可逆转。同时,世界面临的不稳定性不确定性突出,世界经济增长动能不足,贫富分化日益严重,地区热点问题此起彼伏,恐怖主义、网络安全、重大传染性疾病、气候变化等非传统安全威胁持续蔓延,人类面临许多共同挑战。

我们生活的世界充满希望,也充满挑战。我们不能因现实复杂而放弃梦想,不能因理想遥远而放弃追求。没有哪个国家能够独自应对人类面临的各种挑战,也没有哪个国家能够退回到自我封闭的孤岛。

我们呼吁,各国人民同心协力,构建人类命运共同体,建设持久和平、普遍安全、共

同繁荣、开放包容、清洁美丽的世界。要相互尊重、平等协商，坚决摒弃冷战思维和强权政治，走对话而不对抗、结伴而不结盟的国与国交往新路。要坚持以对话解决争端、以协商化解分歧，统筹应对传统和非传统安全威胁，反对一切形式的恐怖主义。要同舟共济，促进贸易和投资自由化便利化，推动经济全球化朝着更加开放、包容、普惠、平衡、共赢的方向发展。要尊重世界文明多样性，以文明交流超越文明隔阂、文明互鉴超越文明冲突、文明共存超越文明优越。要坚持环境友好，合作应对气候变化，保护好人类赖以生存的地球家园。

中国坚定奉行独立自主的和平外交政策，尊重各国人民自主选择发展道路的权利，维护国际公平正义，反对把自己的意志强加于人，反对干涉别国内政，反对以强凌弱。中国决不会以牺牲别国利益为代价来发展自己，也决不放弃自己的正当权益，任何人不要幻想让中国吞下损害自身利益的苦果。中国奉行防御性的国防政策。中国发展不对任何国家构成威胁。中国无论发展到什么程度，永远不称霸，永远不搞扩张。

中国积极发展全球伙伴关系，扩大同各国的利益交汇点，推进大国协调和合作，构建总体稳定、均衡发展的大国关系框架，按照亲诚惠容理念和与邻为善、以邻为伴周边外交方针深化同周边国家关系，秉持正确义利观和真实亲诚理念加强同发展中国家团结合作。加强同各国政党和政治组织的交流合作，推进人大、政协、军队、地方、人民团体等的对外交往。

中国坚持对外开放的基本国策，坚持打开国门搞建设，积极促进"一带一路"国际合作，努力实现政策沟通、设施联通、贸易畅通、资金融通、民心相通，打造国际合作新平台，增添共同发展新动力。加大对发展中国家特别是最不发达国家援助力度，促进缩小南北发展差距。中国支持多边贸易体制，促进自由贸易区建设，推动建设开放型世界经济。

中国秉持共商共建共享的全球治理观，倡导国际关系民主化，坚持国家不分大小、强弱、贫富一律平等，支持联合国发挥积极作用，支持扩大发展中国家在国际事务中的代表性和发言权。中国将继续发挥负责任大国作用，积极参与全球治理体系改革和建设，不断贡献中国智慧和力量。

同志们！世界命运握在各国人民手中，人类前途系于各国人民的抉择。中国人民愿同各国人民一道，推动人类命运共同体建设，共同创造人类的美好未来！

十三、坚定不移全面从严治党，不断提高党的执政能力和领导水平

中国特色社会主义进入新时代，我们党一定要有新气象新作为。打铁必须自身硬。党要团结带领人民进行伟大斗争、推进伟大事业、实现伟大梦想，必须毫不动摇坚持和完善党的领导，毫不动摇把党建设得更加坚强有力。

全面从严治党永远在路上。一个政党，一个政权，其前途命运取决于人心向背。人民群众反对什么、痛恨什么，我们就要坚决防范和纠正什么。全党要清醒认识到，我们党面临的执政环境是复杂的，影响党的先进性、弱化党的纯洁性的因素也是复杂的，党内存在的思想不纯、组织不纯、作风不纯等突出问题尚未得到根本解决。要深刻认识党面临的执政考验、改革开放考验、市场经济考验、外部环境考验的长期性和复杂性，深刻认识党面临的精神懈怠危险、能力不足危险、脱离群众危险、消极腐败危险的尖锐性和严峻性，坚持问题导向，保持战略定力，推动全面从严治党向纵深发展。

新时代党的建设总要求是：坚持和加强党的全面领导，坚持党要管党、全面从严治党，以加强党的长期执政能力建设、先进性和纯洁性建设为主线，以党的政治建设为统领，以坚定理想信念宗旨为根基，以调动全党积极性、主动性、创造性为着力点，全面推进党的政治建设、思想建设、组织建设、作风建设、纪律建设，把制度建设贯穿其中，深入推进反腐败斗争，不断提高党的建设质量，把党建设成为始终走在时代前列、人民衷心拥护、勇于自我革命、经得起各种风浪考验、朝气蓬勃的马克思主义执政党。

（一）把党的政治建设摆在首位。旗帜鲜明讲政治是我们党作为马克思主义政党的根本要求。党的政治建设是党的根本性建设，决定党的建设方向和效果。保证全党服从中央，坚持党中央权威和集中统一领导，是党的政治建设的首要任务。全党要坚定执行党的政治路线，严格遵守政治纪律和政治规矩，在政治立场、政治方向、政治原则、政治道路上同党中央保持高度一致。要尊崇党章，严格执行新形势下党内政治生活若干准则，增强党内政治生活的政治性、时代性、原则性、战斗性，自觉抵制商品交换原则对党内生活的侵蚀，营造风清气正的良好政治生态。完善和落实民主集中制的各项制度，坚持民主基础上的集中和集中指导下的民主相结合，既充分发扬民主，又善于集中统一。弘扬忠诚老实、公道正派、实事求是、清正廉洁等价值观，坚决防止和反对个人主义、分散主义、自由主义、本位主义、好人主义，坚决防止和反对宗派主义、圈子文化、码头文化，坚决反对搞两面派、做两面人。全党同志特别是高级干部要加强党性锻炼，不断提高政治觉悟和政治能力，把对党忠诚、为党分忧、为党尽职、为民造福作为根本政治担当，永葆共产党人政治本色。

（二）用新时代中国特色社会主义思想武装全党。思想建设是党的基础性建设。革命理想高于天。共产主义远大理想和中国特色社会主义共同理想，是中国共产党人的精神支柱和政治灵魂，也是保持党的团结统一的思想基础。要把坚定理想信念作为党的思想建设的首要任务，教育引导全党牢记党的宗旨，挺起共产党人的精神脊梁，解决好世界观、人生观、价值观这个"总开关"问题，自觉做共产主义远大理想和中国特色社会主义共同理想的坚定信仰者和忠实实践者。弘扬马克思主义学风，推进"两学一做"学习教育常态化制度化，以县处级以上领导干部为重点，在全党开展"不忘初心、牢记使命"主题教育，用党的创新理论武装头脑，推动全党更加自觉地为实现新时代党的历史使命不懈奋斗。

（三）建设高素质专业化干部队伍。党的干部是党和国家事业的中坚力量。要坚持党管干部原则，坚持德才兼备、以德为先，坚持五湖四海、任人唯贤，坚持事业为上、公道正派，把好干部标准落到实处。坚持正确选人用人导向，匡正选人用人风气，突出政治标准，提拔重用牢固树立"四个意识"和"四个自信"、坚决维护党中央权威、全面贯彻执行党的理论和路线方针政策、忠诚干净担当的干部，选优配强各级领导班子。注重培养专业能力、专业精神，增强干部队伍适应新时代中国特色社会主义发展要求的能力。大力发现储备年轻干部，注重在基层一线和困难艰苦的地方培养锻炼年轻干部，源源不断选拔使用经过实践考验的优秀年轻干部。统筹做好培养选拔女干部、少数民族干部和党外干部工作。认真做好离退休干部工作。坚持严管和厚爱结合、激励和约束并重，完善干部考核评价机制，建立激励机制和容错纠错机制，旗帜鲜明为那些敢于担当、踏实做事、不谋私利的干部撑腰鼓劲。各级党组织要关心爱护基层干部，主动为他们排忧解难。

人才是实现民族振兴、赢得国际竞争主动的战略资源。要坚持党管人才原则，聚天下英才而用之，加快建设人才强国。实行更加积极、更加开放、更加有效的人才政策，以识才的慧眼、爱才的诚意、用才的胆识、容才的雅量、聚才的良方，把党内和党外、国内和国外各方面优秀人才集聚到党和人民的伟大奋斗中来，鼓励引导人才向边远贫困地区、边疆民族地区、革命老区和基层一线流动，努力形成人人渴望成才、人人努力成才、人人皆可成才、人人尽展其才的良好局面，让各类人才的创造活力竞相迸发、聪明才智充分涌流。

（四）加强基层组织建设。党的基层组织是确保党的路线方针政策和决策部署贯彻落实的基础。要以提升组织力为重点，突出政治功能，把企业、农村、机关、学校、科研院所、街道社区、社会组织等基层党组织建设成为宣传党的主张、贯彻党的决定、领导基层治理、团结动员群众、推动改革发展的坚强战斗堡垒。党支部要担负好直接教育党员、管理党员、监督党员和组织群众、宣传群众、凝聚群众、服务群众的职责，引导广大党员发挥先锋模范作用。坚持"三会一课"制度，推进党的基层组织设置和活动方式创新，加强基层党组织带头人队伍建设，扩大基层党组织覆盖面，着力解决一些基层党组织弱化、虚化、边缘化问题。扩大党内基层民主，推进党务公开，畅通党员参与党内事务、监督党的组织和干部、向上级党组织提出意见和建议的渠道。注重从产业工人、青年农民、高知识群体中和在非公有制经济组织、社会组织中发展党员。加强党内激励关怀帮扶。增强党员教育管理针对性和有效性，稳妥有序开展不合格党员组织处置工作。

（五）持之以恒正风肃纪。我们党来自人民、植根人民、服务人民，一旦脱离群众，就会失去生命力。加强作风建设，必须紧紧围绕保持党同人民群众的血肉联系，增强群众观念和群众感情，不断厚植党执政的群众基础。凡是群众反映强烈的问题都要严肃认真对待，凡是损害群众利益的行为都要坚决纠正。坚持以上率下，巩固拓展落实中央八项规定精神成果，继续整治"四风"问题，坚决反对特权思想和特权现象。重点强化政治纪律和组织纪律，带动廉洁纪律、群众纪律、工作纪律、生活纪律严起来。坚持开展批评和自我批评，坚持惩前毖后、治病救人，运用监督执纪"四种形态"，抓早抓小、防微杜渐。赋予有干部管理权限的党组相应纪律处分权限，强化监督执纪问责。加强纪律教育，强化纪律执行，让党员、干部知敬畏、存戒惧、守底线，习惯在受监督和约束的环境中工作生活。

（六）夺取反腐败斗争压倒性胜利。人民群众最痛恨腐败现象，腐败是我们党面临的最大威胁。只有以反腐败永远在路上的坚韧和执着，深化标本兼治，保证干部清正、政府清廉、政治清明，才能跳出历史周期率，确保党和国家长治久安。当前，反腐败斗争形势依然严峻复杂，巩固压倒性态势、夺取压倒性胜利的决心必须坚如磐石。要坚持无禁区、全覆盖、零容忍，坚持重遏制、强高压、长震慑，坚持受贿行贿一起查，坚决防止党内形成利益集团。在市县党委建立巡察制度，加大整治群众身边腐败问题力度。不管腐败分子逃到哪里，都要缉拿归案、绳之以法。推进反腐败国家立法，建设覆盖纪检监察系统的检举举报平台。强化不敢腐的震慑，扎牢不能腐的笼子，增强不想腐的自觉，通过不懈努力换来海晏河清、朗朗乾坤。

（七）健全党和国家监督体系。增强党自我净化能力，根本靠强化党的自我监督和群众监督。要加强对权力运行的制约和监督，让人民监督权力，让权力在阳光下运行，把权力关进制度的笼子。强化自上而下的组织监督，改进自下而上的民主监督，发挥同级相互监督作用，加强对党员领导干部的日常管理监督。深化政治巡视，坚持发现问题、形成震慑不动摇，建立巡视巡察上下联动的监督网。深化国家监察体制改革，将试点工作在全国推开，组建国家、省、市、县监察委员会，同党的纪律检查机关合署办公，实现对所有行使公权力的公职人员监察全覆盖。制定国家监察法，依法赋予监察委员会职责权限和调查手段，用留置取代"两规"措施。改革审计管理体制，完善统计体制。构建党统一指挥、全面覆盖、权威高效的监督体系，把党内监督同国家机关监督、民主监督、司法监督、群众监督、舆论监督贯通起来，增强监督合力。

（八）全面增强执政本领。领导十三亿多人的社会主义大国，我们党既要政治过硬，也要本领高强。要增强学习本领，在全党营造善于学习、勇于实践的浓厚氛围，建设马克思主义学习型政党，推动建设学习大国。增强政治领导本领，坚持战略思维、创新思维、辩证思维、法治思维、底线思维，科学制定和坚决执行党的路线方针政策，把党总揽全局、协调各方落到实处。增强改革创新本领，保持锐意进取的精神风貌，善于结合实际创造性推动工作，善于运用互联网技术和信息化手段开展工作。增强科学发展本领，善于贯彻新发展理念，不断开创发展新局面。增强依法执政本领，加快形成覆盖党的领导和党的建设各方面的党内法规制度体系，加强和改善对国家政权机关的领导。增强群众工作本领，创新群众工作体制机制和方式方法，推动工会、共青团、妇联等群团组织增强政治性、先进性、群众性，发挥联系群众的桥梁纽带作用，组织动员广大人民群众坚定不移跟党走。增强狠抓落实本领，坚持说实话、谋实事、出实招、求实效，把雷厉风行和久久为功有机结合起来，勇于攻坚克难，以钉钉子精神做实做细做好各项工作。增强驾驭风险本领，健全各方面风险防控机制，善于处理各种复杂矛盾，勇于战胜前进道路上的各种艰难险阻，牢牢把握工作主动权。

同志们！伟大的事业必须有坚强的党来领导。只要我们党把自身建设好、建设强，确保党始终同人民想在一起、干在一起，就一定能够引领承载着中国人民伟大梦想的航船破浪前进，胜利驶向光辉的彼岸！

同志们！中华民族是历经磨难、不屈不挠的伟大民族，中国人民是勤劳勇敢、自强不息的伟大人民，中国共产党是敢于斗争、敢于胜利的伟大政党。历史车轮滚滚向前，时代潮流浩浩荡荡。历史只会眷顾坚定者、奋进者、搏击者，而不会等待犹豫者、懈怠者、畏难者。全党一定要保持艰苦奋斗、戒骄戒躁的作风，以时不我待、只争朝夕的精神，奋力走好新时代的长征路。全党一定要自觉维护党的团结统一，保持党同人民群众的血肉联系，巩固全国各族人民大团结，加强海内外中华儿女大团结，团结一切可以团结的力量，齐心协力走向中华民族伟大复兴的光明前景。

青年兴则国家兴，青年强则国家强。青年一代有理想、有本领、有担当，国家就有前途，民族就有希望。中国梦是历史的、现实的，也是未来的；是我们这一代的，更是青年一代的。中华民族伟大复兴的中国梦终将在一代代青年的接力奋斗中变为现实。全党要关心和爱护青年，为他们实现人生出彩搭建舞台。广大青年要坚定理想信念，志存高远，脚踏实地，勇做时代的弄潮儿，在实现中国梦的生动实践中放飞青春梦想，在为人民利益的不懈奋斗中书写人生华章！

大道之行，天下为公。站立在九百六十多万平方公里的广袤土地上，吸吮着五千多年中华民族漫长奋斗积累的文化养分，拥有十三亿多中国人民聚合的磅礴之力，我们走中国特色社会主义道路，具有无比广阔的时代舞台，具有无比深厚的历史底蕴，具有无比强大的前进定力。全党全国各族人民要紧密团结在党中央周围，高举中国特色社会主义伟大旗帜，锐意进取，埋头苦干，为实现推进现代化建设、完成祖国统一、维护世界和平与促进共同发展三大历史任务，为决胜全面建成小康社会、夺取新时代中国特色社会主义伟大胜利、实现中华民族伟大复兴的中国梦、实现人民对美好生活的向往继续奋斗！